U0899040

朱光潜“美好人生”书系

朱光潜 著

草木闲心岁月长

谈修养

中信出版集团 | 北京

图书在版编目（CIP）数据

草木闲心岁月长 : 谈修养 / 朱光潜著. -- 北京 : 中信出版社, 2019.4

（朱光潜“美好人生”书系）

ISBN 978-7-5217-0044-2

Ⅰ. ①草… Ⅱ. ①朱… Ⅲ. ①个人—修养—青少年读物 Ⅳ. ①B825-49

中国版本图书馆CIP数据核字（2019）第024303号

草木闲心岁月长 : 谈修养

著　　者：朱光潜
出版发行：中信出版集团股份有限公司
（北京市朝阳区惠新东街甲4号富盛大厦2座　邮编　100029）
承 印 者：北京盛通印刷股份有限公司

开　　本：880mm × 1230mm　1/32　　插　　页：8
印　　张：8.75　　字　　数：132千字
版　　次：2019年4月第1版　　印　　次：2019年4月第1次印刷
广告经营许可证：京朝工商广字第8087号
书　　号：ISBN 978-7-5217-0044-2
定　　价：58.00元

李知弥｜《煮茶园》

在百忙中，在尘市喧嚷中，你偶然丢开一切，悠然遐想，无穷妙悟便源源而来。这就是忙中静趣。

李知弥 | 《清欢》

生活本身就是方法，生活本身也就是目的。

目录

CONTENTS

一番语重心长的话

——给现代中国青年

你们正在做梦，需要一个晴天霹雳把你们震醒，把『觉悟』两字震到你们的耳朵里去。

我在大学里教书，前后恰已十年，年年看见大批的学生进来，大批的学生出去。这大批学生中平庸的固居多数，英俊有为者亦复不少。我们辛辛苦苦地把一批又一批的学生训练出来，到毕业之后，他们变成什么样的人，做出什么样的事呢？他们大半被一个共同的命运注定。有官做官，无官教书。就了职业就困于职业，正当的工作消磨了二三分光阴，人事的应付消磨了七八分光阴。他们所学的原来就不很坚实，能力不够，自然做不出什么真正的事业来。时间和环境又不容许他们继续研究，不久他们原有的那一点浅薄学问也就逐渐荒疏，终身只在忙“糊口”。这样一来，他们的个人生命就平平凡凡地溜过去，国家的文化学术和一切事业也就无从发展。还有一部分人因为生活的压迫和恶势力的引诱，由很有可为的青年腐化为土豪劣绅或贪官污吏，把原来读书人的一副面孔完全换过，为非作歹，恬不知耻，使社会上颓风恶习一天深似一天，教育的功用究竟在哪里呢？

想到这点，我感觉到很烦闷。就个人设想，像我这样教书的人把生命断送在粉笔屑中，眼巴巴地希望造就几个人才出来，得一点精神上的安慰，而年复一年地见到出学校门的学生们都朝一条平凡而暗淡的路径走，毫无补于文化的进展和社会的改善。这种生活有何意义？岂不是自误误人？其次，就国家民族的设想，在这严重的关头，性格已固定的一辈子人似已无大希望，可希望的只有少年英俊，国家耗费了许多人力和财力来培养成千成万的青年，也正是希望他们将来能担负国家民族的重任，而结果他们仍随着前一辈子人的覆辙走，前途岂不很暗淡？

青年们常喜欢把社会一切毛病归咎于站在台上的人们，其实在台上的人们也还是受过同样的教育，经过同样的青年阶段，他们也曾同样地埋怨过前一辈子人。由此类推，到我们这一辈子青年们上台时，很可能地仍为下一辈子青年们不满。今日有理想的青年到明日往往变成屈服于事实而抛弃理想的堕落者。章宗祥领导过留日青年，打过媚敌辱国的蔡钧，而这位章宗祥后来做了外交部部长，签订了二十一条卖国条约。汪精卫投过炸弹，坐过牢，做过几十年的革命工作，而这位汪精卫现在做了敌人的傀儡，汉奸的领袖。许多青年们虽然没有走到这个极端，但投身社会之后，投降于恶势力的实比比皆是。这是一个很让人痛心的现象。社会变来变去，而组成社会的人变相没有变质，社会就不会彻底地变好。这五六十年来我们天天在讲教育，教育对于人的质料似乎没有发生很好的影响。这一辈子人睁着眼睛蹈前一辈子人的覆辙，下一辈子人仍然睁着眼睛蹈这一辈子人的覆辙，如此循环辗转[①]，一报还一报，“长夜漫漫何时旦”呢？

社会所属望最殷的青年们，这事实和问题是值得郑重考虑的！时光向前疾驶，毫不留情去等待人，一转眼青年便变成中年、老年，一不留意便陷到许多中年人和老年人的厄运。这厄运是一部悲惨的三部曲。第一部是悬一个很高的理想，要改造社会；第二部是发现理想与事实的冲突，意志与社会恶势力

---

① 辗转：原稿为展转，依据《朱光潜全集》第四卷，安徽教育出版社一九九八年版，全书同。——编者注（全书若无特殊说明，均为编者注。）

相持不下；第三部便是理想消灭，意志向事实投降，没有改革社会，反被社会腐化。给它们一个简题，这是“追求”、“彷徨”和“堕落”。

青年们，这是一条死路。在你们的天真烂漫的头脑里，它的危险性也许还没有得到深切的了解，你们或许以为自己决不会走上这条路。但是我相信：如果你们没有彻底的觉悟，不拿出强毅的意志力，不下坚苦卓绝的功夫，不做脚踏实地的准备，你们是不成问题地仍走上这条路。数十年之后，你们的生命和理想都毁灭了，社会腐败依然如故，又换了一批像你们一样的青年来，仍是改革不了社会。朋友们，我是过来人，这条路的可怕我并没有夸张，那是绝对不能再走的啊！

耶稣宣传他的福音，说只要普天众生转一个念头，把心地洗干净，一以仁爱为怀，人世就可立成天国。这理想简单到不能再简单，可是也深刻到不能再深刻。极简单的往往是正途大道，因为易为人所忽略，也往往最不易实现。本来是很容易的事而变成最难实现的，这全由于人的愚蠢、怯懦和懒惰。世间事难就难在人们不知道或是不能够转一个念头，或是转了念头而没有力量坚持到底。幸福的世界里绝没有愚蠢者、怯懦者和懒惰者的地位。你要合理地生存，你就要有觉悟、有决心、有奋斗的精神和能力。

“知难行易”，这觉悟一个起点是我们青年所最缺乏的。大家都似在鼓里过日子，闭着眼睛醉生梦死，放弃人类最珍贵的清醒的理性，降落到猪豚一般随人饲养，随人宰割。世间宁有这样痛心的事!青年们，目前只有一桩大事——觉悟——彻底地觉悟!你们正在做梦，需要一个晴天霹雳把你们震醒，把“觉悟”两字震到你们的耳朵里去。

“条条大路通罗马”。实现人生和改良社会都不必只有一条路径可走。每个人所走的路应该由他自己审度自然条件和环境需要，逐渐摸索出来，只要肯走，迟早总可以走到目的地。无论你走哪一条路，你都必定立定志向要做人；做现代的中国人，你必须有几个基本的认识。

一、时代的认识——人类社会进化逃不掉自然律。关于进化的自然律，科学家们有不同的看法。依达尔文派学者，生物常在生存竞争中，最适者生存，不适者即归淘汰。依克鲁泡特金[①]，社会的维持和发展全靠各分子能分工互助，互助也是本于天性。这两种相反的主张产生了两种不同的国际政治理想。一种理想是拥护战争，生存既是一种竞争，而在竞争中又只有最适者可生存，则造就最适者与维持最适者都必靠战争，战争是文化进展的最强烈的刺激剂。另一种理想是拥护和平，战争只是破坏，在战争中人类尽量发挥残酷的兽性，越残酷越贪摧毁，越不易团结，越不易共存共荣；要文化发展，我们需要建设，建设需要互助，需要仁爱，也需要和平。这两种理想各有片面的真理，相反适以相成，不能偏废。我们的时代是竞争最激烈的时代，也是最需要互助的时代。竞争是事实，而互助是理想。无论你竞争或是互助，你都要拿出本领来。在竞争中只有最适者才能生存，在互助中最不适者也不见得能坐享他人之成。所谓“最适”就是最有本领，近代的本领是学术思想，是技术，是组织力。无论是个人在国家社会中，或是民族在国际社会中，有了这些本领，才能和人竞争，也才能和人互助，否

① 克鲁泡特金（1842—1921）：俄国无政府主义理论家和社会活动家。

则你纵想苟且偷生，也必终归淘汰，自然铁律是毫不留情的。

二、国家民族对现在地位的认识——我国数千年来闭关自守。固有的文化可以自给自足，而且四围诸国家民族的文化学术水准都比我们的低，不曾感到很严重的外来的威胁。从十九世纪以来，海禁大开，中国变成国际集团中的一分子，局面就陡然大变。我们现在遇到两重极严重的难关。第一，我们固有的文化学术不够应付现时代的环境。我们起初慑于西方科学与物质文明的威力，把固有的文化看得一文不值，主张全盘接收欧化；到现在所接收的还只是皮毛，毫不济事，情境不同，移植的树常不能开花结果，而且从两次大战与社会不安的状况来看，物质文明的误用也很危险，二是又有些人提倡固有文化，以为我们原来固有的全是对的。比较合理的大概是兼收并蓄，就中西两方成就截长补短，建设一种新的文化学术。但是文化学术须有长期的培养，不是像酵母菌可以一朝一夕制造出来的。我们从事于文化学术的人们能力都还太幼稚薄弱，还不配说建设。总之，我们旧的已去，新的未来，在这青黄不接的时候，我们和其他民族竞争或互助，几乎没有一套武器或工具在手里。这是一个极严重的局势。其次，我们现在以全副精力抗战建国。这两重工作中抗战是急需，是临时的；建国是根本，是长久的。多谢贤明领袖的指导与英勇将士的努力，多谢国际局面的转变，我们的抗战已逼近最后的胜利。这是我们空前的一个好机会，从此我们可以在国际社会中做一个光荣的分子，从此我们可以在历史上开一个新局面。但是这“可以”只是“可能”而不是“必然”，由“可能”变为“必然”，还需要比抗战更艰苦的努力。抗战后还有成千成万的问题亟待解决，有许多恶习积弊要洗清，有许多文化事业和生产事业要建设。我们试问，我们的人才准备能否很有效率地担负这些重大的工作呢？要不然，我们的好机会将一纵即逝，我们的许多光明希望将终成泡影。我们的青年对此须有清晰的认识，须急起直追，抓住好时机不让放过。

三、个人对于国家民族的关系的认识——世界处在这个剧烈竞争的时代，国家民族处在这个千钧一发的关头，我们青年人所处的地位何如呢？有两个重要的前提我们必须认识清楚：

第一，国家民族如果没有出路，个人就绝不会有出路；要替个人谋出路，必须先替国家民族谋出路。

第二，个人在社会中如果不能成为有力的分子，则个人无出路，国家民族也无出路。要个人在社会中成为有力的分子，必须有德、有学、有才，而德行、学问、才具都须经过坚苦的努力才可以得到。

以往我们青年的错误就在对这两个前提毫无认识。大家都只为个人打计算，全不替国家民族着想。我们忙着贪图个人生活的安定和舒适，不下功夫培养造福社会的能力，不能把自己所应该做的事做好，一味苟且敷衍，甚至用种种不正当的手段去求个人安富尊荣，钻营、欺诈、贪污，无所不至，这样一来，把社会弄得日渐腐败，国家弄得日渐贫弱。这是一条不能再走的死路，我已一再警告过。我们必须痛改前非，把一切自私的动机痛痛快快地斩除干净，好好地在国家民族的大前提上下功夫。我们须知道，我们事事不如人，归根究竟，还是我们的人不如人。现在要抬高国家民族的地位，我们每个人必须培养健全的身体、优良的品格、高深的学术和熟练的技能，把自己造成社会中一个有力的分子。

这是三个最基本的认识。我们必须有这些认识，再加以坚苦卓绝的精神去循序实行，到死不懈，我们个人、我们国家民族才能踏上光明的大道。最后，我还须着重地说，我们需要彻底的觉悟。

谈立志

人所以可贵，就在他不像猪豚，被饲而肥，他能够不安于污浊的环境，拿力量来改变它、征服它。

抗战以前与抗战以来的青年心理有一个很显然的分别：抗战以前，普通青年的心理变态是烦闷；抗战以来，普通青年的心理变态是消沉，烦闷大半起于理想与事实的冲突。在抗战以前，青年对于自己前途有一个理想，要有一个很好的环境求学，再有一个很好的职业做事；对于国家民族也有一个理想，要把侵略的外力打倒，建设一个新的社会秩序。这两种理想在当时都似很不容易实现，于是他们急躁不耐烦，失望，以至于苦闷。抗战发生时，我们民族毅然决然地拼全副力量来抵挡侵略的敌人，青年们都兴奋了一阵，积压许久的郁闷为之一畅。但是这种兴奋到现在似已逐渐冷静下去，国家民族的前途比从前光明，个人求学就业也比从前容易，虽然大家都硬着脖子在吃苦，可是振作的精神似乎很缺乏。在学校的学生们对功课很敷衍，出了学校就职业的人们对事业也很敷衍，对于国家大事和世界政局没有像从前那样关切。这是一个很让人忧虑的现象，因为横在我们面前的还有比抗敌更艰难的局面，需要更坚决更沉着的努力来应付，而我们青年现在所表现的精神显然不足以应付这种艰难的局面。

如果换个方式来说，从前的青年人病在志气太大，目前的青年人病在志气太小，甚至于无志气。志气太大，理想过高，事实迎不上头来，结果自然是失望烦闷；志气太小，因循苟且，麻木消沉，结果就必至于堕落。所以我们宁愿青年烦闷，不愿青年消沉。烦闷至少是对于现实的欠缺还有敏感，还可以激起努力；消沉对于现实的欠缺就根本麻木不仁，绝不会引起改善的企图。但是说到究竟，烦闷之于消沉也不过是此胜于彼，烦闷的结果往往是消沉，犹如消沉的结果往往是堕落。目前青年的消沉与前五六年青年的烦闷似不无关系。烦闷是耗费心力的，心力耗费完了，连烦闷也不曾有，那便是消沉。

一个人不会生来就烦闷或消沉的，因为人都有生气，而生气需要发扬，需要活动。有生气而不能发扬，或是活动遇到阻碍，才会烦闷和消沉。烦闷是感觉到困难，消沉是无力征服困难而自甘失败。这两种心理病态都是挫折以后的反应。一个人如果经得起挫折，就不会起这种心理变态。所谓经不起挫折，就是没有决心和勇气，就是意志薄弱。意志薄弱经不起挫折的人往往有一套自宽自解的话，就是把所有的过错都推诿到环境。明明是自己无能，而埋怨环境不允许我显本领；明明是自己甘心做坏人，而埋怨环境不允许我做好人。这其实是懦夫的心理，对于自己全不肯负责任。环境永远不会美满的，万一它生来就美满，人的成就也就无甚价值。人所以可贵，就在他不像猪豚，被饲而肥，他能够不安于污浊的环境，拿力量来改变它、征服它。

普通人的毛病在责人太严，责己太宽。埋怨环境还由于缺乏自省自责的习惯。自己的责任必须自己担当起，成功是我的成功，失败也是我的失败。每个人是他自己的造化主，环境不足畏，犹如命运不足信。我们的民族需要自力更生。我们每个人也是如此。我们的青年必须先有这种觉悟，个人和国家民族的前途才有希望。能责备自己，信赖自己，然后自己才会打出一个江山来。

我们有一句老话："有志者事竟成。"这话说得很好，古今中外在任何方面经过艰苦奋斗而成功的英雄豪杰都可以做例证。志之成就是理想的实现。人为的事实都必基于理想，没有理想绝不能成为人为的事实。譬如登山，先须存念头去登，然后一步一步地走上去，最后才会到达目的地。如果根本不起登的念头，登的事实自无从发生。这是浅例。世间许多行尸走肉浪费了他们的生命，就因为他们对于自己应该做的事不起念头。许多以教育为事业的人根本不起念头去研究，许多以政治为事业的人根本不起念头为国民谋幸福。我们的文化落后，社会紊乱，不就由于这个极简单的原因吗？这就是上文所谓“消沉”“无志气”。“有志者事竟成”，无志者事就不成。

不过“有志者事竟成”一句话也很容易发生误解，“志”字有几种意义：一是念头或愿望（wish），二是起一个动作时所存的目的（purpose），三是达到目的之决心（will, determination）。譬如登山，先起登的念头，次要一步一步地走，而这走必步步以登为目的，路也许长，障碍也许多，须抱定决心，不达目的不止，然后登的愿望才可以实现，登的目的才可以达到。“有志者事竟成”的志，须包含这三种意义在内：第一要起念头，第二要认清目的和达到目的之方法，第三是抱必达目的之决心。很显然的，要事之成，其难不在起念头，而在目的之认识与达到目的之决心。

有些人误解立志只是起念头。一个小孩子说他将来要做大总统，一个乞丐说他成了大阔佬要砍他的仇人的脑袋，所谓“癞蛤蟆想吃天鹅肉”，完全不思量达到这种目的所必有的方法或步骤，更不抱定循这方法步骤去达到目的之决心，这只是狂妄，不能算是立志。世间有许多人不肯学乘除加减而想将来做算学的发明家，不学军事、学当兵打仗而想将来做大元帅东征西讨，不切实培养学问技术而想将来做革命家改造社会，都是犯这种狂妄的毛病。

如果以起念头为立志，则有志者事竟不成之例甚多。愚公尽可移山，精卫尽可填海，而世间确实有不可能的事情。我们必须承认“不可能”的真实性。所谓“不可能”，就是俗语所谓“没有办法”，没有一个方法和步骤去达到所悬想的目的。没有认清方法和步骤而想达到那个目的，那只是痴想而不是立志，志就是理想，而理想的理想必定是可实现的理想。理想普通有两种意义，一种意义是“可望而不可攀，可幻想而不可实现的完美”，比如许多宗教都以长生不老为人生理想，它成为理想，就因为事实上没有人长生不老。另一种意义是“一个问题的最完美的答案”，或是“可能范围以内的最圆满的解决困难的办法”。比如长生不老虽非人力所能达到，而强健却是人力所能达到的，就人的能力范围来说，强健是一个合理的理想。这两种意义的分别在一个蔑视事实条件，一个顾到事实条件，一个渺茫无稽，一个有方法步骤可循。严格地说，前一种是幻想痴想而不是理想，是理想都必顾到事实。在理想与事实起冲突时，错处不在事实而在理想。我们必须接受事实，理想与事实背驰时，我们应该改变理想。坚持一种不合理的理想而至死不变只是匹夫之勇，只是“猪武”。我特别着重这一点，因为有些道德家在盲目地说坚持理想，许多人在盲目地听。

我们固然要立志，同时也要度德量力。卢梭在他的教育名著《爱弥儿》里有一段很透辟的话，大意是说人生幸福起于愿望与能力的平衡。一个人应该从幼时就学会在自己能力范围以内起愿望，想做自己所能做的事，也能做自己所想做的事。这番话出诸浪漫色彩很深的卢梭，这尤其值得我们玩味。卢梭自己有时想入非非，因此吃过不少的苦头，这番话实在是经验之谈。许多烦闷，许多失败，都起于想做自己所不能做的事，或是不能做自己所想做的事。

志气成就了许多人，志气也毁坏了许多人。既是志，实现必不在目前而在将来。许多人拿立志远大作借口，把目前应做的事延宕贻误。尤其是青年们欢喜在遥远的未来摆一个黄金时代，把希望全寄托在那上面，终日沉醉在迷梦里，让目前宝贵的时光与机会错过，徒贻后日无穷之悔。我自己从前有机会学希腊文和意大利文时，没有下手，买了许多文法读本，心想到四十岁左右时当有闲暇岁月，许我从容自在地自修这些重要的文字，现在四十过了几年了，看来这一生似不能与希腊文和意大利文有缘分了，那箱书籍也恐怕只有摆在那里霉烂了。这只是一例，我生平有许多事叫我追悔，大半都像这样“志在将来”而转眼即空空过去。“延”与“误”永是连在一起，而所谓“志”往往叫我们由“延”而“误”。所谓真正立志，不仅要接受现在的事实，尤其要抓住现在的机会。如果立志要做一件事，那件事的成功尽管在很远的将来，而那件事的发动必须就在目前一顷刻。想到应该做，马上就做，不然，就不必发下一个空头愿。发空头愿成了一个习惯，一个人就会永远在幻想中过活，成就不了任何事业，听说抽鸦片烟的人想头最多，意志力也最薄弱。老是在幻想中过活的人在精神方面颇类似烟鬼。

我在很早的一篇文章里提出我个人做人的信条，现在想起，觉得其中仍有可取之处，现在不妨趁此再提出供读者参考。我把我的信条叫作“三此主义”，就是此身，此时，此地。一、此身应该做而且能够做的事，就得由此身担当起，不推诿给旁人。二、此时应该做而且能够做的事，就得在此时做，不拖延到未来。三、此地（我的地位，我的环境）应该做而且能够做的事，就得在此地做，不推诿到想象中的另一地位去做。

这是一个极现实的主义。本分人做本分事，脚踏实地，丝毫不带一点浪漫情调。我相信如果我们能够彻底地照着做，不至于很误事。西谚说得好：“手中的一只鸟，值得林中的两只鸟。”许多“有大志”者往往为着觊觎林中的两只鸟，让手中的一只鸟安然逃脱。

朝抵抗力最大的路径走

生命就是一种奋斗，不能奋斗，就失去生命的意义与价值；能奋斗，则世间很少有不能征服的困难。

我提出这个题目来谈，是根据一点亲身的经验。有一个时候，我学过作诗填词。往往一时兴到，我信笔直书，心里想到什么，就写什么，写成了自己读读看，觉得很高兴，自以为还写得不坏。后来我把这些处女作拿给一位精于诗词的朋友看，请他批评。他仔细看了一遍后，很坦白地告诉我说："你的诗词未尝不能作，只是你现在所作的还要不得。"我就问他："毛病在哪里呢？"他说："你的诗词都来得太容易，你没有下过力，你欢喜取巧，显小聪明。"听了这话，我捏了一把冷汗，起初还有些不服，后来对于前人作品多费过一点心思，才恍然大悟那位朋友批评我的话真是一语破的。我的毛病确是在没有下过力。我过于相信自然流露，没有知道第一次浮上心头的意思往往不是最好的意思，第一次浮上心头的词句也往往不是最好的词句。意境要经过洗练[①]，表现意境的词句也

① 洗练：原稿为洗炼，全书同。

要经过推敲，才能脱去渣滓，达到精妙境界。洗练推敲要吃苦费力，要朝抵抗力最大的路径走。福楼拜自述写作的辛苦说：“写作要超人的意志，而我却只是一个人！”我也有同样感觉，我缺乏超人的意志，不能拼死力往里钻，只朝抵抗力最低的路径走。

这一点切身的经验使我受到很深的感触。它是一种失败，然而从这种失败中我得到一个很好的教训。我觉得不但在文艺方面，就在立身处世的任何方面，贪懒取巧都不会有大成就，要有大成就，必定朝抵抗力最大的路径走。

“抵抗力”是物理学上的一个术语。凡物在静止时都本其固有“惰性”而继续静止，要使它动，必须在它身上加“动力”，动力越大，动越速越远。动的路径上不能无抵抗力，凡物的动都朝抵抗力最低的方向。如果抵抗力大于动力，动就会停止，抵抗力纵是低，聚集起来也可以使动力逐渐减少以至于消灭，所以物不能永动，静止后要它续动，必须加以新动力。这是物理学上一个很简单的原理，也可以应用到人生上面。人像一般物质一样，也有惰性，要想他动，也必须有动力。人的动力就是他自己的意志力。意志力越强，动越易成功；意志力越弱，动越易失败。不过人和一般物质有一个重要的分别：一般物质的动都是被动，使它动的动力是外来的；人的动有时可以是主动，使他动的意志力是自生自发自给自足的。在物的方面，动不能自动地随抵抗力之增加而增加；在人的方面，意志力可以自动地随抵抗力之增加而增加，所以物质永远是朝抵抗力最低的路径走，而人可以朝抵抗力最大的路径走。物的动必终为抵抗力所阻止，而人的动可以不为抵抗力所阻止。

照这样看，人之所以为人，就在能不为最大的抵抗力所屈服。我们如果要测量一个人有多少人性，最好的标准就是他对于抵抗力所拿出的抵抗力，换句话说，就是他对于环境困难所表现的意志力。我在上文说过，人可以朝抵抗力最大的路径走，人的动可以不为抵抗力所阻。我说“可以”不说“必定”，因为世间大多数人仍是惰性大于意志力，欢喜朝抵抗力最低的路径走，抵抗力稍大，他就要缴械投降。这种人在事实上失去最高生命的特征，堕落到无生命的物质的水平线上，和死尸一样东推东倒、西推西倒。他们在道德、学问、事功各方面都绝不会有成就，万一以庸庸得厚福，也是叨天之幸。

人生来是精神所附丽的物质，免不掉物质所常有的惰性。抵抗力最低的路径常是一种引诱，我们还可以说，凡是引诱所以能成为引诱，都因为它是抵抗力最低的路径，最能迎合人的惰性。惰性是我们的仇敌，要克服惰性，我们必须动员坚强的意志力，不怕朝抵抗力最大的路径走。走通了，抵抗力就算被征服，要做的事也就算成功。举一个极简单的例子。在冬天早晨，你睡在热被窝里很舒适，心里虽知道这应该是起床的时候而你总舍不得起来。你不起来，是顺着惰性，朝抵抗力最低的路径走。被窝的暖和舒适，外面的空气寒冷，多躺一会儿的种种借口，对于起床的动作都是很大的抵抗力，使你觉得起床是一件天大的难事。但是你如果下一个决心，说非起来不可，一耸身你也就起来了。这一起来事情虽小，却表示你对于最大抵抗力的征服，你的企图的成功。

这是一个琐屑的事例，其实世间一切事情都可作如此看法。历史上许多伟大人物之所以能有伟大成就，大半都靠有极坚强的意志力，肯向抵抗力最大的路径走。例如孔子，他是当时一个大学者，门徒很多，如果他贪图个人的舒适，大可以坐在曲阜过他安静的学者的生活。但是他毕生东奔西走，席不暇暖，在陈绝过粮，在匡遇过生命的危险，他那副奔波劳碌栖栖惶惶的样子颇受当时隐者的嗤笑。他为什么要这样呢？就因为他有改革世界的抱负，非达到理想，他不肯罢休。《论语》长沮、桀溺章最足见出他的心事。长沮、桀溺二人隐在乡下耕田，孔子叫子路去向他们问路，他们听说是孔子，就告诉子路说："滔滔者天下皆是也，而谁以易之！"意思是说，于今世道到处都是一般糟，谁去理会它，改革它呢！孔子听到这话叹气说："鸟兽不可与同群，吾非斯人之徒与而谁与？天下有道，丘不与易也。"意思是说，我们既是人就应做人所应该做的事；如果世道不糟，我自然就用不着费气力去改革它。孔子平生所说的话，我觉得这几句最沉痛、最伟大。长沮、桀溺看天下无道，就退隐躬耕，是朝抵抗力最低的路径走；孔子看天下无道，就牺牲一切要拼命去改革它，是朝抵抗力最大的路径走。他说得很干脆："天下有道，丘不与易也。"

再如耶稣，从《新约》中四部《福音》看，他的一生都是朝抵抗力最大的路径走。他抛弃父母兄弟，反抗当时旧犹太宗教，攻击当时的社会组织，要在慈爱上建筑一个理想的天国，受尽种种困难艰苦，到最后牺牲了性命，都不肯放弃他的理想。在他的生命史中有一段是一发千钧的危机。他下决心要宣传天国福音后，跑到沙漠里苦修了四十昼夜。据他的门徒的记载，这四十昼夜中他不断地受恶魔引诱。恶魔引诱他去争尘世的威权，去背叛上帝，崇拜恶魔自己。耶稣经过四十昼夜的挣扎，终于拒绝恶魔的引诱，坚定了对于天国的信念。从我们非教徒的观点看，这段恶魔引诱的故事是一个寓言，表示耶稣自己内心的冲突。横在他面前的有两条路：一是上帝的路，二是恶魔的路。走上帝的路要牺牲自己，走恶魔的路他可以握住政权，享受尘世的安富尊荣。经过了四十昼夜的挣扎，他决定了走抵抗力最大的路——上帝的路。

我特别在耶稣生命中提出恶魔引诱的一段故事，因为它很可以说明宋明理学家所说的天理与人欲的冲突。我们一般人尽善尽恶的不多见，性格中往往是天理与人欲杂糅，有上帝也有恶魔，我们的生命史常是一部理与欲、上帝与恶魔的斗争史。

我们常在歧途徘徊，理性告诉我们向东，欲念却引诱我们向西。在这种时候，上帝的势力与恶魔的势力好像摆在天平的两端，见不出谁轻谁重。这是“一发千钧”的时候，“一失足即成千古恨”，一挣扎立即可成圣贤豪杰。如果要上帝的那一端天平沉重一点，我们必须在上面加一点重量，这重量就是拒绝引诱、克服抵抗力的意志力。有些人在这紧要关头拿不出一点意志力，听惰性摆布，轻轻易易地堕落下去，或是所拿的意志力不够坚决，经过一番冲突之后，仍然向恶魔缴械投降。例如洪承畴本是明末一个名臣，原来也很想效忠明朝，恢复河山，清兵入关后，大家都预料他以死殉国，清兵百计劝诱他投降，他原也很想不投降，但是到最后终于抵不住生命的执着与禄位的诱惑，做了明朝的汉奸。再举一个眼前的例子，汪精卫前半生对于民族革命很努力，当这次抗战开始时，他广播演说也很慷慨激昂。谁料到他的利禄熏心，一经敌人引诱，就起了卖国叛党的坏心思。依陶希圣的记载，他在上海时似仍感到良心上的痛苦，如果他拿出一点意志力，即早回头，或以一死谢国人，也还不失为知过能改的好汉。但是他拿不出一点意志力，就认错就错，甘心认贼作父。世间许多人失节败行，就像汪精卫、洪承畴之流，在紧要关头，不肯争一口气，就马马虎虎地朝抵抗力最低的路径走。

这是比较显著的例子，其实我们涉身处世，随时随地目前都横着两条路径，一条是抵抗力最低的，另一条是抵抗力最大的。比如当学生，不死心塌地去做学问，只敷衍功课，混分数文凭；毕业后不拿出本领去替社会服务，只奔走巴结，夤缘[①]幸进，以不才而在高位；做事时又不把事当事做，只一味因循苟且，敷衍公事，甚至于贪污淫逸，遇钱即抓，不管它来路正当不正当——这都是放弃抵抗力量最大的路径而走抵抗力最低的路径。这种心理如充类至尽，就可以逐渐使一个人堕落。我常穷究目前中国社会腐败的根源，以为一切都由于懒。懒，所以苟且因循敷衍，做事不认真；懒，所以贪小便宜，以不正当的方法解决个人的生计；懒，所以随俗浮沉，一味圆滑，不敢为正义公道奋斗；懒，所以遇引诱即堕落，个人生活无规律，

---

① 夤（yín）缘：攀附上升，比喻拉拢关系，向上巴结。

社会生活无秩序。知识阶级懒，所以文化学术无进展；官吏懒，所以政治不上轨道；一般人都懒，所以整个社会都“吊儿郎当”，暮气沉沉。懒是百恶之源，也就是朝抵抗力最低的路径走。如果要改造中国社会，第一件心理的破坏工作是除懒，第一件心理的建设工作是提倡奋斗精神。

生命就是一种奋斗，不能奋斗，就失去生命的意义与价值；能奋斗，则世间很少不能征服的困难。古话说得好，“有志者事竟成”。希腊最大的演说家是德摩斯梯尼，他生来口吃，一句话也说不清楚，但他抱定决心要成为一个大演说家，他天天一个人走到海边，向着大海练习演说，到后来居然达到了他的志愿。这个实例阿德勒派心理学家常喜援引。依他们说，人自觉有缺陷，就起“卑劣意识”，自耻不如人，于是心中就起一种“男性的抗议”，自己说我也是人，我不该不如人，我必用我的意志力来弥补天然的缺陷。阿德勒派学者用这原则解释许多伟大人物的非常成就，例如聋人成为大音乐家，盲人成为大诗人之类。我觉得一个人的紧要关头在起“卑劣意识”的时候。起“卑劣意识”是知耻，孔子说得好，“知耻近乎勇”。但知耻虽近乎勇而却不就是勇。能勇必定有阿德勒派所说的“男性的抗议”。“男性的抗议”就是认清了一条路径上抵抗力最大而仍然勇往直前，百折不挠。许多人虽天天在“卑劣意识”中过活，却永不能发“男性的抗议”，只知怨天尤人，甚至于自己不长进，希望旁人也跟着他不长进，看旁人长进，只怀满肚子醋意。这种人是由知耻回到无耻，注定的要堕落到十八层地狱，永不超生。

能朝抵抗力最大的路径走，是人的特点。人在能尽量发挥这特点时，就足见出他有富裕的生活力。一个人在少年时常是朝气勃勃，有志气，肯干，觉得世间无不可为之事，天大的困难也不放在眼里。到了年事渐长，受过了一些折磨，他就逐渐变成暮气沉沉，意懒心灰，遇事都苟且因循，得过且过，不肯出一点力去奋斗。一个人到了这时候，生活力就已经枯竭，虽是活着，也等于行尸走肉，不能有所作为了。所以一个人如果想奋发有为，最好是趁少年血气方刚的时候，少年时如果能努力，养成一种勇往直前百折不挠的精神，老而益壮，也还是可能的。

一个人的生活力之强弱，以能否朝抵抗力最大的路径为准，一个国家或是一个民族也是如此。这个原则有整个的世界史证明。姑举几个显著的例子，西方古代最强悍的民族莫如罗马人，我们现在说到能吃苦肯干，重纪律，好冒险，仍说是“罗马精神”。因其有这种精神，所以罗马人东征西讨，终于统一了欧洲，建立一个庞大的殖民帝国。后来他们从殖民地获得丰富的资源，一般罗马公民都可以坐在家里不动而享受富裕的生活，于是变成骄奢淫逸，无恶不为，一到新兴的“野蛮”民族从欧洲东北角向南侵略，罗马人就毫无抵抗而分崩瓦解。再如满清，他们在入关以前过的是骑猎生活，民性最强悍，很富于吃苦冒险的精神，所以到明末张李之乱社会腐败紊乱时，他们以区区数十万人之力就能入主中夏。可是他们做了皇帝之后，一切皇亲国戚都坐着不动吃皇粮，享大位，过舒服生活，不到三百年，一个新兴民族就变成腐败不堪，辛亥革命起，我们就轻轻易易地把他们推翻了。我们如果要明白一个民族能够堕落到什么地步，最好去看看北平的旗人。

我们中华民族在历史上经过许多波折，从周秦到现在，没有哪一个时代我们不遇到很严重的内忧，也没有哪一个时代我们没有和邻近的民族挣扎，我们爬起来蹶倒，蹶倒了又爬起，如此者已不知若干次。从这简单的史实看，我们民族的生活力确是很强旺，它经过不断的奋斗才维持住它的生存权。这一点祖传的力量是值得我们尊重的。

于今我们又临到严重的关头了。横在我们面前的只有两条路，一是汪精卫和一班汉奸所走的，抵抗力最低的——屈服[①]；二是我们全民族在蒋委员长领导之下所走的，抵抗力最大的——抗战。我相信我们民族的雄厚的生活力能使我们克服一切困难。不过我们也要明白，我们的前途困难还很多，抗战胜利只解决困难的一部分，还有政治、经济、文化、教育各方面的建设还需要更大的努力。一直到现在，我们所拿出来的奋斗精神还是不够。因循、苟且、敷衍，种种病象在社会上还是很流行。我们还是有些老朽，我们应该趁早还童。

孟子说："天将降大任于斯人也，必先苦其心志，劳其筋

① 屈服：原稿为屈伏，全书同。

骨，饿其体肤，空乏其身，行拂乱其所为，所以动心忍性，增益其所不能。”于今我们的时代是“天将降大任于斯人”的时代了，孟子所说的种种折磨，我们正在亲领身受。我希望每个中国人，尤其是青年们，要明白我们的责任，本着大无畏的精神，不顾一切困难，向前迈进。

谈青年的心理病态

人生来需要多方活动，精力可发泄，心灵有寄托，兴趣到处泉涌，则生活自丰富，空虚感觉不致发生。

这题目是一位青年读者提议要我谈的。他的这个提议似显示青年们自己感觉到他们在心理上有毛病。这毛病究竟何在，是怎样酝酿成的，最好由青年们自己做一个虚心的检讨。我是一个中年人，和青年人已隔着一层，现时代和我当青年的时代也迥然有别，不能全据私人追忆到的经验，刻舟求剑似的去臆测目前的事实。我现在所谈的大半根据在教书任职时的观察，观察有时不尽可据，而且我的观察范围限于大学生。我希望青年读者们拿这旁观者的分析和他们自己的自我检讨比较，并让我知道比较的结果。这于他们自己有益，于我更有益。

一个人的性格形成，大半固靠自己的努力，环境的影响也不可一笔抹杀。“豪杰之士，虽无文王犹兴”，但是多数人并非豪杰之士，就不能不有所凭借。很显然地，现时一般青年所可凭借的实太薄弱。他们所走的并非玫瑰之路。

首先说家庭。多数青年一入学校，便与家庭隔绝，尤其是来自沦陷区域的。在情感上他们得不到家庭的温慰。抗战期中一般人都感受经济的压迫，衣食且成问题，何况资遣子弟受教育。在经济上他们得不到家庭的援助。父兄既远隔，又各个为生计所迫，终日奔波劳碌，既送子弟入学校，就把一切委托给学校，自己全不去管。在学业品行上他们得不到家庭的督导。这些还只是消极的，有些人能受到家庭影响的，所受的往往是恶影响。父兄把教育子弟当作一种投资，让他们混资格去谋衣食，子弟有时顺承这个意旨，只把学校当作进身之阶，此其一。父兄有时是贪官污吏或土豪劣绅，自己有许多恶习，让子弟也染着这些恶习，此其二。中国家庭向来是多纠纷，而这种纠纷对于青年人常是隐痛，易形成心理的变态，此其三。

其次说社会国家。中国社会正当新旧交替之际，过去封建时代的许多积弊恶习还没有涤除净尽，贪污腐败欺诈凌虐的事情处处都有。青年人心理单纯，对于复杂的社会不能了解。他们凭自己的单纯心理，建造一种难于立即实现的社会理想，而事实却往往与这理想背驰，他们处处感觉到碰壁，于是失望、惊疑、悲观等情绪源源而来。另外，青年人富于感受性，少定见，好言是非而却不真能辨别是非，常轻随流俗转移，有如素丝，染于青则青，染于黄则黄。社会既腐浊，他们就不知不觉地跟着它腐浊。总之，目前环境对于纯洁的青年是一种恶性刺激，对于意志薄弱的青年是一种恶性引诱。加以国家处在危难的局面，青年人心里抱着极大的希望，也怀着极深的忧惧。他们缺乏冷静的自信，任一股热情鼓荡，容易提升到高天，也容易降落到深渊。一个人叠次经过这种疟疾式的暖冷夹攻，自然容易变成虚弱，在身体方面如此，在精神方面也如此。

再次说学校。教育必以发展全人为宗旨，德育、智育、美育、群育、体育五项应同时注重。就目前实际状况说，德育在一般学校等于具文，师生的精力都集中于上课，专图授受知识，对于做人的道理全不讲究。优秀青年感觉到这方面的缺乏而彷徨，顽劣青年则放纵恣肆，毫无拘束。即退一步言智育，途径亦多错误，灌输多于启发，浅尝多于深入，模仿多于创造，揣摩风气多于效忠学术。在抗战期中，师资与设备多因陋就简，研究的空气尤不易提高。向学心切者感觉饥荒，凡庸者敷衍混资格。美育的重要不但在事实上被忽略，即在理论上亦未被充分了解。我国先民在文艺上造就本极优越，而子孙数典忘祖，有极珍贵的文艺作品而不知欣赏，从事艺术创作者更寥寥。大家都迷于浅狭的功利主义，对文艺不下功夫，结果乃有情操驳杂、趣味卑劣、生活干枯、心灵无寄托等种种现象。群育是吾国人向来缺乏的，现代学校教育对此亦毫无补救。一般学校都没有社会生活，教师与学生相视如路人，同学彼此也相视如路人。世间大概没有比中国大学教授与学生更孤僻更寂寞的一群动物了。体育的忽略也不自今日始，有些学生还在鄙视运动，黄皮寡瘦几乎是知识阶级的标志。抗战中忽略运动之外又添上缺乏营养。我常去参观学生吃饭，七八人一席只有一两碗无油的蔬菜，有时甚至只有白饭。吃苦本是好事，亏损虚弱却不是好事。青年人正当发育时期，日复一日年复一年地缺乏最低限度的营养，结果只有亏损虚弱，甚至于疾病死亡。心理的毛病往往起于生理的毛病，生理的损耗必酿成心理的损耗。这问题有关于民族的生命力，凡是远见的教育家、政治家都不应忽视。

家庭、社会、国家和学校对于青年人的影响如上所述。在这种情形之下，青年人在心理方面发生下列几种不健康的感觉。

第一是压迫感觉。青年人当生气旺盛的时候，有如春日的草木萌芽，需要伸展与生长，而伸展与生长需要自由的园地与丰富的滋养。如果他们像墙角生出来的草木，上面有沉重的砖石压着，得不着阳光与空气，他们只得黄瘦萎谢，纵然偶尔能费力支撑，破石罅而出，也必变成臃肿拳曲，不中绳墨。不幸得很，现代许多青年都恰在这种状况之下出死力支撑层层重压。家庭对于子弟上进的企图有时做不合理的阻挠，社会对于勤劳的报酬不尽有保障，国家为着政策有时须限制思想与言论的自由，学校不能使天赋的聪明与精力得充分发展，国家前途与世界政局常纠缠不清，强权常歪曲公理。这一切对于青年人都是沉重的压迫。此外又加上经济的艰窘、课程的繁重、营养的缺乏所酿成的体质羸弱，真所谓“双肩上公仇私仇，满腔儿家忧国忧”。一个人究竟有几多力量，能支撑这层层重压呢？撑不起，却也推不翻，于是都积成一个重载，压在心头。

第二是寂寞感觉。人是富于情感的动物，人也是群居的动物，所以人需要同类的同情心最为剧烈。哲学家和宗教家抓住这一点，所以都以仁爱立教。他们知道人类只有在仁爱中才能得到真正幸福。青年人血气方刚，同情的需要比中年人与老年人更为迫切。我们已经说过，现代中国青年不常能得到家庭的温慰，在学校里又缺乏社会生活，他们终日独行踽踽，举目无亲，人生最强烈的要求不能得到最低限度的满足，他们心里如何快乐得起来呢？这里所谓“同情心”包含异性的爱在内。男女中间除着人类同情心的普遍需要之外，又加上性爱的成分，所以情谊一日投合，便特别坚强。这是一个极自然的现象，不容教育家们闭着眼睛否认或推翻。我们所应该留意的是施以适当教育，因势利导，纳于正轨，不使其泛滥横流。这些年来我们都在采男女同学制，而对于男女同学所有的问题未加精密研究，更未予以正确指导。结果男女中间不是毫无来往，便是偷偷摸摸地来往。毫无来往的似居多数，彼此摆在面前，徒增一种刺激。许多青年人的寂寞感觉，细经分析起来，大半起于异性中缺乏合理而又合体的交际。

第三是空虚感觉。“自然厌恶空虚”，这个古老的自然律可应用于物质，也可应用于心灵。空虚的反面是充实，是丰富。人生要充实丰富，必须有多方的兴趣与多方的活动。一个在道德、学问、艺术或事业方面有浓厚兴趣的人，自然能在其中发现至乐，绝不会感觉到人生的空虚。宋儒教人心地常有“源头活水”，此心须常是“活泼泼的”。又教人玩味颜子在箪食瓢饮的情况之下“所乐何事”，用意都在使内心生活充实丰富。据近代一般心理学家的见解，艺术对于充实内心生活的功用尤大，因为它帮助人在事事物物中都可发现乐趣。观照就是欣赏，而欣赏就是快乐。现在一般青年人对学术既无浓厚兴趣，对艺术及其他活动更漠不置意，生活异常干枯贫乏，所以常感到人生空虚。此外又加上述的压迫与寂寞，使他们追问到人生究竟，而他们的单纯头脑所能想出的回答就是“空虚”。他们由自己个人的生活空虚推论到一般人生的空虚，犯着逻辑学家所谓“以偏概全”的错误。个人生活的空虚往往是事实，至于一般人生是否空虚则大有问题，至少历史上许多伟大人物不是这么想。

以上所说的三种不健康的感觉都有几分是心病，但是它们所产生的后果更为严重。在感觉压迫、寂寞和空虚中，青年人始而彷徨，身临难关而找不着出路，踌躇不知所措；继而烦闷，仿佛以为家庭、社会、国家、学校以至于造物主，都有意在和他们为难，不让他们有一件顺心事，于是对一切生厌恶，动辄忧郁、烦躁、苦闷；继而颓唐麻木，经不起一再挫折，逐渐失去辨别是非的敏感与向上的意志，随世俗苟且敷衍，以“世故”为智慧，视腐浊为人情之常。彷徨犹可抉择正路，烦闷犹可力求正路，到了颓唐麻木，就势必至于堕落，无可救药了。我不敢说现在多数青年都已到了颓唐麻木的阶段，但是我相信他们都在彷徨烦闷，如果不及早振作，离颓唐麻木也就不远了。总之，我感觉到现在青年人大半缺乏青年人所应有的朝气，对一切缺乏真正的兴趣和浓厚的热情。他们的志向大半很小，在学校只求敷衍毕业，以后找一个比较优裕的差缺，姑求饱暖舒适，就混过这一生。自然也偶尔遇着少数的例外，但少数例外优秀的青年势孤力薄，不能造成一种风气。现时代的青年，就他所表现的精神而论，绝不能担当起现时代的艰巨任务。这是有心人不能不为之犹惧的。

这种现状究竟如何救济呢？照以上的分析，病的成因远在

家庭、社会、国家与学校所给的不良的影响，近在青年人自己承受这影响而起的几种不健康的感觉。治本的办法当然是改良环境的影响，尤其是学校教育。这要牵涉许多问题，非本文所能详谈。这里我只向青年人说话，说的话限于在我想是他们可以受用的，就是他们如何医治自己，拯救自己。

第一，青年人对于自己应有勇气负起责任。我们旁观者分析青年人的心理性格，把环境影响当作一个重要的成因，是科学家所应有的平正态度。但是我们也必须补充一句，环境影响并非唯一的决定因素，世间有许多人所受的环境影响几乎完全相同而成就却有天壤之别，这就证明个人的努力可以胜过环境的影响。青年们自己不应该把自己的失败完全推诿到环境影响，如果这样办，那就是对自己不负责任，为自己不努力去找借口。我们旁观者固不能以豪杰之士期待一切青年，但是每一个青年自己却不应只以庸碌人自期待。旁人在同样环境之下所能达到的成就，他如果达不到，他就应自引以为耻。对自己没有勇气负责的人在任何优越环境之下，都不会有大成就。对自己负责任，是一切向上心的出发点。

第二，青年人应知实事求是，接受当前事实而谋应付，不假想在另一环境中自己如何可以显大本领，也不把自己现在不能显本领的过失推诿到现实环境。自己所处的是甲境，应付不好，聊自宽解说：“如果在乙境，我必能应付好。”这是“文不对题”，仍是变态心理的表现。举个具体的例子：问一位青年人为什么不努力做学问，他回答说：“教员不好，图书不够，饭没有吃饱。”这样一来，他就把责任推诿得干干净净了。他应该知道，教员不好，图书不够，饭没有吃饱，这些都是事实；他须接受这些事实去应付。如果能设法把教员换好，图书买够，饭吃饱，那固然再好没有；如果这些一时为事实所不允许，他就得在教员不好，图书不够，饭没有吃饱的事实条件之下，研究一个办法，看如何仍可读书做学问。他如果以为这样的事实条件不让他能读书做学问，那就是承认自己的失败；如果只假想在另一套事实条件之下才读书做学问，那就是逃避事实而又逃避责任。

第三，青年人应明了自己的心病须靠自己努力去医治。法国有一位心理学家——库维——发明一种自治疗术，叫作“自暗示”。依这个方法，一个人如果有什么毛病，只要自己常专心存着自己必定好的念头，天天只朝好处想，绝不能朝坏处想，不久他自会痊越。他实验过许多病人，无论所患的是生理方面的或是心理方面的病，都特著奇效。他的实验可证明自信对于一个人的心理影响非常之大。自信是一个不幸的人，就随时随地碰着不幸事，自信是一个勇敢的人，世间便无不可征服的困难。许多青年人所缺乏的正在自信心。没有自信心就没有勇气，困难还没有临头就自认失败。

比如上文所说的三种不健康的感觉，都并非绝对不可避免的。如果能接受事实，有勇气对自己负责任，尽其在我，不计成败，则压迫感觉不致发生。每个人都需要同情．如果每个人都肯拿一点同情出来对付四周的人，则大家互有群居之乐，寂寞感觉不致发生。人生来需要多方活动，精力可发泄，心灵有寄托，兴趣到处泉涌，则生活自丰富，空虚感觉不致发生。这些事都不难做到，一般青年人所以不能做到者，原因就在没有自信，缺乏勇气，不肯努力。

个人本位与社会本位的伦理观

我们必须承认人力可以改造社会，我们也才能够说：把这世界安排得较合理想一点，是我们每个人的责任。

社会由个人集合而成，而个人亦必生存于社会。由前一点说，个人是主体，社会是扩充；由后一点说，社会是主体，个人是附庸。粗略地说，中国传统的伦理思想偏重前一个看法，西方传统的伦理思想偏重后一个看法。

中国思想界最占势力的是道家与儒家。道家思想有两个基本原则：一个是极端的自然主义，另一个是极端的个人主义。唯其偏重自然主义，所以蔑视制度文为。一切都应任其自然，无为而治，凡是制度文为都是不必要的纷扰，我们必须把它们丢开，回到“自然状态”中的浑朴真纯，才能达到太平安乐景象。唯其侧重个人主义，所以蔑视社会。虽说“大患在于有身”，而身究竟贵于天下一切，尊生贵己，长生久视，是道家极重视的一套工夫。“民至老死不相往来”，自然说不到个人转移社会，更说不到社会影响个人。老子所谓“无为而民自化，我无事而民自富，我无欲而民自朴”，其实并非有所作为，不过人人各安其所，把文化与生活需要降到极低限度，互不侵犯，“共存共荣”而已。道家反对社会，所以反对适用于社会的一切美德如仁义礼智之类，他们的理想是“遗世独立”，“超然物表”。儒家与道家彻底不同的地方在淑世心切，极重有为，要把世界由“自然状态”提升到“文化状态”。但是儒家虽不倡个人主义，而论道德、说仁义，却全从个人本位出发。修身诚意，克己复礼，是基本功夫，齐家、治国、平天下不过是修身以后的效用。政治只是一种教育，而教育又只是人格感化。季康子问政，孔子回答说：“政者正也，子帅以正，孰敢不正？”己立立人，己达达人[①]；“达固可兼善天下，穷则独善其身”。儒家所提倡的美德大半含有社会性，但是他们所着重的却不在它的社会性而在它对于个人修养的重要。比如说仁与敬是儒家所极重视的，仁必有对象，敬亦必有对象，但儒家并不着重仁与敬对于人（社会）的效用，而着重它们在个人内心是美德。儒家颇鄙视功利主义，很有“为道德而道德”的精神。

① 原句为“己欲立而立人，己欲达而达人”（《论语·雍也》）。

西方思想界最占势力的是希腊人所传下来的哲学系统和从希伯来所吸收过来的基督教。哲学支流虽多，谈伦理大半从社会本位出发。最显著的是柏拉图和黑格尔，他们都以为国家高于一切，个人幸福应以社会幸福为本。卢梭本是菲薄社会者，也说民约既成，个人意志即须受制于公众意志。近代西方人所提倡的自由似稍替个人主义助声势，但是他们理想的自由，如穆勒所标榜的，是“最多数人的最大量的幸福”，仍不脱社会本位的看法。至于基督教本是被压迫民族所酝酿成的一种宗教，在欧洲社会开始崩溃时流传到西方，其要义为平等博爱，实针对当时欧洲社会的病象，含有很浓厚的社会革命意味。耶稣被认为救世主，他的受刑是为全人类赎罪。耶稣教徒的理想是天国的实现而不是个人的享乐。耶稣教所以深入人心的原因，除着提出与现实黑暗世界相对照的一个光明灿烂的天国以外，还有同教门中的极强烈的“弟兄感”。总之，耶稣教之成功，正因其是从社会本位出发的宗教。哲学与宗教在西方所以走到侧重社会的方向，原因大概在西方国家小，个人与社会的关系易于感觉到，“道德”（morality）一词在西文原义本为

“习俗”。近代西方伦理学家以为道德起于人与人的关系，离开社会便无道德可言，甚至有人以为行为之为善为恶，就看他对于社会有益或有害；社会学家以为道德只是社会习俗所逐渐演成的，变其所已然为其所当然，所以伦理学应由规范科学变为自然科学；政治经济学家以为人的好坏大半由于社会环境，说到究竟，个人的道德责任应由社会担负起，要改善个人，先要改善社会。

这两种不同的看法形成中西文化思想的两种不同的类型，中国人侧重个人本位，所以道德的观念特别浓厚，政治法律思想多从伦理思想出发，伦理学与政治学、法律学有一个一贯的条理。西方人侧重社会本位，所以法的观念特别浓厚，伦理思想常为政治法律思想所左右，在大哲学家的系统中，政治、法律、伦理虽亦彼此呼应，而普通伦理学所讲的是一回事，政治学和法律学所讲的又是一回事，彼此很少关联。

人是社会的动物，他是一个人，也是社会一分子。我们的基本问题有两个：一、离开社会一分子的地位，一个人在人的地位有无道德修养可言呢？二、一个人在社会一分子的地位所表现的道德修养，是否要根据他在人的地位所表现的道德修养呢？中国传统思想对于这两个问题向来予以很肯定的答复。西方思想或是忽略这两个思想，或是根本否认它们有何意义。这两种思想类型各有其环境背景，我们不必武断地加以评价；而且说到类型，都不免普泛粗略，中国人也未尝不偶有从社会本位出发，西方人也未尝不偶有从个人本位出发。不过就大体说，中国人以为一个人须先自己是一个好人，对社会才会是好人，个人好，社会才能好；西方人以为一个人对于社会是好人，才算得是好人；社会好，个人就容易好。他们同以人好与社会好为理想，不过着重点不同，我们可以借用物理学的术语说，中国人的伦理观是“离心的”，由内而外的；西方人的伦理观是“向心的”，由外而内的。

这两种看法也可以说不只是中西的区别，而是新旧的分别。很显然地，在西方偏重社会本位的看法到现代更加彰明较著，中国人近来受西方思想的影响，也逐渐倾向社会本位的看法，这也是自然的趋势。文化越前进，社会组织越繁复而严密；社会的势力日渐大，个人的力量也就日渐小。在现代情况之下，以个人转移社会较难，以社会转移个人则甚易。我们的问题是：在现代情况之下，假如一个社会坏到不易收拾的地步，有什么原动力可以收拾它、改善它呢？依中国传统的看法，人存则政举，转移风化必赖贤哲。在一个坏的社会中，如果有少数个人敦品励行，标出一个好榜样，使多数人逐渐受感化，造成一个新风气，那个社会自然会变好。依一部分西方学者的看法，社会自身本其固有的力量逐渐转变，它所潜藏的弱点就是它向另一方向转变的萌芽，正反相成，新陈代谢，否极自然泰来。比如封建社会到走不通时，自然会转变到近代国家社会；农业社会到走不通时，自然会转变到工业社会；私产社会走不通时，自然会转变到企业公营社会。每阶段的社会有它的特殊理想和道德观念。照这个看法，社会是能自力更生的有机体，所谓“自力”就是物质条件，物质条件的大势所趋有如排山倒海，人力（至少是个人的力量）是无可如之何的。

总之，社会转变不出两种方式，或由自变，或由人变。这两种方式也并不必彼此冲突。我们承认社会本身有一个常趋转变的大势，同时，我们也不能否认少数人的努力也往往可以促成、延滞或移转这个大势。“时势造英雄，英雄亦造时势”，这句老话究竟不错。极端的唯物史观不能使我们满意，就因为它多少是一种定命论，它剥夺了人的意志自由，也就取消了人的道德责任和努力的价值。我们必须承认人力可以改造社会，这栏我们遇着环境的困难时才不会绝望，而我们的努力也才有意义与价值，我们也才能够说：把这世界安排得较合理想一点，是我们每个人的责任。

我特别提出这个问题来谈，用意是在解答目前一般人所最焦虑的一个问题：中国社会如何可以变好呢？多数青年着眼到社会的黑暗一方面，在这问题前面彷徨、苦闷，以至于绝望。在他们看，这社会积弊太深，积重难返，对于每个人是一种推不翻的重压，纵然有少数人的努力也是独木难支大厦，这种心理是必须彻底消除的。我从前曾写过一段话，现在还觉得不错：“社会越恶越需要有少数特立独行的人们去转移风气。一个学校里学生纵然十人有九人奢侈，一个俭朴的学生至少可以显出奢侈与俭朴的分别；一个机关的官吏纵然十人有九人贪污，一个清严的官吏至少可以显出贪污与清严的分别。好坏是非都由相形之下见出。一个社会到了腐败的时候，大家都跟旁人向坏处走，没有一个人反抗潮流，势必走到一般人完全失去是非好坏分别的意识，而世间便无所谓羞耻事了。所以全社会都坏时，如果有一个好人存在，他的意义与价值是不可测量的。”世间事有因就必有果，种下善因，迟早必得善果。物理的力不灭，精神的力更不灭，它能够由一人而感发十人百人以至无数人。所谓“风气”就是这样培养成的。

要复兴中国民族，我们必须在青年心理中养成对于个人努力的信任。道理原来很简单，分子不健全，团体绝不会健全，我们的环境日渐其难，不努力绝不能侥幸成功。现在许多人仍妄存侥幸的心理，以为我们在竞存的世界中，纵然没有能力，还可以卖老招牌，充空心大老倌，或是以为我们自己纵然无能，旁人也许会慷慨好施，助我们立国。这种心理最荒唐也最危险。将来我们的生存权必寄托于全民族每个分子的努力，这是确无疑义的天经地义。借自己的努力，艰苦卓绝地奋斗到底，以求征服一切环境困难，达到我们所追求的理想，这是我们所应崇奉的英雄主义。依照这种英雄主义，我们必须尊敬而且维护社会上一切环境困难而能挺身奋斗者，必须鄙弃而且消灭社会上一切侥幸苟安者、夤缘幸进者和颓废因循者。社会像生物一样，寄生虫越多，也就越易枯朽。无功受禄者与不才而在高位者都是社会的寄生虫，他们日蛀蚀，夜蛀蚀，终究会将社会蛀蚀成枯壳。关于这一点，我觉得政教当局须特别注意，为着自树声势而多引用或扶助一个无品学的青年，便是多奖励一分苟且侥幸的心理，多打消一分艰苦奋斗的精神。这种办法可危及国家命脉，我们当知警惕。

我个人深切地感觉到中国社会所以腐浊，实由我们人的质料太差，学问、品格、才力，件件都经不起衡量。要把中国社会变好，第一须先把人的质料变好，我并不敢菲薄现代青年，我总觉得现代青年大半仍在鼓里过日子，没有明白自己的责任，更不肯出死力去尽自己的责任，多数人徒以学校为进身干禄之阶，品格固不砥砺，学问也止于浅尝肤受。这种风气必须改变过，中国才真正有希望。改变风气是教育的事，但是教育不仅是学校的事。学校固然应该多给青年们以良好的影响，而学校以外的政教当局与整个社会也应该少给青年们以不良的影响。在过去，学校与社会都显然没有充分地尽他们的责任，应该自惭的地方甚多，彼此都需要严厉的自省与自责。

我近来读了两部基督教会史，心里颇多感触。耶稣和他的十二门徒与早期神父，除着圣保罗以外，大半出身下层社会，没有什么学问。他们处境又非常困难，内受犹太同胞的倾轧，外受罗马政权的凌虐。然而在三四百年间，他们的势力遍于全欧，五六百年间，他们的传教士远达于中国长安，使耶稣教成为世界文化中一个主要的因素，没有一个更好的实例可以使我们明白少数人的努力能造成弥漫一世的风气。可是我们也要记着早期基督教的神父的努力是如何坚苦卓绝！为着传布他们的信仰，他们赴汤蹈火，居隧道，饱猛兽，前赴后继，以牺牲性命为光荣。无论我们是否相信基督教，他们的精神确可令人闻风兴起。

我们不必需要宗教，但必须有宗教家布道的精神。十几个犹太平民居然调动了全世界，难道十几个有为有守的中国人就不能把中国社会改善吗？我们需要救世主，这救世主必定是少数人而不是全社会，而少数人却必有替人类担荷罪孽不惜牺牲身家性命的决心。阿门！

谈处群（上）

——我们不善处群的病征

「老实」义为「无用」，「恭谨」看成「迂腐」，这是危险现象，看惯了，人也就不觉它奇怪。

我们民族性的优点很多，只是不善处群。“一个和尚挑水吃，两个和尚抬水吃，三个和尚没水吃”，这个流行的谚语把我们民族性的弱点表现得最深刻。在私人企业方面，我们的聪明、耐性、刚毅力并不让人，一遇到公众事业，我们便处处暴露自私、孤僻、散漫和推诿责任。这是我们的致命伤，要民族复兴，政治家和教育家首先应锐意改革的就在此点。因为民治就是群治，以不善处群的民族采用民治，必定是有躯壳而无生命，不会成功的。本文拟先分析不善处群的病征，次探病源，然后再求对症下药：

我们不善处群，可于以下数点见出：

一、社会组织力的薄弱。乌合之众不能成群，群必为有机体，其中部分与部分，部分与全体，都必有密切联络，息息相关，牵其一即动其余。社会成为有机体，有时由自然演变，也有时由人力造作。如果纯任自然，一个一盘散沙的民众可以永远保持散漫的状态。要他团结，不能不借人力。用人力来使一个群众团结，便是组织。群众全体同时自动地把自己团结起来，也是一件不易想象的事。大众尽管同时都感觉到组织团体的必要，而使组织团体成为事实，第一须先有少数人为首领导，第二须有多数人协力赞助。我们缺乏组织力，分析起来，就不外这两种条件的缺乏。社会上有许多应兴之利与应革之弊，为多数人所迫切地感觉到，可是尽管天天听到表示不满的呼声，却从没有一个人挺身而出，领导同表示不满的人们做建设或破坏的工作。比如公路上有一个缺口，许多人在那里跌过跤，翻过车，虽只需一块石头或一挑土可以填起，而走路行车的人们终不肯费一举手之劳。社会上许多事业不能举办，原因一例如此简单。“是非只因多开口，烦恼皆由强出头”，这是我们传统的处世哲学。事实也确是如此。尽管是大家共同希望的事，你如果先出头去做，旁人会对你加以种种猜疑、非难和阻碍。你显然顾到大众利益，却没有顾到某一部分人的自私心或自尊心，他们自己不能或不肯做领袖，却也不甘心让你做领袖。因此聪明人“不为物先”，只袖手旁观，说说风凉话，而许多应做的事也就搁起。

二、社会德操的堕落。德原无分公私，是德行就必须影响到社会福利，这里所谓社会德操是指社会组织所赖以维持的德操。社会德操不能枚举，最重要的有三种：第一是公私分明。一个受公众信托的人有他的职权，他的责任在行使公众所赋予的职权，为公众谋利益。他自然也还可以谋私人的特殊利益，可是不能利用公众所赋予的职权。在我国常例，一个人做了官，就可以用公家的职位安插自己的亲戚朋友，拿公家的财产做私人的人情，营私人的生意，填私人的欲壑。这样假公济私，贪污作弊，便是公私不分。此外一个人的私人地位与社会地位应该有分别。比如父亲属政府党，儿子属反对党，在政治上尽管是对立，而在家庭骨肉的分际上仍可父慈子孝。古人大义灭亲，举贤不避亲，同是看清公私界限。现在许多人把私人的恩怨和政治上的是非夹杂不清。是我的朋友我就赞助他在政治上的主张和行动，是我的仇敌我就攻击他在政治上的主张和行动，至于那主张和行动本身为好为坏则漠不置问。我们的政治上许多“人事”的困难都由此而起，这也还是犯公私不分的毛病。第二个是守法执礼的精神。许多人聚集成为一个团体，就有许多繁复的关系和繁复的活动。繁复就容易凌乱，凌乱就容易冲突。要在繁复之中见出秩序，必定有纪律，使易于凌乱者有条理，易于冲突者各守分相安。无纪律则社会不能存在，无尊重纪律的精神则社会不能维持。所谓纪律就是团体生活的合理的规范，它包含两大因素，一是国家（或其他集团）所制定的法，二是传统习惯所逐渐形成而经验证为适宜的礼。普通所谓“文化”在西文为civilization，照字原说，就是“公民化”或“群化”。“群化”其实就是“法化”与“礼化”。一个民族能守法执礼，才能算是“开化的民族”，否则尽管他的物质条件如何优厚，仍不脱“未开化”的状态。目前我们大多数人似太缺乏守法知礼的精神。比如到车站买票，依先来后到的次序，事本轻而易举，可是一般买票者踊跃争先，十分钟可了的事往往要弄到几点钟才了，三言两语可了的事往往要弄到摩拳擦掌，头破血流才了，结果仍是不公平，并且十人坐的车要挤上三四十人，不管车子出事不出事。这虽是小事，但是这种不守秩序的精神处处可以看见，许多事之糟，就糟于此。第三个是勇于表示意见，而且乐于服从多数议决案的精神，这可以说是理想的议会精神。民主政治的精义在每个公民有议政的权利。人越多，意见就越分歧。议政制度的长处就在让分歧的意见尽量地表现，然后经过充分的商酌，彼此逐渐接近融洽，产生一个比较合理比较可使多数人满意的办法。一个理想的公民在有机会参与讨论时，应尽量地发表自己的意见，旁人错误时，我应有理由说服他，旁人有理由说服我时，我也承认自己的错误。经过仔细讨论之后，成立了议决案，我无论本来曾否同意，都应竭诚拥护到底。公民如果没有服从多数而打消自己的成见的习惯，民主政治绝不会成功，因为全体公民对于任何要事都有一致意见，是一件不容易的事。我们多数人很缺乏这种政治修养。在开会讨论一件事时，大家都噤若寒蝉，有时虽心不谓然而口却不肯说，到了议决案成立之后，才议论纷纷，埋怨旁人不该那样做，甚至别树一帜，任意捣乱。许多公众事业不易举办，这也是一个重要的原因。

三、社会制裁力的薄弱。任何复杂社会都不免有恶劣分子在内。坏人的破坏力常大于善人的建设力。在一个群众之中，尽管善人多而坏人少，多数善人成之而不足的事往往经少数坏人败之而有余。要加强善人的力量和减少坏人的力量，必须有强厚的社会制裁力。一个社会里不怕有坏人，而怕没有公是公非，让坏人横行无忌。社会制裁力可分三种：第一是道德风纪。每民族都有他的特殊历史环境所造成的行为理想与规范，成为一种洪炉烈焰，一个人投身其中，不由自主地受它熔化，一个民族的道德风纪就是他的共同目标、共同理想。这共同理想的势力越坚强，那个民族的团结力就越紧密，而其中各分子越轨害群的可能性也就越小。这是最积极最深厚的社会制裁力。第二是法律。每民族对于最普遍的关系和最重要的活动都有明文或习惯规定，某事应该这样做，不应该那样做，是不容人以私意决定的。法有定准，则民知所率从。明知而故犯，法律也有惩处的措施。一般人本大半可与为善，可与为恶，而事实上多数人不敢为恶者，就因为有法律的制裁。中国儒家素来尊德而轻法，其实为一般社会说法，法律是秩序的根据，绝不可少。第三是舆论。舆论就是公是公非。一个人做了好事会受舆论褒扬，做了坏事也免不掉舆论的指摘。人本是社会的动物，要见好于社会是人类天性。羞恶之心和西方人所谓“荣誉意识”是许多德行的出发点，其实仍是起于个人对于社会舆论的顾虑。舆论自然也根据道德与法律，但是它的影响更较广泛，尤其是在近代交通发达报纸流行的情况之下。在目前我国社会里，这三种社会制裁力却很薄弱。第一，我们当思想剧变之际，青黄不接，道德是人生要义；在现在，道德似成为迂腐的东西，不但行的人少，连谈的人也少。第二，法的精神贵贯彻，有一人破法，或有一事破法，法的威权便降落。我们民族对于法的精神素较缺乏，近来因社会变动繁复，许多事未上轨道，有力者往往挟其力以乱法，狡黠者往往逞其狡黠以玩法，法遂有只为一部分愚弱乡民而设之倾向。我们明知道社会中有许多不合法的事，但是无可如何。第三，舆论的制裁须有两个重要条件。首先，人民知识与品格须达到相当的水准，然后所发出的舆论才能真算公是公非；其次，政府须给舆论以相当的自由。目前我们人民的程度还没有达到可造成健全舆论的程度。加以舆论本与道德法律有密切关系，道德与法律的制裁力弱，舆论也自然失其凭依。我们的社会虽不是绝对没有公是公非，距理想却仍甚远。一个坏人在功利的观点看，往往是成功的人，社会徒惊羡他的成功而抹杀他的坏。“老实”义为“无用”，“恭谨”看成“迂腐”，这是危险现象，看惯了，人也就不觉它奇怪。至于舆论自由问题，抗战时期的国策也把教导舆论比解放舆论看得更重要。

以上所举三点是我们不善处群的最重要病征。三点自然也彼此相关，而此外相关的病征也还不少。但是如果能够把这三种病征除去，这就是说，如果我们富于社会组织力，具有很优美的社会德操，而同时又有强有力的社会制裁，我相信我们处群的能力一定会加强，而民治的基础也更较稳固。

谈处群（中）

——我们不善处群的病因

在近代社会，个人的力量极有限，要做一番有价值的事业，必须有群众的势力。

近代社会心理学家讨论群的成因，大半着重群的分子具有共同性。第一是种族语言的同一，第二则为文化传统，如学术、宗教、政治及社会组织等，没有重要的分歧。有了这些条件，一个群众就会有共同理想、共同情感、共同意志，就容易变为共同行动，如果在这上面再加上英明的领袖与严密的制度，群的基础就很坚固了。拿共同性一个标准来说，我们中华民族似乎没有什么欠缺可指。世界上没有一个民族在种族语言上比我们更较纯一些，也没有另一个民族比我们有更悠久的一贯的文化传统。然而我们中华民族至今还不能算是一个团结紧密而坚强的群，原因在哪里呢？说起来很复杂。历史环境居一半，教育修养也要居一半。

浅而易见的原因是地广民众。上文列举群的共同性，有一点没有提及，就是共同意识。同属于一群的人必须每个人都意识到自己所属的群确实是一个群而不是一班乌合之众，并且对于这个群有很明了的认识，和它能发生极亲切的交感共鸣。

群的精神贯注到他自己的精神，他自己的精神也就表现群的精神。大我与小我仿佛打成一片，群才坚固结实。所以群的质与量几成反比。群越大，越难使它的分子对它有明确的意识，群的力量也就越微；群越小，越易使它的分子对它有明确的意识，群的力量也就越强。群的意识在欧洲比较分明，就因为欧洲各国大半地窄民寡。近代欧洲国家的雏形是古希腊和罗马的“城邦”。城邦的疆域常仅数十里，人口常常不出数千人，有公众集会，全体国民可以出席，可以参与国家大政，他们常在一起过共同的生活。在这种情形之下，群的意识自然容易发达。我们中国从周秦以后，疆域就很广大，人口就很众多。在全体国民一个大群之下，有依次递降的小群。一般人民对于下层小群的意识也很清楚，只是对于最大群的意识都很模糊。孟子谈他的社会理想说：“死徒无出乡，乡田同井，出入相友，守望相助，疾病相扶持。”这是一个很理想的群，但也是一个很小的群，它的存在条件是“死徒无出乡，乡田同井”。一直到现在，我们的乡民还维持着这种原始的群；他们为这种小群的意识所囿，不能放开眼界来认识大群。我们在过去历史上全民族受过几次威胁而不能用全民族的力量来应付，但是在极大骚动之后，社会基层还很稳定，原因也就在此。可幸者这种情形已在好转中，交通日渐方便，地理的隔阂越渐减少，而全民族分子中间的接触也就越渐多。辛亥革命、五四运动和这次的抗战都可以证明我们现在已开始有全民族的意识和全民族的活动。在历史上我们还不曾有过同样的事例。

在地广民众的情形之下，群的组织虽不容易，却也并非绝对不可能。它所以不容易的原因在人民难于聚集在一起作共同的活动，如果有一个共同理想把众多而散处的人民摄引来朝一个目标走，他们仍可成为很有力的群。中世纪欧洲各国割据纷争，政权既不统一，民族与语言又很分歧，论理似不易成群，但是回教徒占领耶路撒冷以后，欧洲人为着要恢复耶稣教的圣地，几度如醉如狂地结队东征。十字军虽不算成功，但可证明地广民众不一定可以妨碍群的团结，只要大家有共同理想、共同意志与共同活动。这次签约反抗轴心侵略的二十六个国家站在一条阵线上成为一个群，也就因为这个道理。从这些事例，我们可以见出要使广大的民众团结成群，首先要他们有共同理想，要尽量给他们参加共同活动的机会。共同活动就是广义的政治活动。所以政治越公开，人民参加政治活动的机会越多，群的意识越易发达，而处群的能力也越加强。因为这个道理，民族国家人民易成群，而专制国家人民则不易成群。我国过去数千年政体一贯专制，国家的事都由在上者一手包办，人民用不着操劳。在上者是治人者，主动者；人民是治于人者，被动者。在承平时，人民坐享其成，“同焉皆得而不知其所以得”；在混乱时，人民有时被压迫而成群自卫，亦迹近反抗，为在上者所不容，横加摧残压迫。在我国历史上，无群见盛世太平，有群即为纷争攘乱。在这种情形之下，群的意识不发达，群的德操不健全，都是当然的事。

政体既为专制，而社会的基础又建筑于家庭制度。谋国既无机缘，于是人民都集中精力去谋家。在伦理信条上，我们的先哲固亦提倡先国后家，公而忘私，于忠孝不能两全时必先忠而后孝；但在事实上，家的观念却比国的观念浓厚。读书人的最高理想是做官，做官的最大目的不在为国家做事，而在扬名声，显父母。一个人做了官，内亲和外戚都跟着飞黄腾达。

你细看中国过去的历史，国家政治常是宫廷政治，一切纷争扰乱也就从皇亲国戚酿起。至于一般小百姓眼睛里看不见国，自然就只注视着家，拼全力为一家谋福利，家与家有时不免有利害冲突，要造成保卫家的势力，于是同姓成为部落，兄弟尽可阋于墙，而外必御其侮。部落主义是家庭主义的伸张，在中国社会里，小群的活动特别踊跃，而大群非常散漫，意见偶有分歧，倾轧冲突便乘之而起，都是因为部落主义在作祟。就表面看，同乡会、同学会、哥老会之类的组织颇可证明中国人能群，但是就事实看，许多不必有的隔阂和斗争，甚至于许多罪恶的行为，都起于这类小组织。小组织的精神与大群实不相容，因为大群须化除界限，而小组织多立界限；大群必扩然大公，而小组织是结党营私。我们中国人难于成立大群，就误在小组织的精神太强烈。

一般人结党多为营私，所以“孤高自赏”的人对于结党都存着很坏的观感。“狐群狗党”是中国字汇中所特有的成语，很充分表现中国人对于群与党的鄙视。狐狗成群结党，洁身自好者不肯同流合污，甚至以结党为忌。这是一个极不幸的现象。善人既持高超态度，遇事不肯出头，纵出头也无能为力，于是公众事业都落在宵小的手里，越弄越糟。成群结党本身并非一件坏事，尤其在近代社会，个人的力量极有限，要做一番有价值的事业，必须有群众的势力。结党的目的在造成群众的势力，我们所当问的不是这种势力应否存在，而是它如何应用。恶人有党，善人没有党就不能抵御他们。这个道理很浅，而我国知识分子常不了解，多少是受了以往道家隐士思想的影响，道家隐士思想起源于周秦社会混乱的时代，是老于世故者逃避世故的一套想法。他们眼见许多建设作为徒滋纷扰，遂怀疑到社会与文化，主张返璞归真，人各独善其身。长沮、桀溺向子路讥诮富于事业心的孔子说："滔滔者天下皆是也，而谁以易之？且尔与其从避人之士也，岂若从避世之士哉？"他们不但要"避人"，还要"避世"。庄子寓言中有许多让天下和高蹈的故事。后来士流受这一类思想的影响很深，往往以"超然物表""遗世独立"相高尚，仿佛以为涉身仕途便玷污清白。齐梁时有一个周颙，少年时隐居一个茅屋里读书学道，预备媲美巢父、务光。后来他改变志向，应征做官，他的朋友孔稚珪便以为这是一个大耻辱，假周颐所居的北山的口吻，做了一篇“移文”和他绝交，骂他“诱我松桂，欺我云壑，虽假容于江皋，乃缨情于好爵”。这件事很可表现中国士流鄙视政治活动的态度。这种心理分析起来，很有些近代心理学家所说的“卑鄙意识”在内。人人都想抬高自己的身份，觉得社会卑鄙，不屑为伍，所以跳出来站在一边，表示自己不与人同。现在许多人鄙视群众与政治活动，骨子里都有“卑鄙意识”在作祟。据近代社会心理学家说，群众的活动多起于模仿。一种情绪或思想能为一般人所接受的必须很简单平凡，否则曲高和寡。所以群众所表现的智慧与德操大半很低，易于成群的人也必须易于接受很低的智慧与德操。我们中华民族似比较富于独立性，不肯轻易随人而好立异为高。宗教情操淡薄由此，群不易组织也由此。

传统的观念与相沿的习惯错误，而流行教育实未能改正这种错误。我始终坚信苏格拉底的一句老话：“知识即德行。”凡是德行缺陷，必定由于知识不彻底。群的组织的最大障碍是自私心。存自私心的人多抱着“各人自扫门前雪，不管他人瓦上霜”的念头，他们以为损群可以利己，或以为轻群可以重己。其中寡廉鲜耻者玷污责任，假公济私；洁身自好者逃避责任，遗世鸣高。其实社会存在是铁一般的事实，个人靠着社会存在也是铁一般的事实。我们必须接受这些事实，才能生存。社会的福利是集团的福利，个人既为集团一分子，自亦可蒙集团的福利。社会的一切活动最终的目的当然仍在谋各个分子的福利，所以各个分子对于社会的努力最后仍是为自己。有人说：“利他主义是彻底的利己主义。”这话实在千真万确。如果全从自己着想而不顾整个社会，像汉奸们为着几个卖身钱做敌人的走狗，实在是短见，没有把算盘打得清楚。他们忘记“皮之不存，毛将焉附”一句话的道理。他们的顽恶由于他们的愚昧，他们的愚昧由于他们所受的教育不够或错误。汉奸如此，一切贪官污吏以及逃避社会责任的人也是如此。“种瓜得瓜，种豆得豆”，掌管教育的人们看到社会上许多害群之马，应该有一番严厉的自省！

谈处群（下）

——处群的训练

人群接触，意见难免有分歧，要化除分歧，必须彼此和平静气地讨论，寻一个最妥善的结论。

极浅显而正当的道理常易被人忽略。一个民族的性格和一个社会的状况大半是由教育和政治形成的。倘若一个民族的性格不健全，或是一个社会的状况不稳定，那唯一的结论就是教育和政治有毛病。这本是老生常谈，但是在现时中国，从事教育者未必肯承认国民风纪到了现有状态是他们的罪过，从事政治者未必肯承认社会秩序到了现有的状态是他们的罪过。大家都觉得事情弄得很糟，可是都把一切罪过推诿到旁人，不肯自省自疚。没有彻底的觉悟，自然也没有彻底的悔改。这是极危险的现象。讳疾忌医，病就会无从挽救。我们需要一番严厉的自我检讨，然后才能有一番勇猛的振作。

先说教育。我们在过去虽然也曾特标群育为教育主旨之一，试问一般学校里群育工作究竟做到如何程度？从前北京大学常有同班同斋舍同学们从入学到毕业，三四年之中朝夕相见而始终不曾交谈过一句话。他们自己认为这是北京大学的校风，引为值得夸耀的一件事。一直到现在，还有许多学校里同学们相视，不但如路人，甚至为仇雠，偶遇些小龃龉，便摩拳擦掌，挥戈动武。受教育者所受的教育如此，何能望其善处群？更何能希望其为社会组织的领导？我们的教育所产生的人才不能担当未来的艰巨责任，此其一端。

我们的根本错误在把教育狭义化到知识贩卖。学校的全部工作几限于上课应付考试。每期课程多至十数种，每周上课钟点多至三四十小时。教员力疲于讲，学生力疲于听，于是做人的道理全不讲求。就退一步谈知识，也只是一味灌输死板材料，把脑筋看成垃圾箱，尽量地装，尽量地挤塞，全不管它能否消化启发。从前人说读书能变化气质，于今人书读得越多，气质越硬顽不化，这种教育只能产出一些以些许知识技能博衣饭碗的人，绝不能培养领导社会的真才。

近来颇有人感觉到这种毛病，提倡导师制，要导师于教书之外指点做人的道理，用意本来很善，但是实施起来也并未见功效。这也并不足怪。换汤必须换药，教育止于传授知识这一错误观念不改正，导师仍然是教书匠。导师制起于英国牛津、剑桥两大学，这两校的教育宗旨是彰明较著的不重读书，而重养成“君子人”。在这两校里教员和学生上课钟点都很少，社交活动却很多，导师和学生有经常接触的可能。导师对于学生在学业和行为两方面同时负有责任，每位导师所负责指导的学生也不过数人。现在我们的学校把学业和操行分作两件事，学业仍取“集体生产”式整天上班，操行则由权限不甚划分，责任不甚专一，叠床架屋式的导师、训导员、生活指导员和军事教官去敷衍公事。这种办法行不通，因为导师制的真精神不存在，导师制的必需条件不存在。

要改良现状，我们必须把教育的着重点由上课读书移到学习做人方面去，许多庞杂的课程须经快刀斩乱麻的手段裁去，学生至少有一半时间过真正的团体生活，作团体的活动。教室也必须把过去的错误的观念和习惯完全改过，认定自己是在“造人”，不只是在“教书”。每个教师对于所负责造的人须当作一件艺术品看待，须求他对自己可以慰怀，对旁人也可以看得过去。每个学生对于教师须当作自己的造化主，与父母生育有同样的恩惠，知道心悦诚服。这样一来，教师与学生就有家人父子的情感，而学校也就有家庭的和乐的空气了。

这一层做到了，第二步便须尽量增加团体合作的活动。团体合作的活动种类甚多，有几个最重要的值得特别提出。

第一是操业合作。现行教育有一个大毛病，就是许多课程的对象都是个人而不是团体。学生们尽管成群结队，实际上各人一心，每人独自上课，独自学习，独自完成学业，无形中养成个人主义的心习。其实学问像其他事业一样，需要分工合作的地方甚多。材料的收集和整理，问题的商讨，实验的配置，贻误的检举，都必须群策群力。学校对于可分工合作的工作应尽量分配给学生们去合作，团体合作训练的效益是无穷的。一个人如果常有团体合作的训练，在学问上可以免偏陋，在性情上也可以免孤僻；他会有很浓厚而愉快的群的意识，他会深切地感觉到：能尽量发挥群的力量，才能尽量发挥个人的力量。

有几种课程特别宜于团体合作。最显著的是音乐。在我们古代教育中，乐是一个极重要的节目。它的感动力最深，它的最大功用在和。在一个团体里，无论分子在地位、年龄、教育上如何复杂，乐声一作，男女尊卑长幼都一齐肃容静听，皆大欢喜，把一切界限分别都化除净尽，彼此蔼然一团和气。爱好音乐的人很少是孤僻的人。所以音乐是群育最好的工具。其次是运动。运动相当于中国古代教育中的射。它不但能强健身体，尤其能培养遵秩序纪律的精神。条顿民族如英美德诸国都特好运动，在运动场上他们培养战斗的技术和政治的风度。他们说一个公正的人有“运动家气派”（sportsmanship）。柏拉图在“理想国”里谈教育，二十岁以前的人就只要音乐和运动两种功课。这两种课程应该在各级学校中普遍设立。近来音乐课程仅限于中小学，运动则各校虽有若无，它们的重要性似还没有为教育家们完全了解。音乐和运动是一个民族的生气的表现，不单是群育的必由之径。除非它们在课程中占重要位置，我们的教育不会有真正的改良。

操业合作之外，第二个重要的处群训练便是团体组织。有健全的团体组织，学生们才有多参加团体活动的机会，才能养成热心公益的习惯。一般学校当局常怕学生有团结，以致滋扰生事，所以对于团体组织与活动常设法阻止，以为这就可以息事宁人；也有些学校在名义上各种团体具备，而实际上没有一个团体是健全的组织。多数学生为错误的教育理想所误，只管埋头死读书，认为参加团体活动是浪费时光，甚至于多惹是非，对一切团体活动遂袖手坐观。于是所谓团体便为少数人所操纵，假借团体名义，做种种并非公意所赞同的活动。政治上许多强奸民意假公济私的恶习惯就由此养成。学校里学生自治会应该是一种雏形的民主政府，每个分子都应有参议表决的权利，同时也都应有不弃权的责任。凡关于学生全体利益的事应由学生们自己商讨处理，如起居、饮食、清洁卫生、公共秩序、公众娱乐诸项都无须教职员包办。自治会须有它的法律，有它的风纪，有它的社会制裁力。比如说，有一位同学盗用公物、侮谩师友或是考试舞弊，通常的办法是由学校记过惩处，但是理想的办法是由自治会公审公判，学生团体中须有公是公非，而这种公是公非应有奖励或裁制的力量。民主国家所托命的守法精神必须如此养成。

人群接触，意见难免有分歧，利益难免有冲突，如果各执己见，势必至于无路可通。要分歧和冲突化除，必须彼此和平静气地讨论，在种种可能的结论中寻一个最妥善的结论。民主政治可以说就是基于讨论的政治。学问也贵讨论，因为学问的目的在辨别是非真伪，而这种辨别的功夫在个人为思想，在团体为讨论，讨论可以说是集团的思想。一个理想的学校必须充满着欢喜讨论的空气。每种课程都可以用讨论方式去学习，每种实际问题都可以在辩论会中解决。在欧美各著名大学里，师生们大部分工夫都费于学术讨论会与辩论会，在这中间他们成就他们的学业，养成他们的政治习惯。在学校里是一个辩论家，出学校就是一个良好的议员或社会领袖。我们的一般学生以遇事沉默为美德，遇公众集会不肯表示意见，到公众有决定时，又不肯服从。这是一个必须医治的毛病，而医治必从学校教育下手。

处群训练一半靠教育，一半也要靠政治。社会仍是一种学校，政治对于公民仍是一种教育。政治越修明，公民的处群训练也就越坚实。政治体制有多种，最合理想的是民主。民主政治实施于小国家，较易收实效，因为全体人民可以直接参与会议表决，像瑞士的全体公决制。国大民众，民主政治即不能不采取代议方式。代议制的弊病在代议人不一定能代表公众意志，易流于寡头政治的变相。要补救这种弊病，必须力求下层政治组织健全，因为一般人民虽不必尽能直接参加国政，至少可以参加和他们最接近的下层行政区域的政治。我国最下层的行政区域是保甲，逐层递升为乡为县为区为省。保甲在历史上向来是自治的单位，它的组织向来带有几分民主精神。我们要奠定民主基础，必须从保甲着手。保甲政治办好，逐层递升，乡、县、区、省以至于国的政治，自然会一步一步地跟着好。英国政治是一个很好的先例。英国民主政治的成功不仅在国会健全，尤其在国会之下的区议会与市议会同样健全。市议会已具国会的雏形，公民在市议会所得的政治训练可逐渐推用于区议会和国会。一般人民因小见大，知道国会和市议会是一样，市民与市政府的关系也和国民与国政府的关系一样，知道国政与市政和己身同样有切身的利害，不容漠视，更不容胡乱处理。

健全下层政治组织自然也不是一件容易事。我们一方面须推广教育，提高人民知识和道德的水准，另一方面也要彻底革除积弊，使人民逐渐养成良好的政治习惯。所谓良好的政治习惯是指一方面热心参与政治活动，另一方面不做腐败的政治活动。我国一般人民正缺乏这两种政治的习惯，他们不是不肯参加政治活动，就是作腐败的政治活动。比如我们的政府近来何尝不感觉到健全下层政治组织的重要？保甲制正在推行，县政正在实验，下级干部人员经常在受训练。但是积重难返，实施距理想仍甚远。根本的毛病在没有抓住民治精神。民治精神在公事公议公决，而现在保甲政治则由少数公务员包办。一般保甲长和联保主任仍是变相的土豪劣绅，敲诈乡愚，比从前专制时代反更烈。一般人民没有参与会议表决的机会，还是处在被统治者的地位。下情无由上达，他们只在含冤叫苦。一件事须得做时，就须做得名副其实，否则滋扰生事，不如不做为妙。县政实施本是为奠定民治基础，如果仍采用土豪劣绅包办制，则结果适足破坏民治基础。这件事关系我国民治前途极大，我们的政治家不能不有深切的警戒。

民主政治与包办制如水火不相容。消极地说，废除包办制；积极地说，就是政治公开。这要从最下层做起，奠定稳固的基础，然后逐渐推行到最上层。政治公开有两个要义，一是政权委托于贤能，二是民意须能影响政治。先就第一点说，我国历代抡才，不外由考试与选举。考试是最合于民治精神的一种制度，是我国传统政治的一特色。一个人只要有真才实学，无论出身如何微贱，可以逐级升擢，以至于掌国家大政。因此政权可由平民凭能力去自由竞争，不至为某一特殊阶级所把持乱用。中国过去政权向来在相而不在君，而相大半起家于考试，所以中国传统政体表面上为君主，而实为民主。后来科举专以时文诗赋取士，颇为议者诟病。这只是办法不良，并非考试在原则上有毛病。总理制定建国方略，考试特设专院，实有鉴于考试是中国传统政治中值得发挥光大的一点，用意本至深。但是我们并未能秉承总理遗教，各级公务员大部分未经考试出身，考试中选者也未尽录用，真才埋没，与不才而在高位的情形都不能说没有。这种不公平的待遇不能奖励贫士的努力而徒增长宵小夤缘幸进的恶习，政治上的腐浊多于此种因。要想政得其人，人尽其职，必须彻底革除这种种积弊而尽量推广考试制。至于选举是一般民主国家抡才的常径。选举能否成功，视人民有无政治知识与政治道德。过去我国选举权操纵于各级官吏，名为选举，实为推荐，不像在西方由人民普选。这种办法能否成功，视主其事者能否公允；它的好处在提高选举者的资格，即所以增重选举的责任，提高被选举者的材质。在一般人民未受健全的政治教育以前，我们可以略采从前推荐而加以变通，限制选举者的资格而不必限于官吏，凡是教育健全而信用卓著者都可以联名推选有用人才。选举意在使贤任能，如不公允，由人民贿买或由政府包办，则适足破坏选举的信用与功能，我们必须严禁。民主政治能否成功，就要看选举这个难关能否打破，我们必须有彻底的觉悟。

考试与选举之得法，一切行政权都由贤能行使，则政治公开的第一要义就算达到。政治公开的第二要义是民意能影响政治。这有两端：第一是议会，第二是舆论。先说议会，民主政治就是议会政治。在西方各国，人民信任议会，议会信任政府；政府对议会负责，议会对人民负责。政府措施不当，议会可以不信任；议会措施不当，人民可以另选。所以政府必须尊重民意，否则立即瓦解。我国从民主政体成立以来，因种种实际困难，正式民意机关至今还未成立。召集国民代表大会，总理遗教本有明文规定，而政府也正在准备促其实现，这还需要全国人民共同努力。最要紧的是要使选举名副其实，不要再有贿买包办的弊病。

我国传统政治本素重舆论。“天视自我民视，天听自我民听”两句话在古代即悬为政治格言。历代言事有专官，平民上诉隐曲，也特有设备，在野清议尤为朝廷所重视。过去君主政体没有很长期地陷于紊乱腐败状态，舆论是一个重要的力量。从前的暴君与现代的独裁政府怕舆论的裁制，常设法加以压迫或控制，结果总是失败。“防民之口，甚于防川”是一点不错的。思想与情感必须有正当的宣泄，越受阻挠越一决不可收拾。近代报章流行，舆论更易传播。言论出版自由问题颇引起种种争论。从历史、政治及群众心理各方面看，言论出版必须有合理的自由。舆论与人民程度密切相关，自然也有不健全的时候，我们所应努力的不在钳制舆论，而在教育舆论。是非自在人心，舆论的错误最好还是用舆论去纠正。

以上所述，陈义甚浅，我们的用意不在唱高调而望能实践。如果政治方面没有上述的改革，群的训练就无从谈起。人民必有群的活动、群的意识，必感觉到群的力量，受群的裁制，然后才能养成良好的处群的道德。这是我们施行民治的大工作中一个基本问题，值得政治家与教育家们仔细思量。

谈恻隐之心

遇着旁人受苦难时，心中或是发生幸灾乐祸的心理，或是发生恻隐之心，全在一念之差。

罗素在《中国问题》里讨论我们民族的性格，指出三个弱点：残忍、贪污和怯懦。他把残忍放在第一位，所说的话最足令人深省："中国人的残忍不免打动每一个盎格鲁-撒克逊人。人道的动机使我们尽一分力量来减除其余九十九分力量所做的过恶，这是他们所没有的……我在中国时，成千成万的人在饥荒中待毙，人们为着几块钱出卖儿女，卖不出就弄死。白种人很尽了些力去赈荒，而中国人自己出的力却很少，连那很少的还是被贪污吞没……如果一只狗被汽车压倒致重伤，过路人十个就有九个站下来笑那可怜的畜生的哀号。一个普通中国人不会对受苦受难起同情的悲痛，实在他还像觉得它是一个颇愉快的景象。他们的历史和他们的辛亥革命前的刑律可见出他们免不掉故意虐害的冲动。"

我第一次看《中国问题》还在十几年以前，那时看到这段话心里甚不舒服；现在为大学生选英文读品，把这段话再看了一遍，心里仍是甚不舒服。我虽不是狭义的国家主义者，也觉得心里一点民族自尊心遭受打击，尤其使我怀惭的是没有办法来辩驳这段话。我们固然可以反诘罗素说：“他们西方人究竟好得几多呢？”可是他似乎预料到这一着，在上一段话终结时，他补充了一句：“话须得说清楚，故意虐害的事情各大国都在所难免，只是它到了什么程度被我们的伪善隐瞒起来了。”他言下似有怪我们竟明目张胆地施行虐害的意味。

罗素的这番话引起我的不安，也引起我由中国民族性的弱点想到普遍人性的弱点。残酷的倾向，似乎不是某一民族所特有的，它是像盲肠一样由原始时代遗留下来的劣根性，还没有被文化洗刷净尽。小孩们大半欢喜虐害昆虫和其他小动物，踏死一堆蚂蚁，满不在意。用生人做陪葬者或是祭典中的牺牲，似不仅限于野蛮民族。罗马人让人和兽相斗相杀，西班牙人让牛和牛相斗相杀，作为一种娱乐来看。中世纪审判异教徒所用的酷刑无奇不有。在战争中人们对于屠杀尤其狂热，杀死几百万生灵如同踏死一堆蚂蚁一样平常，报纸上轻描淡写地记一笔，造成这屠杀记录者且热烈地庆祝一场。就在和平时期，报纸上杀人、起火、翻船、离婚之类不幸的消息也给许多观众以极大的快慰。一位西方作家说过："揭开文明人的表皮，在里皮里你会发现[①]野蛮人。"据说大哲学家斯宾诺莎的得意的消遣是捉蚊蝇摆在蛛网上看他们被吞食。近代心理学家研究变态心理所表现的种种奇怪的虐害动机如"撒地主义"（sadism），尤足令人毛骨悚然。这类事实引起一部分哲学家，如中国的荀子和英国的霍布斯，推演出"性恶"一个结论。

有些学者对于幸灾乐祸的心理，不以性恶为最终解释而另求原因。最早的学说是自觉安全说。拉丁诗人卢克莱修说："狂风在起波浪时，站在岸上看别人在苦难中挣扎，是一件愉快的事。"这就是中国成语中的"隔岸观火"。卢克莱修以为使我们愉快的并非看见别人的灾祸，而是庆幸自己的安全。霍布斯的学说也很类似。他以为别人痛苦而自己安全，就足见自己比别人高一层，心中有一种光荣之感。苏格兰派哲学家如倍恩（Bain）之流以为幸灾乐祸的心理基于权力欲。能给苦痛让

① 发现：原稿为发见，全书同。

别人受，就足显出自己的权力。这几种学说都有一个共同点：就是都假定幸灾乐祸时有一种人我比较，比较之后见出我比别人安全，比别人高一层，比别人有权力，所以高兴。

这种比较也许是有的，但是比较的结果也可以发生与幸灾乐祸相反的念头。比如我们在岸上看翻船，也可以忘却自己处在较幸运的地位，而假想到自己在船上碰着那些危险的境遇，心中是如何惶恐、焦急、绝望、悲痛。将己心比人心，人的痛苦就变成自己的痛苦。痛苦的程度也许随人而异，而心中总不免有一点不安、一点感动和一点援助的动机。有生之物都有一种同类情感。对于生命都想留恋和维护，凡遇到危害生命的事情都不免恻然感动，无论那生命是否属于自己。生命是整个的有机体，我们每个人是其中一肢一节，这一肢的痛痒引起那一肢的痛痒。这种痛痒相关是极原始的、自然的、普遍的。父母遇着儿女的苦痛，仿佛自身在苦痛。同类相感，不必都如此深切，却都可由此类推。这种同类的痛痒相关就是普通所谓“同情”，孟子所谓“恻隐之心”。孟子所用的比喻极亲切：“今人乍见孺子将入于井，皆有怵惕恻隐之心。”他接着推求原因说："非所以内交于孺子之父母也，非所以要誉于乡党朋友也，非恶其声而然也。"他没有指出正面的原因，但是下结论说："由是观之，无恻隐之心非人也。"他的意思是说恻隐之心并非起于自私的动机，人有恻隐之心只因为人是人，它是组成人性的基本要素。

从此可知遇着旁人受苦难时，心中或是发生幸灾乐祸的心理，或是发生恻隐之心，全在一念之差。一念向此，或一念向彼，都很自然，但在动念的关头，差以毫厘便谬以千里。念头转向幸灾乐祸的一方面去，充类至尽，便欺诈凌虐，屠杀吞并，刀下不留情，睁眼看旁人受苦不伸手援助，甚至落井下石，这样一来，世界便变成冤气弥漫、黑暗无人道的场所；念头转向恻隐一方面去，充类至尽，则四海兄弟，一视同仁，守望相助，疾病相扶持，老有所养，幼有所归，鳏寡孤独者亦可各得其所，这样一来，世界便变成一团和气、其乐融融的场所。野蛮与文化，恶与善，祸与福，生存与死灭的歧路全在这一转念上面，所以这一转念是不能苟且的。

这一转念关系如许重大，而转好转坏又全系在一个刀锋似的关头上，转好与转坏又同样的自然而容易，所以古今中外大思想家和大宗教家，都紧握住这个关头。各派伦理思想尽管在侧轻侧重上有差别，各派宗教尽管在信条仪式上互相悬殊，都着重一个基本德行。孔孟所谓“仁”，释氏所谓“慈悲”，耶稣所谓“爱”，都全从人类固有的一点恻隐之心出发。他们都看出在临到同类受苦受难的关头上，一着走错，全盘皆输，丢开那一点恻隐之心不去培养，一切道德都无基础，人类社会无法维持，而人也就丧失其所以为人的本性。这是人类智慧的一个极平凡而亦极伟大的发现，一切伦理思想，一切宗教，都基于这点发现。这也就是说，恻隐之心是人类文化的泉源。

如果幸灾乐祸的心理起于人我的比较，恻隐之心更是如此，虽然这种比较不必尽浮到意识里面来。儒家所谓“推己及物”“举斯心加诸彼”“己所不欲，勿施于人”，都是指这种比较。所以“仁”与“恕”是一贯的，不能“恕”绝不能“仁”。“恕”须假定知己知彼，假定对于人性的了解。小孩虐待弱小动物，说他们残酷，不如说他们无知，他们根本没有动物能痛苦的观念。许多成人残酷，也大半由于感觉迟钝，想象平凡，心眼窄所以心肠硬。这固然要归咎于天性薄，风俗习惯的濡染和教育的熏陶也有关系。函人唯恐伤人，矢人唯恐不伤人，职业习惯的影响于此可见。古希腊盛行奴隶制度，大哲学家如柏拉图、亚里士多德都不以为非；在战争的狂热中，耶稣教徒祷祝上帝歼灭同奉耶教的敌国，风气的影响于此可见。善人为邦百年，才可以胜残去杀，习惯与风俗既成，要很大的教育力量，才可挽回转来。在近代生活竞争激烈，战争为解决纠纷要径，而道德与宗教的势力日就衰颓的情况之下，恻隐之心被摧残比被培养的机会较多。人们如果不反省痛改，人类前途将日趋于黑暗，这是一个极可危惧的现象。

凡是事实，无论它如何不合理，往往都有一套理论替它辩护。有战争屠杀就有辩护战争屠杀的哲学。恻隐之心本是人道基本，在事实上摧残它的人固然很多，在理论上攻击它的人亦复不少。柏拉图在《理想国》里攻击戏剧，就因为它能引起哀怜的情绪，他以为对人起哀怜，就会对自己起哀怜，对自己起哀怜，就是缺乏丈夫气，容易流于怯懦和感伤。近代德国一派唯我主义的哲学家如斯蒂纳（Sterner）、尼采之流，更明目张胆地主张人应尽量扩张权力欲，专为自己不为旁人，恻隐仁慈只是弱者的德操。弱者应该灭亡，而且我们应促成他们灭亡。尼采痛恨无政府主义者和耶稣教徒，说他们都迷信恻隐仁慈，力求妨碍个人的进展。这种超人主义酿成近代德国的武力主义。在崇拜武力侵略者的心目中，恻隐之心只是妇人之仁，有了它心肠就会软弱，对弱者与不健康者（兼指物质的与精神的）持姑息态度，做不出英雄事业来。哲学上的超人主义在科学上的进化主义又得一个有力的助手。在达尔文一派生物学家看，这世界只是一个生存竞争的战场，优胜劣败，弱肉强食，就是这战场中的公理。这种物竞说充类至尽，自然也就不能容许恻隐之心的存在。因为生存需要斗争，而斗争即须拼到你死我活，能够叫旁人死而自己活着的就是“最适者”。老弱孤寡疲癃残疾以及其他一切灾祸的牺牲者照理应该淘汰。向他们表示同情，援助他们，便是让最不适者生存，违反自然的铁律。

恻隐之心还另有一点引起许多人的怀疑。它的最高度的发展是悲天悯人，对象不仅是某人某物，而是全体有生之伦。生命中苦痛多于快乐，罪恶多于善行，祸多于福，事实常追不上理想。这是事实，而这事实在一般敏感者的心中所生的反响是根本对于人生的悲悯。悲悯理应引起救济的动机，而事实上人力不尽能战胜自然，已成的可悲悯的局面不易一手推翻，于是悲悯者变成悲剧中的主角，于失败之余，往往被逼向两种不甚康健的路上去，一是感伤愤慨，遗世绝俗，如屈原一派人；一是看空一切，徒作未来世界或另一世界的幻梦，如一般厌世出家的和尚。这两种倾向有时自然可以合流。近代许多文学作品可以见出这些倾向。比如哈代（T. Hardy）的小说，豪斯曼（A. E. Housman）的诗，都带着极深的哀怜情绪，同时也带着极浓的悲观色彩。许多人不满意于恻隐之心，也许因为它有时发生这种不健康的影响。

恻隐之心有时使人软弱怯懦，也有时使人悲观厌世。这或许都是事实。但是恻隐之心并没有产生怯懦和悲观的必然性。波斯大帝泽克西斯（Xerxes）百万大军西征古希腊，站在桥头望台上看他的军队走过赫勒斯滂海峡，回头向他的叔父说："想到人寿短促，百年之后，这大军之中没有一个人还活着，我心里突然感到一阵怜悯。”但是这一阵怜悯并没有打消他征服希腊的雄图。屠格涅夫在一首散文诗里写一只老麻雀牺牲性命去从猎犬口里救落巢的雏鸟。那首诗里充满着恻隐之心，同时也充满着极大的勇气，令人起雄伟之感。孔子说得好：“仁者必有勇。”古今伟大人物的生平大半都能证明真正敢作敢为的人往往是富于同类情感的。菩萨心肠与英雄气骨常有连带关系，最好的例子是释迦牟尼。他未尝无人世空虚之感，但不因此打消救济人类世界的热望。“我不入地狱，谁入地狱！”这是何等的悲悯！同时，这是何等的勇气！孔子是另一个好例。他也明知“滔滔者天下皆是”，但是“知其不可为而为之”。“鸟兽不可与同群，吾非斯人之徒与而谁与？天下有道，丘不与易也。”这是何等的悲悯！同时，这是何等的勇气！世间勇于作淑世企图的人，无论是哲学家、宗教家或社会革命家，都有一片极深挚的悲悯心肠在驱遣他们，时时提起他们的勇气。

现在回到本文开始时所引的罗素的一段话。他说：“人道的动机使我们尽一分力量来减灭其余九十九分力量所做的过恶，这是他们（中国人）所没有的。”这话似无可辩驳。但

是我以为我们缺乏恻隐之心，倒不仅在遇饥荒不赈济，穷来卖儿女做奴隶，看到颠沛无告的人掩鼻而过之类的事情，而尤在许多人看到整个社会日趋于险境，不肯做一点挽救的企图。教育家们睁着眼睛看青年堕落，政治家们睁着眼睛看社会秩序紊乱，富商大贾睁着眼睛看经济濒危，都漫不在意，仍是各谋各的安富尊荣，有心人会问：“这是什么心肝？”如果我们回答说：“这心肝缺乏恻隐。”也许有人觉得这话离题太远。其实病原全在这上面。成语中有“麻木不仁”的字样，意义极好，麻木与不仁是连带的。许多人对于社会所露的险象都太麻木，我想这是不能否认的。他们麻木，由于他们不仁（用我们的词语来说，缺乏恻隐之心）。麻木不仁，于是一切都受支配于盲目的自私。这毛病如何救济，大是问题。说来易，做来难。一般人把一切性格上的难问题都推到教育，但教育是否有这样万能，我很怀疑。在我想，大灾大乱也许可以催促一部分人的猛醒，先哲伦理思想的彻底认识以及佛耶二教的基本精神的吸收，也许可造成一种力量。无论如何，在建国事业中的心理建设项下，培养恻隐之心必定是一个重要的节目。

谈羞恶之心

是非善恶本是世间习月的分别，超出世间的看法，我们对于一切可作平等观。

《新约》里《约翰福音》第八章记载这样一段故事：

耶稣在庙里布教，一大群人围着他听。刑名师和法利赛人带着一个行淫被拘的妇人来，把她放在群众当中，向耶稣说："这妇人是正在行淫时被拿着的。摩西在法律中吩咐过我们，像这样的人应用石头钉死，你说怎样办呢？"耶稣弯下身子来用指画地，好像没有听见他们说话。他们继续追问，耶稣于是抬起身子来对他们说："你们中间谁是没有罪的，就让谁先拿石头钉她。"说完又弯下身子用指画地。他们听到这话，各人心里都有内疚，一个一个地走出去，到最后，只剩下耶稣，那妇人仍站在原地。耶稣抬起身子对她说："妇人，告你状的人到哪里去了呢？没有人定你的罪吗？"她说："没有人，我主。"耶稣说："我也不定你的罪，去吧，以后不要再犯了。"

这段故事给我以极深的感动，也给我以不小的惶惑。耶稣的宽宥是恻隐之心的最高的表现，高到泯没羞恶之心的程度，这令人对于他的胸怀起伟大崇高之感。同时，我们也难免惶惑不安。如果这种宽宥的精神充类至尽，我们不就要姑息养奸，任世间一切罪孽过恶蔓延，简直不受惩罚或裁制吗？

我们对于世间罪孽、过恶原可以持种种不同的态度。是非善恶本是世间习用的分别，超出世间的看法，我们对于一切可作平等观。正觉烛照，五蕴皆空。瞋恚有碍正觉，有如“清冷云中，霹雳起火”。无论在人在我，消除过恶，都当以正觉净戒，不可起瞋恚，这是佛家的态度。其次，即就世间法而论，是非善恶之类道德观念起于“实用理性批判”。若超出实用的观点，我们可以拿实际人生中一切现象如同图画、戏剧一样去欣赏，不做善恶判断，自不起道德上的爱恶，如尼采所主张的，这是美感的态度。再次，即就世间法德道德观点而论，人生来不能尽善尽美，我们彼此都有弱点，就不免彼此都有过错。这是人类共同的不幸。如果遇到弱点的表现，我们须了解这是人情所难免，加以哀矜与宽恕。“了解一切，就是宽恕一切。”这是耶稣教徒的态度。

这几种态度都各有很崇高的理想，值得我们景仰向往，而且有时值得我们努力追攀。不过在这不完全的世界中，理想永远是理想，我们不能希望一切人得佛家所谓正觉，对一切作平等观，不能而且也不应希望一切人在一切时境都如艺术家对于罪孽、过恶纯取欣赏态度，也不能希望一切人都有耶稣的那样宽恕的态度，而且一切过恶都可受宽恕的感化。我们处在人的立场为人类谋幸福，必希望世间罪孽、过恶减少到可能的最低限度。减少的方法甚多，积极的感化与消极的裁制似都不可少。我们不能人人有佛的正觉，也不能人人有耶稣的无边的爱，但是我们人人都有几分羞恶之心。世间许多法律制度和道德信条都是利用人类同有的羞恶之心作原动力。近代心理学更能证明羞恶之心对于人格形成的重要。基于羞恶之心的道德影响也许是比较下乘的，但同时也是比较实际的，近人情的。

“羞恶之心”一词出于孟子，他以为是“义之端”，这就是说，行为适宜或恰到好处，须从羞恶之心出发。朱子分羞恶为两事，以为“羞是羞己之恶，恶是恶人之恶”。其实只要是恶，在己者可羞亦可恶，在人者可恶亦可羞。只拿行为的恶作对象说，羞恶原是一事。不过从心理的差别说，羞恶确可分对己对人两种。就对己说，羞恶之心起于自尊情操。人生来有向上心，无论在学识、才能、道德或社会地位方面，总想达到甚至超过流行于所属社会的最高标准。如果达不到这标准，显得自己比人低下，就自引以为耻。耻便是羞恶之心，西方人所谓荣誉意识（sense of honour）的消极方面。有耻才能向上奋斗。这中间有一个人我比较，一方面自尊情操不容我居人下，另一方面社会情操使我顾虑到社会的毁誉。所以知耻同时有自私的和泛爱的两个不同的动机。对于一般人，耻（羞恶之心）可以说就是道德情操的基础。他们趋善避恶，与其说是出于良心或责任心，不如说是出于羞恶之心，一方面不甘居下流，另一方面看重社会的同情。中国先儒认清此点，所以布政施教，特重明耻。管子甚至以“耻”与“礼义廉”并称为“国之四维”。

人须有所为，有所不为。羞恶之心最初是使人有所不为。孟子在讲羞恶之心时，只说是“义之端”，并未举例说明，在另一段文字里他说：“人能充无穿窬之心，而义不可胜用也，人能充无受尔汝之实，无所往而不为义也。”这里他似在举羞恶之心的实例，“无穿窬”（不做贼）和“无受尔汝之实“（不愿被人不恭敬地称呼），都偏于“有所不为”和“胁肩谄笑，病于夏畦”，“巧言令色足恭，左丘明耻之，丘亦耻之”之类心理相同。但孟子同时又说：“人皆有所不为，达之于其所为，义也。”这就是说，羞恶之心可使人耻为所不应为，扩充起来，也可以使人耻不为所应为。为所应为便是尽责任，所以“知耻近乎勇”。人到了无耻，便无所不为，也便不能有所为。有所不为便可以寡过，但绝对无过实非常人所能。儒家与耶教都不责人有过，只力劝人改过。知过能改，须有悔悟。悔悟仍是羞恶之心的表现。羞恶未然的过恶是耻，羞恶已然的过恶是悔。耻令人免过，悔令人改过。

孟子说：“不耻不若人，何若人有？”耻使人自尊自重，不自暴自弃。近代阿德勒（Adler）一派心理学说很可以引来说明这个道理。有羞恶之心先必发现自己的欠缺，发现了欠缺，自以为耻（阿德勒所谓“卑劣情意综”），觉得非努力把它降伏下去，显出自己的尊严不可（阿德勒所谓“男性的抗议”），于是设法来弥补欠缺，结果不但欠缺弥补起，而且所达到的成就还比平常更优越。德摩斯梯尼本来口吃，不甘受这欠缺的限制，发愤练习演说，于是成为古希腊的最大演说家。贝多芬本有耳病，不甘受这欠缺的限制，发愤练习音乐，于是成为德国的最大音乐家。阿德勒举过许多同样的实例，证明许多历史上的伟大人物在身体资禀或环境方面都有缺陷，这缺陷所生的“卑劣情意综”激起他们的“男性的抗议”，于是他们拿出非常的力量，成就非常的事业。中国左丘明因失明而作《国语》，孙子因膑足而作《兵法》，司马迁因受宫刑而作《史记》，也是很好的例证。阿德勒偏就器官机能方面着眼，其实他的学说可以引申到道德范围。因卑劣意识而起男性抗议，是“知耻近乎勇”的一个很好的解释。诸葛孔明要邀孙权和刘备联合去打曹操，先假劝他向曹操投降，孙权问刘备何以不降，他回答说：“田横齐之壮士耳，犹守义不辱。况刘豫州王室之胄，英才盖世，安能复为之下乎？”孙权听到这话，便勃然宣布他的决心：“吾不能举全吴之地，十万之众，受制于人！”这就是先激动羞耻心，再激动勇气，由卑劣意识引到男性抗议。

孟子讲羞恶之心，似专就对己一方面说。朱子以为它还有对人一方面，想得更较周到。我们对人有羞恶之心，才能疾恶如仇，才肯努力去消除世间罪孽、过恶。孔子大圣人，胸襟本极冲和，但《论语》记载他恶人的表现特别多。冉有不能救季氏僭礼，宰我对鲁哀公说话近逢迎，子路说轻视读书的话，樊迟请学稼圃，孔子对他们所表示的态度都含有羞恶的意味。子贡问他："君子亦有所恶乎？"他回答说："有，恶称人之恶者，恶居下流而讪上者，恶勇而无礼者，恶果敢而窒者。"一口气就数上一大串。他曾以"吾未见好仁者恶不仁者"为欢。他最恶的是乡愿（现在所谓伪君子），因为这种人"暗然媚于世，非之无举，刺之无刺，居之似忠信，行之似廉洁，众皆悦之，自以为是而不可与入尧舜之道"。他一度为鲁相，第一件要政就是诛少正卯，一个十足的乡愿。我特别提出孔子来说，因为照我们的想象，孔子似不轻于恶人，而他竟恶得如此厉害，这最足以证明凡道德情操深厚的人对于过恶必有极深的厌恶。世间许多人没有对象可五体投地地去钦佩，也没有对象可深入骨髓地去厌恶，只一味周旋随和，这种人表面上像是炉火纯青，实在是不明是非，缺乏正义感。社会上这种人越多，恶人越可横行无忌，不平的事件也越可蔓延无碍，社会的混浊也就越不易澄清。社会所借以维持的是公平（西方所谓justice），一般人如果没有羞恶之心，任不公平的事件不受裁制，公平就无法存在。过去社会的游侠，和近代社会的革命者，都是迫于义愤，要“打抱不平”，虽非中行，究不失为狂狷，在社会腐浊的时候，仍是有他们的用处。

个人须有羞恶之心，集团也是如此。田横的五百义士不肯屈服于刘邦，全体从容赴义，历史传为佳话。古人谈兵，说明耻然后可以教战，因为明耻然后知道“所恶有甚于死者”，不会苟且偷生。我们民族这次英勇的抗战是最好的例证，大家牺牲安适、家庭、财产，以至于生命，就因为不甘做奴隶的那一点羞恶之心。大抵一个民族当承平的时候，羞恶之心表现于公是公非，人民都能受道德法律的裁制，使社会秩序井然。所谓“化行俗美”，“有耻且格”。到了混乱的时候，一般人廉耻道丧，全民族的羞恶之心只能借少数优秀分子保存，于是才有“气节”的风尚。东汉太学生郭泰、李膺、陈蕃诸人处外戚宦官专权恣肆之际，独持清议，一再遭钩党之祸而不稍屈服。明末魏阉执权乱国，士大夫多阿谀取容，其无耻之尤者至认阉作父，东林党人独仗义执言，对阉党声罪致讨，至粉身碎骨而不悔。这些党人的行径容或过于褊急，但在恶势力横行之际能不顾一切，挺身维持正气，对于民族精神所留的影响是不可磨灭的。

目前我们民族正遇着空前的大难，国耻一重一重地压来，抗战的英勇将士固可令人起敬，而此外卖国求荣，贪污误国和醉生梦死者还大有人在，原因正在羞恶之心的缺乏。我们应该记着“明耻教战”的古训，极力培养人皆有之的一点羞恶之心。我们须知道做奴隶可耻，自己睁着眼睛往做奴隶的路上走更可耻。罪过如果在自己，应该忏悔；如果在旁人，也应深恶痛绝，设法加以裁制。

谈冷静

一个有学问的人必定是『清明在躬，志气如神』，换句话说，必定能冷静，不意气用事。

德国哲学家尼采把人类精神分为两种，一是阿波罗的，二是狄俄尼索斯的。这两个名称起源于希腊神话。阿波罗是日神，是光的来源，世间一切事物得着光才显现形象。古希腊人想象阿波罗凭临奥林匹斯高峰，雍容肃穆，运转他的熠熠生辉的巨眼，普照世间一切，妍丑悲欢，同供玩赏，风帆自动而此心不为之动，他永远是一个冷静的旁观者。狄俄尼索斯是酒神，是生命的来源，生命无常幻变，狄俄尼索斯要在生命幻变中忘却生命幻变所生的痛苦，纵欢狂歌，争取刹那间尽量的欢乐，时时随着生命的狂澜流转，如醉如痴，曾不停止一息来反观自然或是玩味事物的形象，他永远是生命剧场中一个热烈的扮演者。尼采以为人类精神原有这两种分别，一静一动，一冷一热，一旁观，一表演。艺术是精神的表现，也有这两种分别，例如图画、雕刻等造型艺术是代表阿波罗精神的，音乐、跳舞等非造型艺术是代表狄俄尼索斯精神的。依尼采看，古代希腊人本最富于狄俄尼索斯精神，体验生命的痛苦最深切，所以内心最悲苦，然而没有走上绝望自杀的路，就好在有阿波罗精神来营救，使他们由表演者的地位跳到旁观者的地位，由热烈而冷静，于是人生一切灾祸罪孽便变成庄严灿烂的意象，产生了希腊人的最高艺术——悲剧。

尼采的这番话乍看来未免离奇，实在含有至理。近代心理学区分性格的话和它暗合的很多，我们在这里不必繁引。尼采专就希腊艺术着眼，以为它的长处在以阿波罗精神化狄俄尼索斯精神。古希腊艺术的作风在后来被称为“古典的”，和“浪漫的”相对立。所谓“古典的”作风特点就在冷静、有节制、有含蓄，全体必须和谐完美；所谓“浪漫的”作风特点就在热烈、自由流露、尽量表现、想象丰富、情感深至，而全体形式则偶不免有瑕疵。从此可知古典主义是偏于阿波罗精神的，浪漫主义是偏于狄俄尼索斯精神的。

“古典的”与“浪漫的”原只适用于文艺，后来常有人借用这两个形容词来谈人的性格，说冷静的、纯正的、情理调和的人是“古典的”；热烈的、好奇特的、偏重情感与幻想的人是“浪漫的”。人禀赋不同，生来各有偏向，教育与环境也常容易使人习染于某一方面，但就大体来说，青年人的性格常偏于“浪漫的”，老年人的性格常偏于“古典的”，一个民族也往往如此。这两种性格各有特长，在理论上我们似难作左右袒。不过我们可以说，无论在艺术或在为人方面，“浪漫的”都多少带着些稚气，而“古典的”则是成熟的境界。如果读者容许我说一点个人的经验，我的青年期已过去了，现在快走完中年的阶段，我曾经热烈地爱好过“浪漫的”文艺与性格，现在已开始逐渐发现“古典的”更可爱。我觉得一个人在任何方面想有真正伟大的成就，“古典的”、“阿波罗的”冷静都绝不可少。

要明白冷静，先要明白我们通常所以不能冷静的原因。说浅一点，不能冷静是任情感、逞意气、易受欲望的冲动，处处显得粗心浮气；说深一点，不能冷静是整个性格修养上的欠缺，心境不够冲和豁达，头脑不够清醒，风度不够镇定安详。说到性格修养，困难在调和情与理。人是有生气的动物，不能无情感；人为万物之灵，不能无理智。情热而理冷，所以常相冲突。有一部分宗教家和哲学家见到任情纵欲的危险，主张抑情以存理。这未免是剥丧一部分人类天性，可以使人生了无生气，不能算是健康的人生观。中外大哲人如孔子、柏拉图诸人都主张以理智节制情欲，使情欲得其正而能与理智相调和。不过这不是一件易事。孔子自道经验说：“七十而从心所欲，不逾矩。”这才算是情理融合的境界，以孔子那样圣哲，到七十岁才能做到，可见其难能可贵。大抵修养入手的功夫在多读书明理，自己时时检点自己，要使理智常是清醒的，不让情感与欲望恣意孤行，久而久之，自然胸襟澄然，矜平躁释，遇事都能保持冷静的态度。

学问是理智的事，所以没有冷静的态度不能做学问。在做学问方面，冷静的态度就是科学的态度。科学（一切求真理的活动都包含在内）的任务在根据事实推求原理，在紊乱中建立秩序，在繁复中寻求条理。要完成这种任务，科学必须尊重所有的事实，无论它是正面的或反面的，不能挟丝毫成见去抹杀事实或是歪曲事实；他根据人力所能发现的事实去推求结论，必须步步虚心谨慎，把所有可能的解说加以缜密考虑，仔细权衡得失，然后选定一个比较圆满的解说，留待未来事实的参证。所以科学的态度必须冷静，冷静才能客观、缜密、谨严。

曾见学者立说，胸中先有一成见，把反面的事实抹杀，把相反的意见丢开，矜一曲之见为伟大发明，旁人稍加批评，便以怒目相加，横肆诋骂，批评者也以诋骂相报，此来彼去，如泼妇骂街，把原来的论点完全忘却。我们通常说这是动情感，凭意气。一个人越易动情感，凭意气，在学问上越难有成就。一个有学问的人必定是“清明在躬，志气如神”，换句话说，必定能冷静。

一般人欢喜拿文艺和科学对比，以为科学重理智而文艺重情感。其实文艺正因为表现情感的缘故，需要理智的控制反比科学更甚。英国诗人华兹华斯曾自道经验说：“诗起于沉静中所回味得来的情绪。”人人都能感受情绪，感受情绪而能在沉静中回味，才是文艺家的特殊修养。感受是能入，回味是能出。能入是主观的、热烈的；回味是客观的、冷静的。前者是尼采所谓狄俄尼索斯精神的表现，而后者则是阿波罗精神的表现，许多人以为生糙情感便是文艺材料，怪自己没有能力去表现，其实文艺须在这生糙情感之上加以冷静的回味、思索、安排，才能豁然贯通，见出形式。语言与情思都必经过洗刷炼裁，才能恰到好处。许多人在兴高采烈时完成一个作品，便自矜为绝作，过些时候自己再看一遍，就不免发现许多毛病。罗马批评家贺拉斯劝人在完成作品之后，放下几年再发表，也是有见于文艺创作与修改，须要冷静，过于信任一时热烈兴头是最易误事的。我们在前面已经说过，成熟的“古典的”文艺作品特色就在冷静。近代写实派不满意于浪漫派，原因也在主张文艺要冷静。一个人多在文艺方面下功夫，常容易养成冷静的态度。关于这一点，我在几年前写过一段自白，希望读者容许我引来参证：

> 我应该感谢文艺的地方很多，尤其他教我学会一种观世法。一般人常以为只有科学的训练才可以养成冷静的客观的头脑……我也学过科学，但是我的冷静的客观的头脑不是从科学而是从文艺得来的。凡是不能持冷静的客观的态度的人，毛病都在把“我”看得太大。他们从“我”这一副着色的望远镜里看世界，一切事物于是都失去它们的本来面目。所谓冷静

的客观的态度就是丢开这副望远镜，让“我”跳到圈子以外，不当作世界里有“我”而去看世界，还是把“我”与类似“我”的一切东西同样看待。这是文艺的观世法，也是我所学得的观世法。

我引这段话，一方面说明文艺的活动是冷静，另一方面也趁便引出做人也要冷静的道理。我刚才提到丢开“我”去看世界，我们也应该丢开“我”去看“我”。“我”是一个最可宝贵也是最难对付的东西。一个人不能无“我”，无“我”便是无主见、无人格。一个人也不能执“我”，执“我”便是持成见、逞意气，做学问不易精进，做事业也不易成功。佛家主张“无我相”，老子劝告孔子“去子之骄气与多欲”，都是有见于“执我”的错误。“我”既不能无，又不能执，如何才可以调剂安排，恰到好处呢？这需要知识。我们必须彻底认清“我”，才会妥帖[①]地处理“我”。

① 妥帖：原稿为妥贴，全书同。

“知道你自己”，这句名言被一般哲学家公认为希腊人的最高智慧的结晶。世间事物最不容易知道的是你自己，因为要知道你自己，你必须能丢开“我”去看“我”，而事实上有了“我”就不易丢开“我”，许多人都时时为我见所蒙蔽而不自知，人不易自知，犹如有眼不能自见，有力不能自举。你本是一个凡人，你却容易把自己看成一个英雄；你的某一个念头、某一句话、某一种行为本是错误的，因为是你自己所想的、说的、做的，你的主观成见总使你自信它是对的。执迷不悟是人所常犯的过失。中国儒家要除去这个毛病，提倡“自省”的工夫。“自省”就是自己审问自己，丢开“我”去看“我”。一般人眼睛常是朝外看，自省就是把眼光转向里面看。一般能自省的人才能自知。自省所凭借的是理智，是冷静的客观的科学的头脑。能冷静自省，品格上许多亏缺都可以免除。比如你发愤时，经过一番冷静的自省，你的怒气自然消释；你起了一个不正当的欲念时，经过一番冷静的自省，那个欲念也就冷淡下去；你和人因持异见争执，盛气相凌，你如果能冷静地把所有的论证衡量一下，你自然会发现谁是谁非。如果你自己不对，你须自认错误；如果你自己对，你有理由可以说服人。

从这些例子看，“自省”含有“自制”的工夫在内。一个能自制的人才能自强。能自制便有极大的意志力，有极大的意志力才能认定目标，看清事物条理，征服一切环境的困难，百折不挠以抵于成功。古今英雄豪杰有大过人的地方都在有坚强的意志力，而他们的坚强的意志力的表现往往在自制方面。哲学家如苏格拉底，宗教家如耶稣、释迦牟尼，政治家如诸葛亮、谢安、李泌，都是显著的实例。许多人动辄发火生气，或放辟邪侈，横无忌惮，或暴戾刚愎，恣意孤行，这种人看来像是强悍勇猛，实在最软弱，他们做情感的奴隶，或是卑劣欲望的奴隶，自己尚且不能控制，怎能控制旁人或控制环境呢？这种人大半缺乏冷静，遇事鲁莽灭裂，终必至于偾事。如果军国大政落在这种人的手里，则国家民族变成野心或私欲的孤注，在一喜一怒之间轻轻被断送。今日的德意志和日本不惜涂炭千百万生灵，置全民族命脉于险境，实由于少数掌政权者缺乏冷静的头脑，聊图逞一时的意气与狂妄的野心，如悬崖纵马，一放而不可收拾。这是最好的殷鉴。人类许多不必要的灾祸罪孽都是这种人惹出来的。如果我们从这些事例上想一想，就可以见出一个人或一个民族在失去冷静的理智的态度时所冒的危险。

一个理想的人须有德有学有才。德与学需要冷静，如上所述，才也不例外。才是处事的能力。一件事常有许多错综复杂的关系，头脑不冷静的人处之，便如置身五里雾中，觉得需要处理的是一团乱丝，处处是纠纷困难。他不是束手无策，就是考虑不周到，布置不缜密，一个困难未解决，又横生枝节，把事情弄得更糟。冷静的人便能运用科学的眼光，把目前复杂情形全盘一看，看出其中关系条理与轻重要害，在种种可能的办法之中选择一个最合理的，于是一切纠纷困难便庖丁解牛，迎刃而解。治个人私事如此，治军国大事也是如此，能冷静地人必能谋定后动，动无不成。

一个冷静的人常是立定脚跟，胸有成竹，所以临难遇险，能好整以暇，雍容部署，不至张皇失措。我们中国人对于这种风格向来当作一种美德来欣赏赞叹。孔子在陈过匡，视险若夷，汉高伤胸扪足，史传都传为美谈，后来《世说新语》所载的“雅量”事例尤多，现提举数条来说明本文所谈的冷静：

桓公伏甲设馔，广延朝士，因此欲诛谢安、王坦之。王甚遽，问谢曰：“当作何计？”谢神色不变，谓文度曰：“晋阼存亡在此一行。”相与俱前，王之恐状转见于色，谢之宽容越表于貌，望阶趋席，方作“洛生咏”，讽“浩浩洪流”。桓惮其旷远，乃趣解兵。王谢旧齐名，于此始判优劣。

谢太傅盘桓东山，时与孙兴公诸人泛海戏。风起浪涌，孙王诸人色并遽，便唱使还。太傅神情方王，吟啸不言。舟人以公貌闲意悦，犹去不止。既风转急浪猛，诸人皆喧动不坐。公徐云：“如此，将无归。”众人即承响而回，于是审其量，足以镇定朝野。

王子猷子敬曾俱坐一室，上忽发火。子猷遽走避，不遑取屐；子敬神色恬然，徐唤左右扶凭而出，不异平常。世以此定二王神宇。

这些都是冷静态度的最好实例。这种“雅量”所以难能可贵，因为它是整个人格的表现，需要深厚的修养。有这种雅量的人才能担当大事，因为他豁达、清醒、沉着，不易受困难摇动，在危急中仍可想出办法。

冷静并不如庄子所说的“形如槁木，心如死灰”，但是像他所说的游鱼从容自乐。禅家最好做冷静的工夫，他们的胜境却不在坐禅而在禅机。这“机”字最妙。宇宙间许多至理妙谛，寄寓于极平常微细的事物中，往往被粗心浮气的人们忽略过，陈同甫所以有“恨芳菲世界，游人未赏，都付与莺和燕”的嗟叹。冷静的人才能静观，才能发现“万物皆自得”。孔子引《诗经》“鸢飞戾天，鱼跃于渊”二句而加以评释说：“言其上下察也。”这“察”字下得极好，能“察”便能处处发现生机，吸收生机，觉得人生有无穷乐趣。世间人的毛病只是习焉不察，所以生活枯燥，日流于卑鄙污浊。“察”就是“静观”，美学家所说的“观照”，它的唯一条件是冷静超脱。哲学家和科学家所做的功夫在这“察”字上，诗人和艺术家所做的功夫也还在这“察”字上。尼采所说的日神阿波罗也是时常在“察”。人在冷静时静观默察，处处触机生悟，便是“地行仙”。有这种修养的人才有极丰富的生机和极厚实的力量！

谈学问

世间许多罪恶都起于愚昧。若真正明了什么事是好的，一个人绝不会睁着眼睛朝坏的方面走。

这是一个大题目，不易谈；因为许多人对它有很大的误解，却又不能不谈。最大的误解在把学问和读书看成一件事。子弟进学校不说是“求学”而说是“读书”，学子向来叫作“读书人”，粗通外国文者在应该用“学习”（learn）或“治学”（study）等字时常用“阅读”（read）来代替。这种传统观念的错误影响到我国整个教育的倾向。各级学校大半把教育缩为知识传授，而知识传授的途径就只有读书，教员只是“教书人”。这种错误的观念如果不改正，教育和学问恐怕就没有走上正轨的希望。如果我们稍加思索，它也应该不难改正。学是学习，问是追问。世间可学习可追问的事理甚多，知识技能须学问，品格修养也还须学问；读书人须学问，农工商兵也还须学问，各行有各行的“行径”。学问是任何人对于任何事理，由不知求知，由不能求能的一套工夫。它的范围无限，人生一切活动，宇宙一切现象和真理，莫不包含在内。学问的方法甚多。人从堕地出世，没有一天不在学问。有些学问是由仿效得来的，也有些学问由尝试、思索、体验和涵养得来的。读书不过是学问的方法之一种，它当然很重要，却并非唯一的。朱子教门徒，一再申说“读书乃学者第二事”。有许多读书人实在并非在做学问，也有许多实在做学问的人并不专靠读书，制造文字——书的要素——是一种绝大学问，而首先制造文字的人就根本无书可读。许多其他学问都可由此类推。子路的“何必读书然后为学”一句话本身并不错，孔子骂他，只有讨厌他说这话的动机在辩护让一个青年学子去做官，也并没有说它本身错。

一般人常埋怨现在青年对于学问没有浓厚的兴趣。就个人任教的经验说，我也有这样的观感。平心而论，这大半要归咎我们“教书人”。把学问看成“教书”“读书”这一错误的观念如果不全是我们养成的，至少我们未曾设法纠正。而且我们自己又没有好生学问，给青年学子树一个好榜样，可以激励他们的志气，提起他们的兴趣。此外，社会上一般人对于学问的性质和功用所存的误解也不无关系。近代西方学者常把纯理的学问和应用的学问分开，以为治应用的学问是有所为而为，治纯理的学问是无所为而为。他们怕学问全落到应用一条窄路上，曾设法替无所为而为的学问辩护，说它虽“无用”，却可满足人类的求知欲。这种用心很可佩服，而措辞却不甚正确。学问起于生活的需要，世间绝没有一种学问无用，不过“用”的意义有广狭之别。学得一种学问，就可以有一种技能，拿它来应用于实际事业，如学得数学几何三角就可以去算账、测量、建筑、制造机械，这是最正常的“用”字的狭义。学得一点知识技能，就混得一种资格，可以谋一个职业，解决饭碗问题，这是功利主义的“用”字的狭义。但是学问的功用并不仅如此，我们甚至可以说，学问的最大功用并不在此。心理学者研究智力，有普通智力与特殊智力的分别；古人和今人品题人物，都有通才与专才的分别。学问的功用也可以说有“通”有“专”。治数学即应用于计算数量，这是学问的专用；治数学而变成一个思想缜密、性格和谐、善于立身处世的人，这是学问的通用。学问在实际上确有这种通用。就智慧说，学问是训练思想的工具。一个真正有学问的人必定知识丰富、思想敏锐、洞达事理，处任何环境，知道把握纲要、分析条理、解决困难。就性格说，学问是道德修养的途径。苏格拉底说得好："知识即德行。"世间许多罪恶都起于愚昧。如果真正彻底明了一件事是好的，另一件事是坏的，一个人绝不会睁着眼睛向坏的方面走。中国儒家讲学问，素来全重立身行己的功夫，一个学者应该是一个圣贤，不仅如现在所谓"知识分子"。

现在所谓"知识分子"的毛病在只看到学的狭义的"用"，尤其是功利主义的"用"。学问只是一种干禄的工具。我曾听到一位教授在编成一部讲义之后，心满意足地说："一生吃着不尽了！"我又曾听到一位朋友劝导他的亲戚不让刚在中学毕业的儿子去就小事说："你这种办法简直是吃稻种！"许多升学的青年实在只为着要让稻种发生成大量谷子，预备"吃着不尽"。所以大学里"出路"最广的学系如经济系、机械系之类常是拥挤不堪，而哲学系、数学系、生物学系诸"冷门"，就简直无人问津。治学问根本不是为学问本身，而是为着它的出路销场，在治学问时既是"醉翁之意不在酒"，得到出路销场后当然更是"得鱼忘筌"了。在这种情形之下的我们如何能期望青年学生对于学问有浓厚的兴趣呢？

这种对于学问功用的窄狭而错误的观念必须及早纠正。生活对于有生之伦是唯一的要务，学问是为生活。这两点本是天经地义。不过现代中国人的错误在把“生活”只看成口腹之养。“谋生活”与“谋衣食”在流行语中是同一意义。这实在是错误得可怜可笑。人有肉体，有心灵。肉体有它的生活，心灵也应有它的生活。肉体需要营养，心灵也不能“辟谷”。肉体缺乏营养，必酿成饥饿病死；心灵缺乏营养，自然也要干枯腐化。人为万物之灵，就在他有心灵或精神生活。所以测量人的成就并不在他能否谋温饱，而在他有无丰富的精神生活。一个人到了只顾衣食饱暖而对于真善美漫不感觉兴趣时，他就只能算是一种“行尸走肉”；一个民族到了只顾体肤需要而不珍视精神生活的价值时，它也就必定逐渐没落了。

学问是精神的食粮，它使我们的精神生活更加丰富。肚皮装得饱饱的，是一件乐事；心灵装得饱饱的，是一件更大的乐事。一个人在学问上如果有浓厚的兴趣，精深的造诣，他会发现万事万物各有一个妙理在内，他会发现自己的心涵蕴万象，澄明通达，时时有寄托，时时在生展，这种人的生活绝不会干枯，他也绝不会做出卑污下贱的事。《论语》记“颜子在陋巷，一箪食，一瓢饮，人不堪其忧，回也不改其乐”。孔子赞他“贤”，并不仅因为他能安贫，尤其因为他能乐道，换句话说，他有极丰富的精神生活。宋儒教人体会颜子所乐何在，也恰抓着紧要处，我们现在的人不但不能了解这种体会的重要，而且把它看成道学家的迂腐。这在民族文化上是一个极严重的病象，必须趁早设法医治。

中国语中“学”与“问”连在一起说，意义至为深妙，比西文中相当的译词如learning、study、science诸字都好得多。人生来有向上心，有求知欲，对于不知道的事物欢喜发疑问。对于一种事物产生疑问，就是对于它感觉兴趣。既有疑问，就想法解决它，几经摸索，终于得到一个答案，于是不知道的变为知道的，所谓“一旦豁然贯通”，这便是学有心得。学原来离不掉问，不会起疑问就不会有学。许多人对于一种学问不感觉兴趣，原因就在那种学问对于他们不成问题，没有什么逼得他们要求知道。但是学问的好处正在原来有问题的可以变成没有问题，原来没有问题的也可以变成有问题。前者是未知变成已知，后者是发现貌似已知究竟仍为未知。比如说逻辑学，一个中学生学过一年半载，看过一部普通教科书，觉得命题、推理、归纳、演绎之类都讲得妥妥帖帖，了无疑义。可是他如果进一步在逻辑学上面下一点研究工夫，便会发现他从前认为透懂的几乎没有一件不成为问题，没有一件不曾经许多学者辩论过。他如果再更进一步去探讨，他会自己发现许多有趣的问题，并且觉悟到他自己一辈子也不一定能把这些问题都解决得妥妥帖帖。逻辑学是一科比较不幼稚的学问，犹且如此，其他学问更可由此类推了。一个人对于一种学问如果肯钻进里面去，必须使有问题的变为没有问题（这便是问），疑问无穷，发现无穷，兴趣也就无穷。学问之难在此，学问之乐也就在此。一个人对于一种学问说是不感兴趣，那只能证明他不用心，不努力下功夫，没有钻进里面去。世间绝没有自身无兴趣的学问，人感觉不到兴趣，只由于人的愚昧或懒惰。

学与问相连，所以学问不只是记忆而必是思想，不只是因袭而必是创造。凡是思想都是由已知推未知，创造都是旧材料的新综合，所以思想究竟须从记忆出发，创造究竟须从因袭出发。由记忆生思想，由因袭生创造，犹如吸收食物加以消化之后变为生命的动力。食而不化固然是无用，不食而求化也还是求无中生有。向来论学问的话没有比孔子的“学而不思则罔，思而不学则殆”两句更为精深透辟。学原有“效”义，研究儿童心理学者都知道学习大半基于因袭或模仿。这里所谓“学”是偏重吸收前人已有的知识和经验。思是自己运用脑筋，一方面求所学得的能融会贯通，井然有序，另一方面由疑难启发新知识与新经验。一般学子有两种通弊。一种是聪明人所常犯着的，他们过于相信自己的思考力而忽略前人的成就。其实每种学问都有长久的历史，其中每一个问题都曾经许多人思虑过，讨论过，提出过种种不同的解答，你必须明白这些经过，才可以利用前人的收获，免得绕弯子甚至于走错路。比如生物学上的遗传问题，从前雷马克、达尔文、魏意斯曼、孟德尔诸大家已经做过许多实验，得到许多观察，用过许多思考。假如你对于他们的工作茫然无所知或是一笔抹杀，只凭你自己的聪明才力来解决遗传问题，这岂不是狂妄？世间这种“思而不学”

的人正甚多，他们不知道这种凭空构造的“殆”。另外一种通弊是资质较钝而肯用功的人所常犯的。他们一味读死书，古人所说的无论正确不正确，都不分皂白地接受过来，吟咏赞叹，自己毫不用思考融会贯通，更没有一点冒险的精神，自己去求新发现，这是学而不思，孔子对于这种办法所下的评语是“罔”，意思就是说无用。

学问全是自家的事。环境好、图书设备充足、有良师益友指导启发，当然有很大的帮助。但是这些条件具备不一定能保障一个人在学问上有成就，世间也有些在学问上有成就的人并不具有这些条件。最重要的因素是个人自己的努力。学问是一件艰苦的事，许多人不能忍耐它所必经的艰苦。努力之外，第二个重要的因素是认清方向与门径。入手如果走错了路，越努力则入迷越深，离题越远。比如学写字、诗文或图画，一走上庸俗恶劣的路，后来如果想把它丢开，比收覆水还更困难，习惯的力量比什么都较沉重，世上有许多人像在努力做学问，只是陷入“野狐禅”，高自期许而实荒谬绝伦，这个毛病只有良师益友可以挽救。学校教育，在我想，只有两个重要的功用：

第一是启发兴趣，其次就是指点门径。现在一般学校不在这两方面努力，只尽量灌输死板的知识。这种教育对于学问不仅无裨益而且是障碍！

谈读书

读书要前后串联，即围绕一个中心把新、旧知识归聚到一个系统里去，才会生根，开花结果。

十几年前我曾经写过一篇短文谈读书，这问题实在是谈不尽，而且这些年来我的见解也有些变迁，现在再就这问题谈一回，趁便把上次谈学问有未尽的话略加补充。

学问不只是读书，而读书究竟是学问的一个重要途径。因为学问不仅是个人的事而是全人类的事，每科学问到了现在的阶段，是全人类分途努力日积月累所得到的成就，而这成就还没有淹没，就全靠有书籍记载流传下来。书籍是过去人类的精神遗产的宝库，也可以说是人类文化学术前进轨迹上的记程碑。我们就现阶段的文化学术求前进，必定根据过去人类已得的成就做出发点。如果抹煞过去人类已得的成就，我们说不定要把出发点移回到几百年前甚至几千年前，纵然能前进，也还是开倒车落伍。读书是要清算过去人类成就的总账，把几千年的人类思想经验在短促的几十年内重温一遍，把过去无数亿万人辛苦获来的知识教训集中到读者一个人身上去受用。有了这种准备，一个人总能在学问途程上作万里长征，去发现新的世界。

历史越前进，人类的精神遗产越丰富，书籍越浩繁，而读书也就越不易。书籍固然可贵，却也是一种累赘，可以变成研究学问的障碍。它至少有两大流弊。第一，书多易使读者不专精。我国古代学者因书籍难得，皓首穷年才能治一经，书虽读得少，读一部却就是一部，口诵心惟，咀嚼得烂熟，透入身心，变成一种精神的原动力，一生受用不尽。现在书籍易得，一个青年学者就可夸口曾过目万卷，“过目”的虽多，“留心”的却少，譬如饮食，不消化的东西积得越多，越易酿成肠胃病，许多浮浅虚骄的习气都由耳食肤受所养成。其次，书多易使读者迷失方向。任何一种学问的书籍现在都可装满一图书馆，其中真正绝对不可不读的基本著作往往不过数十部甚至于数部。许多初学者贪多而不务得，在无足轻重的书籍上浪费时间与精力，就不免把基本要籍耽搁了；比如学哲学者尽管看过无数种的哲学史和哲学概论，却没有看过一种柏拉图的《对话集》，学经济学者尽管读过无数种的教科书，却没有看过亚当·斯密的《原富》。做学问如作战，须攻坚挫锐，占住要塞。目标太多了，掩埋了坚锐所在，只东打一拳，西踏一脚，就成了“消耗战”。

读书并不在多，最重要的是选得精，读得彻底。与其读十部无关轻重的书，不如以读十部书的时间和精力去读一部真正值得读的书；与其十部书都只能泛览一遍，不如取一部书精读十遍。“好书不厌百回读，熟读深思子自知”，这两句诗值得每个读书人悬为座右铭。读书原为自己受用，多读不能算是荣誉，少读也不能算是羞耻。少读如果彻底，必能养成深思熟虑的习惯，涵泳优游，以至于变化气质；多读而不求甚解，则如驰骋十里洋场，虽珍奇满目，徒惹得心慌意乱，空手而归。世间许多人读书只为装点门面，如暴发户炫耀家私，以多为贵。这在治学方面是自欺欺人，在做人方面是趣味低劣。

读的书当分种类，一种是为获得现世界公民所必需的常识，一种是为做专门学问。为获常识起见，目前一般中学和大学初年级的课程，如果认真学习，也就很够用。所谓认真学习，熟读讲义课本并不济事，每科必须精选要籍三五种来仔细玩索一番。常识课程总共十数种，每种选读要籍三五种，总计应读的书也不过五十部左右。这不能算是过奢的要求。一般读书人所读过的书大半不止此数，他们不能得实益，是因为他们没有选择，而阅读时又只潦草滑过。

常识不但是现世界公民所必需，就是专门学者也不能缺少它。近代科学分野严密，治一科学问者多故步自封[①]，以专门为借口，对其他相关学问毫不过问。这对于分工研究或许是必要，而对于淹通深造却是牺牲。宇宙本为有机体，其中事理彼此息息相关，牵其一即动其余，所以研究事理的种种学问在表面上虽可分别，在实际上却不能割开。世间绝没有一科孤立绝缘的学问。比如政治学须牵涉到历史、经济、法律、哲学、心理学以至于外交、军事等，如果一个人对于这些相关学问未曾问津，入手就要专门习政治学，越前进必越感困难，如老鼠钻牛角，越钻越窄，寻不着出路。其他学问也大抵如此，不能通就不能专，不能博就不能约。先博学而后守约，这是治任何学问所必守的程序。我们只看学术史，凡是在

① 故步自封：原稿为固步自封，全书同。

某一科学问上有大成就的人，都必定于许多它科学问有深广的基础。目前我国一般青年学子动辄喜言专门，以至于许多专门学者对于极基本的学科毫无常识，这种风气也许是在国外大学做博士论文的先生们所酿成的。它影响到我们的大学课程，许多学系所设的科目“专”到不近情理，在外国大学研究院里也不一定有。这好像逼吃奶的小孩去嚼肉骨，岂不是误人子弟？

有些人读书，全凭自己的兴趣。今天遇到一部有趣的书就把预拟做的事丢开，用全副精力去读它；明天遇到另一部有趣的书，仍是如此办，虽然这两书在性质上毫不相关。一年之中可以时而习天文，时而研究蜜蜂，时而读莎士比亚。在旁人认为重要而自己不感兴味的书都一概置之不理。这种读法有如打游击，亦如蜜蜂采蜜。它的好处在使读书成为乐事，对于一时兴到的著作可以深入，久而久之，可以养成一种不平凡的思路与胸襟。它的坏处在使读者泛滥而无所归宿，缺乏专门研究所必需的“经院式”的系统训练，产生畸形的发展，对于某一方面知识过于重视，对于另一方面知识可以很蒙昧。我的朋友中有专门读冷僻书籍，对于正经正史从未过问的，他在文学上虽有造就，但不能算是专门学者。如果一个人有时间与精力允许他过享乐主义的生活，不把读书当作工作而只当作消遣，这种蜜蜂采蜜式的读书法原亦未尝不可采用。但是一个人如果抱有成就一种学问的志愿，他就不能不有预定计划与系统。对于他，读书不仅是追求兴趣，尤其是一种训练，一种准备。有些有趣的书他须得牺牲，也有些初看很干燥的书他必须咬定牙关去硬啃，啃久了他自然还可以啃出滋味来。

读书必须有一个中心去维持兴趣，或是科目，或是问题。以科目为中心时，就要精选那一科要籍，一部一部的从头读到尾，以求对于该科得到一个概括的了解，作进一步高深研究的准备。读文学作品以作家为中心，读史学作品以时代为中心，也属于这一类。以问题为中心时，心中先须有一个待研究的问题，然后采关于这问题的书籍去读，用意在收集材料和诸家对于这问题的意见，以供自己权衡去取，推求结论。重要的书仍须全看，其余的这里看一章，那里看一节，得到所要搜集的材料就可以丢手。这是一般做研究工作者所常用的方法，对于初学不相宜。不过初学者以科目为中心时，仍可约略采取以问题为中心的微意。一书作几遍看，每一遍只着重某一方面。苏东坡与王郎书曾谈到这个方法：

> 少年为学者，每一书皆作数次读之。当如入海，百货皆有，人之精力不能并收尽取，但得其所欲求者耳。故愿学者每一次作一意求之，如欲求古今兴亡治乱圣贤作用，且只作此意求之，勿生余念；又别作一次求事迹文物之类，亦如之。他皆仿此。若学成，八面受敌，与慕涉猎者不可同日而语。

朱子曾劝他的门人采用这个方法。它是精读的一个要诀，可以养成仔细分析的习惯。举看小说为例，第一次但求故事结构，第二次但注意人物描写，第三次但求人物与故事的穿插，以至于对话、辞藻、社会背景、人生态度等都可如此逐次研求。

读书要有中心，有中心才易有系统组织。比如看史书，假定注意的中心是教育与政治的关系，则全书中所有关于这问题的史实都被这中心联系起来，自成一个系统。以后读其他书籍如经子专集之类，自然也常遇着关于政教关系的事实与理论，它们也自然归到从前看史书时所形成的那个系统了。一个人心里可以同时有许多系统中心，如一部字典有许多“部首”，每得一条新知识，就会依物以类聚的原则，汇归到它的性质相近的系统里去，就如拈新字贴进字典里去，是人旁的字都归到人部，是水旁的字都归到水部。大凡零星片段的知识，不但易忘，而且无用。每次所得的新知识必须与旧有的知识联络贯串，这就是说，必须围绕一个中心归聚到一个系统里去，才会生根，才会开花结果。

记忆力有它的限度，要把读过的书所形成的知识系统，原本枝叶都放在脑里储藏起，在事实上往往不可能。如果不能储藏，过目即忘，则读亦等于不读。我们必须于脑以外另辟储藏室，把脑所储藏不尽的都移到那里去。这种储藏室在从前是笔记，在现代是卡片。记笔记和做卡片有如植物学家采集标本，须分门别类订成目录，采得一件就归入某一门某一类，时间过久了，采集的东西虽极多，却各有班位，条理井然。这是一个极合乎科学的办法，它不但可以节省脑力，储有用的材料，供将来的需要，还可以增强思想的条理化与系统化。预备做研究工作的人对于记笔记做卡片的训练，宜于早下功夫。

谈英雄崇拜

英雄就是一幅天然图画，大家都可以指着他说：『像那样的人才是我们所应羡慕而仿效的！』

关于英雄崇拜有两种相反的看法，依一种看法，英雄造时势，人类文化各方面的发端与进展都靠着少数伟大人物去倡导推动，多数人只在随从附和。一个民族有无伟大成就，要看他有无伟大人物，也要看他中间多数民众对于伟大人物能否倾倒敬慕，闻风兴起。卡莱尔在他的名著《英雄崇拜》里大致持这种看法。“世界历史，”他说，“人类在这世界上所成就的事业的历史，骨子里就是在当中工作的几个伟大人物的历史。”“英雄崇拜就是对于伟大人物的极高度的爱慕。在人类胸中没有一种情操比这对于高于自己者的爱慕更为高贵。”尼采的超人主义其实也是一种英雄崇拜主义涂上了一层哲学的色彩。但依另一种看法，时势造英雄，历史的原动力是多数民众，民众的努力造成每时代政教文化各方面的“大势所趋”，而所谓英雄不过顺承这“大势所趋”而加以尖锐化，并没有什么神奇。这是托尔斯泰在《战争与和平》里所提出的主张。他说：“英雄只是贴在历史上的标签，他们的姓名只是历史事件的款识。”有些人根据这个主张而推论到英雄不必受崇拜。从史实看，自从古雅典城时代的群众领袖（demagogue）一直到现代极权国家的独裁者，有不少的事例可证明盲目的英雄崇拜往往酿成极大的灾祸。有些人根据这些事例而推论到英雄崇拜的危险。此外也还有些人以为崇拜英雄势必流于发展奴性，阻碍独立自由的企图，造成政治上的独裁与学术思想上的正统专制，与德谟克拉西精神根本不相容。

就大体说，反对英雄崇拜的理论在现代颇占优胜，因为它很合一批不很英雄的人们的口味。不过在事实上，英雄崇拜到现在还很普遍而且深固，无论带哪一种色彩的人心中都免不掉有几分。托尔斯泰不很看重英雄，而他自己却被许多人当作英雄去崇拜。这是一个很有趣而也很有意义的人生讽刺。社会靠着传统和反抗两种相反的势力演进。无论你站在哪一方壁垒，双方都各有它的理想的斗士，它的英雄；维拥传统者如此，反抗者也是如此。从有人类社会到现在，每时代每社会都有它的英雄，而英雄也都被人崇拜，这是铁一般的事实，没有人能否认的。我们在这里用不着替一个与历史俱久的事实辩护，我们只需研究它的含义和在人生社会上的可能的功用。

什么叫作“英雄”？牛津字典所给hero的字义大要有四：第一是“具有超人的本领，为神灵所默佑者”；其次是“声名煊赫的战士，曾为国争战者”；第三是“其成就及高贵性格为人所景仰者”；最后是“诗和戏剧中的主角”。这四个意义显然是互相关联的。凡是英雄必定是非常人，得天独厚，能人之所难能，在艰危时代能为国家杀敌御侮，在承平时代他的事业和品学也能为民族的楷模，在任何重大事件中，他必是倡导推动者，如戏剧中的主角。他的名称有时不很一致，“圣贤”“豪杰”“至人”，所指的都大致相同。

一谈到英雄，大概没有不明了他是什么一种人；可是追问到究竟哪一个人才算是英雄，意见却很难一致。小孩子们看惯侠义小说，心目中的英雄是在峨眉山修炼得道的拳师剑侠；江湖帮客所知道的英雄是《水浒传》里所形容的梁山泊一群好汉和他们帮里的“舵把子”。读书人言必讲周孔，弄武艺的人拜关羽、岳飞。古代和近代，中国和西方，所持的英雄标准也不完全一致。仔细研究起来，每种社会，每种阶级，甚至于每个人都各有各的英雄。所以这个意义似很明显的名称所指的究为何种人实在很难确定。

这也并不足为奇。英雄本是一种理想人物。一群人或一个人所崇拜的英雄其实就是他们的或他的人生理想的结晶。人生理想如忠孝节义智仁勇之类都是抽象概念，颇难捉摸，而人类心理习性常倾向于依附可捉摸的具体事例。英雄就是抽象的人生理想所实现的具体事例，他是一幅天然图画，大家都可以指着他向自己说："像那样的人才是我们所应羡慕而仿效的!"说到英勇，一般人印象也许很模糊，但是一般人都知道崇拜秦皇汉武，或是亚历山大和拿破仑。人人尽管知道忠义为美德，但是要一般人为忠义所感动，千言万语也抵不上一篇岳飞或文天祥的叙传。每个人，每个社会，都有他的特殊的人生理想；很显然的，也就有他的特殊英雄。哲学家的英雄是孔子和苏格拉底，宗教家的英雄是释迦牟尼和耶稣，侵略者的英雄是拿破仑，而资本家的英雄则为煤油大王和钢铁大王。行行出状元，就是行行有英雄。

人们所崇拜的英雄尽管不同，而崇拜的心理则无二致。

这心理分析起来也很复杂。每个英雄必有确实令人钦佩之点，经得起理智衡量，不仅能引起盲目的崇拜。但是“崇拜”是宗教上的术语，既云崇拜，就不免带有几分宗教的迷信，就不免有几分盲目。英雄尽管有不足崇拜处，可是我们既然崇拜他，就只看得见他的长处，看不见他的短处。“爱而知其恶”就不是崇拜，崇拜是无限制的敬慕，有时甚至失去理性。西谚说：“没有人是他的仆从的英雄。”因为亲信的仆从对主人看得太清楚。古代帝王要“深居简出”，实有一套秘诀在里面。在崇拜的心理中，情感的成分远过于理智的成分。英雄崇拜的缺点在此，因为它免不掉几分盲目的迷信；但是优点也正在此，因为它是敬贤向上心的表现。敬贤向上是人类心灵中最可宝贵的一点光焰，个人能上进，社会能改良，文化能进展，都全靠有它在烛照。英雄常在我们心中煽燃这一点光焰，常提醒我们人性尊严的意识，将我们提升到高贵境界。崇拜英雄就是崇拜他所特有的道德价值。世间只有几种人不能崇拜英雄：一是愚昧者，根本不能辨别好坏；一是骄矜妒忌者，自私的野心蒙蔽了一切，不愿看旁人比自己高一层；一是所谓“犬儒”

（cynics），轻世玩物，视一切无足道；最后就是丧尽天良者，毫无人性，自然也就没有人性中最高贵的虔敬心。这几种人以外，任何人都多少可以崇拜英雄，一个人能崇拜英雄，他多少还有上进的希望，因为他还有道德方面的价值意识。

崇拜英雄的情操是道德的，同时也是超道德的。所谓“超道德的”，就是美感的。太史公在《孔子世家》赞里说：“高山仰止，景行行止，虽不能至，然心焉向往之。”这几句话写英雄崇拜的情绪最为精当。对着伟大人物，有如对着高山大海，使人起美学家所说的“崇高雄伟之感”（sense of the sublime）。依美学家的分析，起崇高雄伟感觉时，我们突然间发现对象无限伟大，无形中自觉此身渺小，不免肃然起敬，栗然[①]生畏，惊奇赞叹，有如发呆；但惊心动魄之余，就继以心领神会，物我同一而生命起交流，我们于不知不觉中吸收融会那一种伟大的气魄，而自己也振作奋发起来，仿佛在模仿它，努力提升到同样伟大的境界。对高山大海如此，对暴风暴

① 栗然：原稿为慄然，全书同。

雨如此，对伟大英雄也如此。崇拜英雄是好善也是审美。在人生胜境，善与美常合而为一，此其一例。

这种所描写的自然只是极境，在实际上英雄崇拜有深有浅，不一定都达到这种极境。但无论深浅，它的影响都大体是好的。社会的形成与维系都不外借宗教、政治、教育、学术几种“文化”的势力。宗教起于英雄崇拜，卡莱尔已经详论过。世界中最宗教的民族要算希伯来人，读《旧约》的人们大概都明了希伯来也是一个最崇拜英雄的民族，政治的灵魂在秩序组织，而秩序组织的建立与维持必赖有领袖。一个政治团体里有领袖能号召，能得人心悦诚服，政治没有不修明的。极权国家固然需要独裁者，民主国家仍然需要独裁者，无论你给他什么一个名义。至于教育、学术也都需要有人开风气之先。假想没有孔、墨、庄、老几个哲人，中国学术思想还留在怎样一个地位！没有柏拉图、亚里士多德、笛卡儿、康德几个哲人，西方学术思想还留在怎样一个地位！如此等类问题是颇耐人寻思的。俗话有一句说得有趣：“山中无老虎，猴子称霸王。”阮步兵登广武曾发“时无英雄，遂令竖子成名”之叹。一个国家民族到了“猴子称霸王”或是“竖子成名”的时候，他的文化水准也就可想而见了。

学习就是模仿，人是最善于学习的动物，因为他是最善于模仿的动物。模仿必有模型，模型的美丑注定模仿品的好丑，所谓“种瓜得瓜，种豆得豆”。英雄（或是叫他“圣贤”“豪杰”）是学做人的好模型。所以从教育观点看，我们主张维持一般人所认为过时的英雄崇拜。尤其在青年时代，意象的力量大于概念，与其向他们说仁义道德，不如指点几个有血有肉的具有仁义道德的人给他们看。教育重人格感化，必须是一个具体的人格才真正有感化力。

我们民族中从古至今，做人的好模型委实不少，可惜长篇传记不发达，许多伟大人物都埋在断简残篇里面，不能以全副面目活现于青年读者眼前。这个缺陷希望将来有史家去弥补。

谈交友

朋友是一切人伦的基础。懂得处友，就懂得处人；懂得处人，就懂得做人。

人生的快乐有一大半要建筑在人与人的关系上面。只要人与人的关系调处得好，生活没有不快乐的。许多人感觉生活苦恼，原因大半在没有把人与人的关系调处适宜。这人与人的关系在我国向称为“人伦”。在人伦中先儒指出五个最重要的，就是君臣、父子、夫妇、兄弟、朋友。这五伦之中，父子、夫妇、兄弟起于家庭，君臣和朋友起于国家社会。先儒谈伦理修养，大半在五伦上做工夫，以为五伦上面如果无亏缺，个人修养固然到了极境，家庭和国家社会也就自然稳固了。五伦之中，朋友一伦的地位很特别，它不像其他四伦都有法律的基础，它起于自由的结合，没有法律的力量维系它或是限定它，它的唯一的基础是友爱与信义。但是它的重要性并不因此减少。如果我们把人与人中间的好感称为友谊，则无论是君臣、父子、夫妇或是兄弟之中，都绝对不能没有友谊。就字源说，在中西文里“友”字都含有“爱”的意义。无爱不成友，无爱也不成君臣、父子、夫妇或兄弟。换句话说，无论哪一伦，都非有朋友的要素不可，朋友是一切人伦的基础。懂得处友，就懂得处人；懂得处人，就懂得做人。一个人在处友方面如果有亏缺，他的生活不但不能是快乐的，而且也绝不能是善的。

谁都知道，有真正的好朋友是人生一件乐事。人是社会的动物，生来就有同情心，生来也就需要同情心。读一篇好诗文，看一片好风景，没有一个人在身旁可以告诉他说："这真好呀！"心里就觉得美中有不足。遇到一件大喜事，没有人和你同喜，你的欢喜就要减少七八分；遇到一件大灾难，没有人和你同悲，你的悲痛就增加七八分。孤零零的一个人不能唱歌，不能说笑话，不能打球，不能跳舞，不能闹架拌嘴，总之，什么开心的事也不能做。世界最酷毒的刑罚要算幽禁和充军，逼得你和你所常接近的人们分开，让你尝无亲无友那种孤寂的风味。人必须接近人，你如果不信，请你闭关独居十天半个月，再走到十字街头在人群中挤一挤，你心里会感到说不出来的快慰，仿佛过了一次大瘾，虽然街上那些行人在平时没有一个让你瞧得上眼。人是一种怪物，自己是一个人，却要显得瞧不起人，要孤高自赏，要闭门谢客，要把心里所想的看成神妙不可言说，“不可与俗人道”，其实隐意识里面唯恐人不注意自己，不知道自己，不赞赏自己。世间最欢喜守秘密的人往往也是最不能守秘密的人。他们对你说：“我告诉你，你却不要告诉人。”他不能不告诉你，却忘记你也不能不告诉人。这所谓“不能”实在出于天性中一种极大的压迫力。人需要朋友，如同人需要泄露秘密，都由于天性中一种压迫力在驱遣。它是一种精神上的饥渴，不满足就可以威胁到生命的健全。

谁也都知道，朋友对于性格形成的影响非常重大。一个人的好坏，朋友熏染的力量要居大半。既看重一个人，把他当作真心朋友，他就变成一种受崇拜的英雄，他的一言一笑、一举一动都在有意无意之间变成自己的模范，他的性格就逐渐有几分变成自己的性格。同时，他也变成自己的裁判者，自己的一言一笑、一举一动，都要顾到他的赞许或非难。一个人可以蔑视一切人的毁誉，却不能不求见谅于知己。每个人身旁有一个“圈子”，这圈子就是他所曾亲近的人围成的，他跳来跳去，常跳不出这圈子。在某一种圈子就成为某一种人。圣贤有道，盗亦有道。隔着圈子相视，尧可非桀，桀亦非可尧。究竟谁是谁非，责任往往不在个人而在他所在的圈子。古人说：“与善人交，如入芝兰之室，久而不闻其香；与恶人交，如入鲍鱼之市，久而不闻其臭。”久闻之后，香可以变成寻常，臭也可以变成寻常，而习安之，就不觉其为香为臭。一个人应该谨慎择友，择他所在的圈子，道理就在此。人是善于模仿的，模仿品的好坏，全看模型的好坏，有如素丝，染于青则青，染于黄则黄。“告诉我谁是你的朋友，我就知道你是怎样的一种人。”这句西谚确实是经验之谈。《学记》论教育，一则曰：“七年视论学取友。”再则曰：“相观而善之谓摩。”从孔孟以来，中国士林向奉尊师敬友为立身治学的要道。这都是深有见于朋友的影响重大。师弟向不列于五伦，实包括于朋友一伦里面，师与友是不能分开的。

许叔重《说文解字》谓“同志为友”。就大体说，交友的原则是“同声相应，同气相求”。但是绝对相同在理论与事实都是不可能。“人心不同，各如其面。”这不同亦正有它的作用。朋友的乐趣在相同中容易见出，朋友的益处却往往在相异处才能得到。古人曾拿“如切如磋，如琢如磨”来比喻朋友的交互影响。这譬喻实在是很恰当。玉石有瑕疵棱角，用一种器具来切磋琢磨它，它才能圆融光润，才能“成器”。人的性格也难免有瑕疵棱角，如私心、成见、骄矜、暴躁、愚昧、顽恶之类，要多受切磋琢磨，才能洗刷净尽，达到玉润珠圆的境界。朋友便是切磋琢磨的利器，与自己越不同，摩擦越多，切磋琢磨的影响也就越大。这影响在学问思想方面最容易见出。一个人多和异己的朋友讨论，会逐渐发现自己的学说有不圆满处，对方的学说有可取处，逼得不得不作进一层的思考，这样地对于学问才能逐渐鞭辟入里。在朋友互相切磋中，一方面被“磨”，一方面也在受滋养。一个人被“磨”的方面越多，吸收外来的滋养也就越丰富。孔子论益友，所以特重直谅多闻。一个不能有诤友的人永远是愚而好自用，在道德学问上都不会有很大的成就。

好朋友在我国语文里向来叫作“知心”或“知己”，“知交”也是一个习用的名词，这个语言的习惯颇含有深长的意味。从心理观点看，求见知于人是一种社会本能，有这本能，人与人才可免除隔阂，打成一片，社会才能成立。它是社会生命所借以维持的，犹如食色本能是个人与种族生命所借以维持的，所以它与食色本能是个人与种族生命所借以维持的，所以它与食色本能同样强烈。古人曾以一死报知己，钟子期死后，伯牙不复鼓琴。这种行为在一般人看近似于过激，其实是由于极强烈的社会本能在驱遣。其次，从伦理哲学观点看，知人是处人的基础，而知人却极不易，因为深刻的了解必基于深刻的同情。深刻的同情只在真挚的朋友中才常发现，对于一个人有深交，你才能真正知道他。了解与同情是互为因果的，你对于一个人越同情，就越能了解他；你越了解他，也就越同情他。法国人有一句成语说："了解一切，就是宽容一切（tout comprendre，c'est tout pardonner）。"这句话说来像很容易，却是人生的最高智慧，需要极伟大的胸襟才能做到。古今有这种胸襟的只有几个大宗教家，像释迦牟尼和耶稣，有这种胸襟才能谈到大慈大悲；没有它，任何宗教都没有灵魂。修养这种胸襟的捷径是多与人做真正的好朋友，多与人推心置腹，从对于一部分人得到深刻的了解，做到对于一般人类起深厚的同情。从这方面看，交友的范围宜稍广泛，各种人都有最

好，不必限于自己同行同趣味的。蒙田在他的论文里提出一个很奇怪主张，以为一个人只能有一个真正的朋友，我对这主张很怀疑。

交友是一件寻常事，人人都有朋友，交友却也不是一件易事，很少人有真正的朋友。势利之交固容易破裂，就是道义之交也有时不免闹意气之争。王安石与司马光、苏轼、程颢诸人在政治和学术上的倾轧便是好例。他们个个都是好人，彼此互有相当的友谊，而结果闹成和世俗人一般的翻云覆雨。交道之难，从此可见。从前人谈交道的话说得很多。例如“朋友有信”，“久而敬之”，“君子之交淡如水”，视朋友须如自己，要急难相助，须知护友之短，像孔子不假盖于悭吝朋友，要劝善规过，但“不可则止，无自辱焉”。这些话都是说起来颇容易，做起来颇难。许多人都懂得这些道理，但是很少人真正会和人做朋友。

孔子常劝人“无友不如己者”，这话使我很惶惶不安。你不如我，我不和你做朋友，要我和你做朋友，就要你胜似我，这样我才能得益。但是这算盘我会打你也就会打，如果你也这么说，你我之间不就没有做朋友的可能吗？柏拉图写过一篇谈友谊的对话，另有一番奇妙议论。依他看，善人无须有朋友，恶人不能有朋友，善恶混杂的人才或许需要善人为友来消除他的恶，恶去了，友的需要也就随之消灭。这话显然与孔子的话有些抵牾。谁是谁非，我至今不能断定，但是我因此想到朋友之中，人我的比较是一个重要问题，而这问题又和善恶问题密切相关。我从前研究美学上的欣赏与创造问题，得到一个和常识不相通的结论，就是：欣赏与创造根本难分，每人所欣赏的世界就是每人所创造的世界，就是他自己的情趣和性格的返照；你在世界中能“取”多少，就看你在你的性灵中能提出多少“与”它，物与我之中有一种生命的交流，深人所见于物者深，浅人所见于物者浅。现在我思索这比较实际的交友问题，觉得它与欣赏艺术自然的道理颇可暗合默契。你自己是什么样的人，就会得到什么样的朋友。人类心灵尝交感回流。你拿一分真心待人，人也就拿一分真心待你，你所“取”如何，就看你所“与”如何。“爱人者人恒爱之，敬人者人恒敬之。”人不爱你敬你，就显得你自己有损缺。你不必责人，先须反求诸己。不但在情感方面如此，在性格方面也都是如此。友必同心，所谓“心”是指性灵同在一个水准上。如果你我在性灵上有高低，我高就须感化你，把你提高到同样水准；你高也是如此，否则友谊就难成立。朋友往往是测量自己的一种最精确的尺度。你自己如果不是一个好朋友，就绝不能希望得到一个好朋友。要是好朋友，自己须先是一个好人。我很相信柏拉图的“恶人不能有朋友”的那一句话。恶人可以做好朋友时，他在他方面尽管是坏，在能为好朋友一点上就可证明他还有人性，还不是一个绝对的恶人。说来说去，“同声相应，同气相求”那句老话还是对的，何以交友的道理在此，如何交友的方法也在此。交友和一般行为一样，我们应该常牢记在心的是“责己宜严，责人宜宽”。

谈性爱问题

单提男女关系来说，没有它，世间就要少去许多纠纷，文艺就要少去一个重要的母题。

这问题的重要性是无可否认的。圣人说的好：“饮食男女，人之大欲存焉。”许多人的活动和企图，仔细分析起来，多少都与这两种基本的生活要求有直接或间接的关系。整个的人类文化动态也大半围着这两个轴心旋转。单提男女关系来说，没有它，世间就要少去许多纠纷，文艺就要少去一个重要的母题，社会必是另样，历史也必是另样。但是许多人对于这样重要的问题偏爱扮面孔，不肯拿它来郑重地谈、郑重地想。以往少数哲学家如卢梭、康德、斯宾诺莎诸人对这问题所发表的议论，依叔本华看，都很肤浅。至于一般人的观念更不免为迷信、偏见和伪善所混乱。许多负教养之责的父母和师长对这问题简直有些畏惧，讳莫如深，仿佛以为男女关系生来是与淫秽相连的，青年人千万沾染不得，最好把他们蒙蔽住。其实你越不使他们沾染而他们偏越爱沾染；对这重要问题你想他们安于愚昧，他们就须得偿付愚昧的代价。

从生物学的观点看，这问题本很简单。有生之伦执着最牢固的是生命，最强烈的本能是叔本华所说的生命意志。首先是个体生命。我们挣扎、营求、竭力劳心，都无非是要个体生命在物质方面得到维持、发展、安全、舒适；在精神方面得到真善美诸价值所给的快慰。一切活动的最终目的都在“谋生”。但是个体生命是不能永久执着的，生的尽头都是死。长生不但是一个不能实现的理想，而且也不是一个好理想。你试想：从开天辟地到世界末日，假如老是一代人在活着，世界不就成为一池死水？一代过去了，就有另一代继着来，生生不息，不主故常，所以变化无端，生发无穷。这是造化的巧妙安排。懂得这巧妙，我们就明白种族不朽何以胜似个体长生，种族生命何以重于个体生命，种族生命意志何以强于个体生命意志。男女相悦，说来说去，只是种族生命意志的表现。种族生命意志就是一般人所谓“性欲”。“爱”是一个比较好听的名词，凡是男女间的爱都不免带有性欲成分。你尽管相信你的爱是“纯洁的”“心灵的”“精神的”，骨子里都是无数亿万年遗传下来的那一点性的冲动在作祟，你要与你所爱的人配合，你要传种。你不敢承认这点，因为你的老祖宗除了遗传给你这一点性的冲动以外，还遗传给你一些相反的力量——关于性爱的“特怖”（taboo），你的脑筋里装满着性爱性交是淫秽的、可羞的、不道德的之类观念。其实，你须得知道：假如这一点性的冲动被阉割了，人道就会灭绝。人除着爱上帝以外，没有另一种心灵活动，比男人爱女人或女人爱男人那一点热忱，更值得叫作“神圣”，因为那是对于“不朽”的希求，是要把人人所宝贵的生命继续不断地绵延下去。

传种的要求驱遣着两性相爱，这是人与禽兽所共同的。但是有两个因素使性爱问题在人类社会中由简单变为很复杂。

第一个因素是社会的。社会所赖以维持的是伦理、宗教、法律和风俗习惯所酿成的礼法，“男女居室，人之大伦”，没有礼法便不足以维持。关于男女关系的礼法大约起于下列两种：第一是防止争端。性欲是最强烈的本能，而性欲的对象虽有选择，却无限制。一个人可以有许多对象，而许多人也可以同有一个对象。男爱女或不爱，女爱男或不爱。假如一个人让自己的性欲做主，不受任何制裁，“争风”和“逼奸”之类事态就会把社会的秩序弄得天翻地覆。因此每个社会对于男女交接和婚姻都有一套成文和不成文的法典。例如一夫一妻，凭媒嫁娶，尊重贞操，惩处奸淫之类。其次是划清责任。恋爱的正常归宿是婚姻，婚姻的正常归宿是生儿养女，成立家庭。有了家庭就有家庭的责任。生活要维持，子女要教养。性的冲动是飘忽游离的，常要求新花样与新口味，而家庭责任却需要夫妻固定据守，“一与之齐，终身不改”。假如一个人随意杂交，随意生儿养女，欲望满足了，就丢开配偶儿女而别开生面，他所丢下来的责任给谁负担呢？在以家庭为中心的社会，这种不负责任的行为是不能不受制裁的。世界也有人梦想废除家庭的乌托邦，在那里面男女关系有绝对的自由，但是这恐怕永远是梦想，男女配合的最终目的原来就在生养子女，不在快一时之意；家庭是种族蔓延所必需的暖室，为了快一时之意而忘了那快意行为的最终目的，破坏达到那目的的最适宜的路径，那是违反自然的铁律。

因为上述两种社会的力量，人类两性配合不能全凭性欲指使，取杂交方式。他一方面须满足自然需要，一方面也要满足社会需要。自然需要倾向于自由发泄，社会需要却倾向于防闲节制。这种防闲节制对于个体有时不免是痛苦，但就全局着想，有健康的社会生命才能保障个体生命与种族生命。性欲要求原来在绵延种族生命，到了它危害到种族生命所借以保障的社会生命时，它就失去了本来作用，于理是应受制止的。这道理本很浅显，许多人却没有认清，感到社会的防闲节制不方便，便骂“礼教吃人”。极端的个人主义常是极端的自私主义，这是一端。同时，我们自然也须承认社会的防闲节制的方式也有失去它本来作用的时候。社会常在变迁，甲型社会的礼法不一定适用于乙型社会，一个社会已经由甲型变到乙型时，甲型的礼法往往本着习惯的惰性留存在乙型社会里，有如盲肠，不但无用，甚至发炎生病。原始社会所遗留下来的关于性的“特怖”，如“男女授受不亲”，“女子出门必拥蔽其面”，“望门守节”，孕妇产妇不洁净带灾星之类，在现代已如盲肠，都很显然。

第二个使人类两性问题变复杂的因素是心理的。从个体方面看，异性的寻求、结合、生育都是消耗与牺牲，自私是人类天性，纯粹是消耗牺牲的事是很少有人肯干的。于此造化又有一个很巧妙的安排，使这消耗与牺牲的事带有极大的快感。人们追求异性，骨子里本为传种，而表面上却表现得为自己求欲望的满足。恋爱的人们，像叔本华所说的，常在“错觉”（illusion）里过活。当其未达目的时，仿佛世间没有比这更快意的事，到了种子播出去了，回思虽了无余味，而性欲的驱遣却不因此而灭杀其热力，还是源源涌现，挟着排山倒海的力量东奔西窜。它的遭遇有顺有逆，有常有变，纵横流转中与其他事物发生关系复杂微妙至不可想象，而身当其冲者的心理变迁也随之幻化无端。近代有几个著名学者如韦斯特·马克（West Maik）、埃利斯（H. Ellis）、弗洛伊德（Freud）诸人对性爱心理所发表的著作几至汗牛充栋。在这篇短文里我们无法把许多光怪陆离的现象都描绘出来，只能略举数端，以示梗概。

男女相爱与审美意识有密切关系，这是尽人皆知的。我们在这里所指的倒不在于男爱女美、女爱男美那一点。因为那很明显，无用申述。我们所指的是相爱相交那事情本身的艺术化。人为万物之灵，虽处处受自然需要驱遣，却时时要超过自然需要而做自由活动，较高尚的企图如文艺、宗教、艺术、哲学之类多起于此。举个浅例来说，盛水用壶是一种自然需要，可是人并不以此为足，却费心力去求壶的美观。美观非实用所必需，却是心灵自由伸展所不可无。人在男女关系方面也是如此。男女间事，如果止于禽兽的阶层上，那是极平凡而粗浅的。只须看鸡犬，在交合的那一顷刻间它们服从性欲的驱遣，有如奴隶服从主子之恭顺，其不可逃免性有如命运之坚强，它们简直不是自己的主宰，一股冲动来，就如悬崖纵马，一冲而下，毫不绕弯子，也毫不讲体面。人要把这件自然需要所逼迫的事弄得比较“体面”些，不那样脱皮露骨，于是有许多遮盖，有许多粉饰，有许多作态弄影，旁敲侧击，男女交际间的礼仪和技巧大半是粗俗事情的文雅化，做得太过分了，固不免带着许多虚伪与欺诈；做得恰到好处时，却可以娱目赏心。

实用需要壶盛水，审美意识进一步要求壶的美观，美观与实用在此仍并行不悖。再进一步，壶可以放弃它的实用而成为古董、纯粹的艺术品；如果拿它来盛水，就不免煞风景，男女的爱也有同样的演进。在动物阶层，它只是为生殖传种一个实用目的，继之它成为一种带有艺术性的活动，再进一步它就成为一种纯粹的艺术，徒供赏玩。爱于是与性欲在表面上分为两事，许多人只是“为爱而爱”，就只在爱的本身那一点快乐上流连体会，否认爱还有借肉体结合而传种那一个肮脏的作用。爱于是成为“柏拉图式的”、纯洁的、心灵的、神圣的，至于性欲活动则被视为肉体的、淫秽的、可羞的、尘俗的。这观念的形成始于耶稣教的重灵轻肉，终于十九世纪浪漫派文艺的“恋爱至上”观。这种灵爱与肉爱的分别引起好些人的自尊心，激励成好些思想、文艺和事业上的成就；同时，它也使好些人变成疯狂，养成好些不健康的心理习惯。说得好听一点，它起于性爱的净化或“升华”；说得不好听一点，它是替一件极尘俗的事情挂上一个极高尚的幌子，“金玉其外，败絮其中”。

从这一点，我们可以看出人心怎样爱绕弯子，爱歪曲自然。近代变态心理学所供给的实例更多。它的起因，像弗洛伊德所说的，是自然与文化，性欲冲动与社会道德习俗的冲突。性欲冲动极力伸展，社会势力极力压抑。这冲突如果不得到正常的调整，性欲冲动就不免由意识域压抑到潜意识域，虽是囚禁在那黑狱里，却仍跃跃欲试，冀图破关脱狱。为着要逃避意识的检查，取种种化装。许多寻常行动，如做梦、说笑话、创作文艺、崇拜偶像、虐待弱小，以至于吮指头、露大腿之类，在变态心理学家看，都可以是性欲化装的表现。性欲是一种强大的力量，有如奔流，须有所倾泻，正常的方式是倾泻于异性对象；得不到正常对象倾泻时，它或是决堤而泛滥横流，酿成种种精神病症；或是改道旁驰，起升华作用而致力于宗教、文艺、学术或事功。因此，人类活动——无论是个体的或社会的——几乎没有一件不可以在有形无形之中与性爱发生心理上的关联。

在这里所说的只是一个极粗浅的梗概，从这种粗浅的梗概中我们已可以见出人类两性关系问题如何复杂。要得到一个健康的性道德观，我们需要近代科学所供给的关于性爱的各方面知识，一种性知识的启蒙运动。我们一不能如道德学家和清教徒一味抹杀人性，对于性的活动施以过分严厉的裁制，原始时代的“特怖”更没有保留的必要；二不能如浪漫派文艺作者满口讴歌“恋爱之上”，把一件寻常事情捧到九霄云外，使一般神经质软弱的人们悬过高的希望，追攀不到，就陷于失望悲观；三不能如苏联共产党人把恋爱婚姻完全看成个人的私行，与社会国家无关，任它绝对自由，绝对放纵。依我个人的主张，男女间事是一件极家常极平凡的事，我们须以写实的态度和生物学的眼光去看它，不必把它看成神奇奥妙，也不必把它看成淫秽邪僻。我们每个人天生有传种的机能、义务与权利。我们寻求异性，是要尽每个人都应尽的责任。一对男女成立恋爱或婚姻的关系时，只要不妨害社会秩序的合理要求，我们就用不着大惊小怪。这句话中的插句极重要：社会不能没有裁制，而社会的裁制也必须合理。社会的合理裁制是指上文所说的防止争端和划清责任。争婚、逼婚、乱伦、患传染病结婚，结婚而放弃结婚的责任，这些便是法律所应禁止的。除了这几项以外，社会如果再多嘴多舌，说这样是伤风，那样是败俗，这样是淫秽，那样是奸邪，那就要在许多人的心理上起不必要的压抑作用，酿成精神的变态，并且也引起许多人阳奉阴违，面子上仁义道德，骨子里男盗女娼。在人生各方面，正常的生活才是健康的生活；在男女关系方面，正常的路径是由恋爱而结婚，由结婚而生儿养女，把前一代的责任移交给后一代，使种族“于万斯年”地绵延下去。传种以外，结婚者的个人幸福也不应一笔勾销。结婚和成立家庭应该是一件快乐的事，人们就应该在里面希冀快乐，且努力产生快乐。到了夫妻实在不能相容而家庭无幸福可言时，在划清责任的条件之下离婚是道德与法律都应该允许而且提倡的。

谈青年与恋爱结婚

既然『遇』上了恋爱，一个人不应视为儿戏，却也不应沉醉在诗人的幻想里。

在动物阶层，性爱不成问题，因为一切顺着自然倾向，不失时，不反常，所以也就合理。在原始人类社会，性爱不成为严重的问题，因为大体上还是顺自然倾向的，纵有社会裁制，习惯成了自然，大家也就相安无事。在近代开化的社会，性爱的问题变成很严重，因为自然倾向与社会裁制发生激烈的冲突，失时和反常的现象常发生，伦理的、宗教的、法律的、经济的、社会的关系越复杂，纠纷越多而解决越困难。这困难成年人感觉到很迫切，青年人感觉到尤其迫切。性爱在青年期有一个极大的矛盾：一方面性欲在青年期由潜伏而旺盛，力量特别强烈；一方面种种理由使青年人不适宜于性生活的活动。

先说青年人不适宜于性爱的理由：

一、恋爱的正常归宿是结婚，结婚的正常归宿是生儿养女，成立家庭。青年处学习期，在事业上尚无成就，在经济上未能独立，负不起成立家庭教养子女的责任。恋爱固然可以不结婚，但是性的冲动培养到最紧张的程度而没有正常的发泄，那是违反自然，从医学和心理学观点看，对于身心都有很大的妨害。结婚固然也可以节制生育，但是寻常婚后生活中，子女的爱是夫妻中间一个重要的联系，培养起另一代人原是结婚男女的共同目标与共同兴趣，把这共同目标与共同兴趣用不自然的方法割去了，结婚男女的生活就很干枯，他们的情感也就逐渐冷淡。这对于种族和个人都没有裨益，失去了恋爱与婚姻的本来作用。

二、青年身体发展尚未完全成熟，早婚妨碍健康，尽人皆知；如果生儿养女，下一代人也必定比较羸弱，可以影响到民族的体力，我国以往在这方面吃的亏委实不小。还不仅此，据一般心理学家的观察，性格的成熟常晚于体格的成熟，青年在体格方面尽管已成年，在心理方面往往还很幼稚，男子尤其是如此。在二十余岁的光景，他们心中装满着稚气的幻想，没有多方的人生经验，认不清现实，情感游离浮动，理智和意志都很薄弱，性格极易变动，尤其是缺乏审慎周详的抉择力与判断力，今天做的事明天就会懊悔。假如他们钟情一个女子，马上就会陷入沉醉迷狂状态，把爱的实现看得比世间任何事都较重要；达不到目的，世界就显得黑暗，人生就显得无味，觉得非自杀不可；达到目的，结婚就成了“恋爱的坟墓”，从前的仙子就是现在的手镣脚铐。到了这步田地，他们不是牺牲自己的幸福，就是牺牲别人的幸福。许多有为青年的前途就这样毁去了，让体格性格都不成熟的青年人去试人生极大的冒险，那简直是一个极大的罪孽。

三、人生可分几个时期，每时期有每时期的正当使命与正当工作。青年期的正当使命是准备做人，正当工作是学习。在准备做人时，在学习时，无论是恋爱或结婚都是一种妨害。人生精力有限，在恋爱和结婚上面消耗了一些，余剩可用于学习的就不够。在大学期间结婚的学生成绩必不会顶好，在中学期间结婚的学生的前途绝不会有很大的希望。自己还带乳臭，就腼颜准备做父母，还满口在谈幸福，社会上有这现象，就显得它有些病态。恋爱用不着反对，结婚更用不着反对，只是不能“用违其时”。禽兽性生活的优点就在不失时，一生中有一个正当的时期，一年中有一个正当的季节。在人类，正当的时期是壮年，老年人过时，青年人不及时，青年人恋爱结婚，与老年人恋爱结婚，是同样的反常可笑。

假如我们根据这几条理由，就绝对反对青年谈恋爱，是否可能呢？我自己也是过来人，略知此中甘苦，凭自己的经验和对旁人的观察，我可以大胆地说：在三十岁以前，一个人假如不受爱情的搅扰，对男女间事不发生很大的兴趣，专心致志地去做他的学问，那是再好没有的事，他可以多得些成就，少得些苦恼。我还可以说，像这样天真烂漫地过去青春的人，世间也并非绝对没有，而且如果我们认定三十岁左右为正当的结婚年龄，从生物学观点看，这种人也不能算是不自然或不近人情。不过我们也须得承认，在近代社会中，这种浑厚的青年人确实很少；少的原因是在近代生活对于性爱有许多不健康的暗示与刺激，以及教育方面的欠缺。家庭和学校对男女间事绝对不准谈，仿佛这中间事极神秘或是极不体面，有不可告人处。只这印象对儿童们影响就很坏。他们好奇心特别强，你越想瞒，他们就越想知道。他们或是从大人方面窥出一些偷偷摸摸的事，或是从一块儿游戏的顽童听到一些淫秽的话。不久他们的性的冲动逐渐发达了，这些不良的种子就在他们心中发芽生枝，好奇心以外又加上模仿本能的活动。他们开始看容易刺激性欲的小说或电影，注意窥探性生活的秘密，甚至想自己也跳到那热闹舞台上去表演。他们年纪轻，正当的对象自无法可得，于是演出种种“性的反常”现象，如同性爱、自性爱、手淫之类。如果他们生在都市里，年纪比较大一点，说不定还和不正当的女人来往。如果他们进了大学，读过一些讴歌恋爱的诗文，看过一些甜情蜜意的榜样，就会觉得恋爱是大学生活中应有的一幕，自己少不得也要凑趣应景，否则即是一个缺陷，一宗耻辱。我们可以说，现在一般青年从幼稚园到大学，沿途所受的性生活的影响都是不健康的，无怪他们向不健康的路径走。

自命为“有心人”的看到这种景象，或是嗟叹世风不古，或是诅咒近代教育，想拿古老的教条来钳制近代青年的活动。世风不古是事实，无用嗟叹，在任何时代，世风都不会“古”的。世界既已演变到现在这个阶段，要想回到男女授受不亲那种状态，未免是痴人说梦。我个人的主张是要把科学知识尽量地应用到性爱问题上面来，使一般人一方面明白它在生物学、生理学和心理学上的意义，一方面也认清它所连带的社会、政治、经济各方面的责任。这问题，像一切其他人生问题一样，可以用冷静的头脑去思索，不必把它摆在一种带有宗教性的神秘氛围里。神秘本身就是一种诱惑，暗中摸索都难免跌跤。

就大体说，我赞成用很自然的方法引导青年撇开恋爱和结婚的路。所谓自然的方法有两种。第一是精力有所发挥，精神有所委托。一个人心无二用，却也不能没有所用。青年人精力最弥满，要他闲着无所用，就难免泛滥横流。假如他在工作里发生兴趣，在文艺里发生兴趣，甚至在游戏运动里发生兴趣，这就可以垄断他的心神，不叫它旁迁他涉。我知道很多青年因为心有所用，很自然地没有走上恋爱的路。第二是改善社交生活，使同情心得到滋养。青年人最需要的是同情，最怕的是寂寞，越寂寞就越感觉异性需要的迫切。一般青年追求异性，与其说是迫于性的冲动，毋宁说是迫于同情的需要。要满足这需要，社交生活如果丰富也就够了。一个青年如果有亲热的家庭生活，加上温暖的团体生活，不感觉到孤寂，他虽然还有“遇”恋爱的可能，却无“谋”恋爱的必要。

这番话并非反对男女青年的正常交接，反之，我认为男女社交公开是改善社交生活的一端。越隔绝，神秘观念越深，把男女关系看成神秘，从任何观点看，都是要不得的。我虽然赞成叔本华的“男女的爱都是性爱”的看法，却不敢同意王尔德的“男女间只有爱情而无友谊”的看法。因为友谊有深有浅，友谊没有深到变为爱情的程度是常见的。据我个人的观察，青年施受同情的需要虽很强烈，而把同情专注在某一个对象上并不是一个很自然的现象。无论在同性中或异性中，一个人很可能地同时有几个好友。交谊越广泛，发生恋爱的可能性也就越少。一个青年最危险的遭遇莫过于向来没有和一个女子有较深的接触，一碰见第一个女子就爱上了她。许多在男女社交方面没有经验的青年却往往是如此，而许多悲剧也就如此酿成。

在男女社交公开中，“遇”恋爱自然很可能，但是危险性比较小，双方对于异性都有较清楚的认识。既然“遇”上了恋爱，一个人最好认清这是一件极自然极平凡而亦极严重的事。他不应视为儿戏，却也不应沉醉在诗人的幻想里，他应该用最写实的态度去应付它。如果“恋爱至上”，他也要从生物学观点把它看成“至上”，与爱神无关，与超验哲学更无关。他就要准备作正常的归宿——结婚，生儿养女和担负家庭的责任。

柏拉图到晚年计划第二“理想国”，写成一本书叫作《法律》，里面有一段话颇有意思，现在译来作本文的结束：

> 我们的公民不应比鸟类和许多其他动物都不如，它们一生育就是一大群，不到生殖的年龄却不结婚，维持着贞洁。但是到了适当的时候，雌雄就配合起来，相欢相爱，终身过着圣洁和天真的生活，牢守着它们的原来的合同：——真的，我们应该向他们（公民们）说，你们须比禽兽高明些。

谈休息

现代人的通病是『勤有余劳，心无偶闲』，不仅生活索然寡味，身心俱惫，整个世界也日趋于干枯黑暗。

在世界各民族中，我们中国人要算是最能刻苦耐劳的。第一是农人。他们日出而作，日入而息，不分阴晴冷暖，总是硬着头皮，流着血汗，忙个不休。一年之中，他们最多只能在过年过节时歇上三五天，你如果住在乡下，常看他们在炎天烈日下车水拔草，挑重担推重车上高坡，或是拉牵绳拖重载船上急滩，你对他们会起敬心也会起怜悯心，觉得他们虽是人，却在做牛马的工作，过牛马的生活。读书人比较算是有闲阶级，但在未飞黄腾达以前，也要经过一番艰苦的奋斗。从前私塾学生从天亮到半夜，都有规定的课程，休息对于他们是一个稀奇的名词。小学生们只有在先生打瞌睡时偷耍一阵，万一先生不打瞌睡，就只有找借口逃学。从前读书人误会“自强不息”的意思，以为“不息”就是不要休息。十年不下楼、十年不窥园、囊萤刺股、发愤忘食之类的故事在读书人中传为美谈，奉为模范。近代学校教育比从前私塾教育似乎也并不轻松多少。从小学以至大学，功课都太繁重，每日除上六七小时课外还要看课本做练习。世界各国学校上课钟点之多，假期之短少，似没有比得上我们的。

这种刻苦耐劳的精神原可佩服，但是对于身心两方的修养却是极大的危害。最刻苦耐劳的是我们中国人，体格最羸弱而工作最不讲效率的也是我们中国人。这中间似不无密切关系。我们对于休息的重要性太缺乏彻底的认识了。它看来虽似小问题，却为全民族的生命力所关，不能不提出一谈。

自然界事物都有一个节奏。脉搏一起一伏，呼吸一进一出，筋肉一张一弛，以至日夜的更替，寒暑的往来，都有一个劳动和休息的道理在内。草木和虫豸在冬天要枯要眠，土壤耕种了几年之后须休息，连机器输电灯线也不能昼夜不息地工作。世间没有一件事物能在一个状态维持到久远的，生命就是变化，而变化都有一起一伏的节奏。跳高者为着跳得高，先蹲着很低；演戏者为着造成一个紧张的局面，先来一个轻描淡写；用兵者守如处女，才能出如脱兔；唱歌者为着要拖长一个高音，先须深深地吸一口气。事例是不胜枚举的。世间固然有些事可以违拗自然去勉强，但是勉强也有它的限度。人的力量，无论是属于身或属于心的，到用过了限度时，必定是由疲劳而衰竭，由衰竭而毁灭。譬如弓弦，老是尽量地拉满不放松，结果必定是裂断。我们中国人的生活常像满引的弓弦，只图张的速效，不顾弛的蓄力，所以常在身心俱惫的状态中。这是政教当局所必须设法改善的。

一般人以为多延长工作的时间就可以多收些效果，比如说，一天能走一百里路，多走一天，就可以多走一百里路，如此天天走着不歇，无论走得多久，都可以维持一百里的速度。凡是走过长路的人都知道算盘打得不很精确，走久了不歇，必定越走越慢，以至于完全走不动。我们走路的秘诀“不怕慢，只怕站”，实在只是片面的真理。永远站着固然不行，永远不站也不一定能走得远，不站就须得慢，慢有时延误事机；而偶尔站站却不至于慢，站后再走是加速度的唯一办法。我们中国人做事的通病就在怕站而不怕慢，慢条斯理地不死不活地往前挨，说不做而做着并没有歇，说做却并没有做出什么名色来。许多事就这样因循耽误了。我们只讲工作而不讲效率，在现代社会中，不讲效率，就要落后。西方各国都把效率看作一个迫切的问题，心理学家对这问题做了无数的实验，所得的结论是以同样时间去做同样工作，有休息的比没有休息的效率大得多。比如说，一长页的算学加法习题，继续不断地去做要费两点钟，如果先做五十分钟，继以二十分钟的休息，再做五十分钟，也还可以做完，时间上无损失而错误却较少。西方新式工厂大半都已应用这个原则去调节工作和休息的时间，结果工人的工作时间虽然少了，雇主的出品质量反而增加了。一般人以为休息是浪费时间，其实不休息的工作才真是浪费时间。此外还有精力的损耗更不经济。拿中国人与西方人相比，可工作的年龄至少有二十年的差别，我们到五六十岁就衰老无能为，他们那时还正年富力强，事业刚开始，这分别有多大！

休息不仅为工作蓄力，而且有时工作必须在休息中酝酿成熟。法国大数学家潘嘉赉研究数学上的难题，苦思不得其解，后来跑到街上闲逛，原来费尽气力不能解决的难题却于无意中就轻轻易易地解决了。据心理学家的解释，有意识作用的工作须得退到潜意识中酝酿一阵，才得着土生根。通常我们在放下一件工作之后，表面上似在休息，而实际上潜意识中那件工作还在进行，詹姆斯有“夏天学溜冰，冬天学泅水”的比喻，溜冰本来是前冬练习的，今夏无冰可溜，自然就想不到溜冰，算是在休息，但是溜冰的筋肉技巧却恰巧此时凝固起来。泅水也是如此，一切学习都如此。比如我们学写字，用功甚勤，进步总是显得很慢，有时甚至越写越坏。但是如果停下一些时候再写，就猛然觉得字有进步。进步之后又停顿，停顿之后又进步，如此辗转多次，字才易写得好。习字需要停顿，也是因为要有时间让筋肉技巧在潜意识中酝酿凝固。习字如此，习其他技术也是如此。休息的工夫并不是白费的，它的成就往往比工作的成就更重要。

《佛说四十二章经》里有一段故事，戒人为学不宜操之过急，说得很好：

> 沙门夜诵迦叶佛教遗经，其声悲紧，思悔欲退。佛问之曰：“汝昔在家，曾为何业？”对曰：“爱弹琴。”佛言：“弦缓如何？”对曰：“不鸣矣。”“弦急如何？”对曰：“声绝矣。”“急缓得

中如何？”对曰：“诸音普矣。”佛言：“沙门学道亦然。心若调适，道可得矣。于道若暴，暴即身疲；其身若疲，意即生恼；意若生恼，行即退矣。”

我国先儒如程朱诸子教人为学，亦常力戒急迫，主张“优游涵泳”。这四字含有妙理，它所指的功夫是猛火煎后的慢火煨，紧张工作后的潜意识的酝酿。要“优游涵泳”，非有充分休息不可。大抵治学和治事，第一件要事是清明在躬，从容而灵活，常做得自家的主宰，提得起也放得下。急迫躁进最易误事。我有时写字或作文，在意兴不佳或微感倦怠时，手不应心，心里越想好，而写出来的越坏，在此时仍不肯丢下，带着几分气愤的念头勉强写下去，写成要不得就扯去，扯去重写仍是要不得，于是越写越烦躁，越烦躁也就写得越不像样。假如在发现神志不旺时立即丢开，在乡下散步，吸一口新鲜空气，看看蓝天绿水，陡然间心旷神怡，回头来再伏案做事，便觉精神百倍，本来做得很艰苦而不能成功的事，现在做起来却有手挥目送之乐，轻轻易易就做成了。不但作文写字如此，要想任何事做得好，做时必须精神饱满，工作成为乐事。一有倦怠或烦躁的意思，最好就把它搁下休息一会儿，让精神恢复后再来。

人须有生趣才能有生机。生趣是在生活中所领略得的快乐，生机是生活发扬所需要的力量。诸葛武侯所谓“宁静以致远”就包含生趣和生机两个要素在内，宁静才能有丰富的生趣和生机，而没有充分休息做优游涵泳的功夫的人们绝难宁静。世间有许多过于辛苦的人，满身是尘劳，满腔是杂念，时时刻刻都为环境的需要所驱遣，如机械一般流转不息，自己做不得自己的主宰，呆板枯燥，没有一点生人之趣。这种人是环境压迫的牺牲者，没有力量抬起头来驾驭环境或征服环境，在事业和学问上都难有真正的大成就。我认识许多穷苦的农人，孜孜不辍的老学究和一天在办公室坐八小时的公务员，都令我起这种感想。假如一个国家里都充满着这种人，我们很难想象出一个光明世界来。

基督教的《圣经》叙述上帝创造世界的经过，于每段工作完成之后都赘上一句说：“上帝看看他所做的事，看，每一件都很好！”到了第七天，上帝把他的工作都完成了，就停下来休息，并且加福于这第七天，因为在这一天他能够休息。这段简单的文字非常耐人寻味。我们不但需要时间工作，尤其需要时间对于我们所做的事回头看一看，看出它很好；并且工作完成了，我们需要一天休息来恢复疲劳的精神，领略成功的快慰。这一天休息的日子是值得“加福的”，“神圣化的”（《圣经》里所用的字是blessed and sanctified）。在现代紧张的生活中，我们“车如流水马如龙”地向前直滚，曾不留下一点时光做一番静观和回味，以至华严世相都在特别快车的窗子里滑了过去，而我们也只是轮回戏盘中的木人木马，有上帝的榜样在那里而我们不去学，岂不是浪费生命！

我生平最爱陶渊明在《自祭文》里所说的两句话：“勤靡余劳，心有常闲。”上句是尼采所说的狄俄尼索斯的精神，下句是阿波罗的精神。动中有静，常保存自我主宰，这是修养的极境，人事算尽了，而神仙福分也就在尽人事中享着。现代人的毛病是“勤有余劳，心无偶闲”。这毛病不仅使生活索然寡味，身心俱惫，于事劳而无功，而且使人心地驳杂，缺乏冲和弘毅的气象，日日困于名缰利锁，叫整个世界日趋于干枯黑暗。但丁描写魔鬼在地狱中受酷刑，常特别着重“不停留”或“无间断”的字样。“不停留”、“无间断”自身就是一种惩罚，甘受这种惩罚的人们是甘愿人间成为地狱，上帝的子孙们，让我们跟着他的榜样，加福于我们工作之后休息的时光啊！

谈消遣

我们有时须完全放弃工作，做一点无所为而为的活动，享受一点自由人的幸福。

身和心的活动都有有节奏的周期，这周期的长短随各人的体质和物质环境而有差异。在周期限度之内，工作有它的效果，也有它的快慰。过了周期限度，工作就必产生疲劳，不但没有效果，而且成为苦痛。到了疲劳，就必定有休息，才能恢复工作的效果。这道理极浅，无用深谈。休息的方式甚多，最理想而亦最普遍的是睡眠。在睡眠中生理的功能可以循极自然的节奏进行，各种筋肉虽仍在活动，却不需要紧张的注意力，也没有工作情境需要所加的压迫，它的动作是自由的、自然的、不费力的、倾向弛懈的。一个人如果每天在工作疲劳之后能得到充分时间的熟睡，比任何养生家的秘诀都灵验。午睡尤其有效。午睡醒了，午后又变成了清晨，一日之中就有两度的朝气。西方有些中小学里，时间表内有午睡的规定，那是很合理的。我国的理学家和各派宗教家于睡眠之外练习静坐。静坐可以使心境空灵，生理功能得到人为的调节，功用有时比睡眠更大。但是初习静坐需要注意力的控制，有几分不自然，不易成为恒久的习惯，而且在近代生活状况之下，静坐的条件不易具备，所以它不能很普遍。

睡眠与静坐都不能算是完全的休息，因为许多生理的功能照旧在进行。严格地说，生物在未死以前绝不能有完全的休息。有生气就必有活动，“活”与“动”是不可分的。劳而不息固然是苦，息而不劳尤其是苦。生机需要修养，也需要发泄。生机旺而不泄，像春天的草木萌发被砖石压着，或是把压力推开，冲吐出来，或是变成拳曲黄瘦，失去自然的形态。心理学家已经很明白地指示出来：许多心理的毛病都起于生机不得正当的发泄。从一般生物的生活看，精力的发泄往往同时就是精力的蓄养。人当少壮时期，精力最弥满，需要发泄也就越强烈，越发泄，精力也就越充足。一个生气蓬勃的人必定有多方的兴趣，在每方面的活动都比常人活跃，一个人到了可以索然枯坐而不感觉不安时，他必定是一个行将就木的病夫或老者。如果他们在健康状态中，需要活动而不得活动，他必定感到愁苦抑郁。人生最苦的事是疾病幽囚，因为在疾病幽囚中，他或是失去了精力，或是失去了发泄精力的自由。

精力的发泄有两种途径：一是正当工作，一是普通所谓消遣，包含各种游戏运动和娱乐在内。我们不能全副精力去工作，因为同样的注意方向和同样的筋肉动作维持到相当的限度，必定产生疲劳，如上所述。人的身心构造是依据分工合作原理的。对于各种工作我们都有相当的一套机器、一种才能和一副精力。比如说，要看有眼，要听有耳，要走有脚，要思想有头脑。我们运用眼的时候，耳可以休息，运用脑的时候，脚可以休息。所以在专用眼之后改着去用耳，或是在专用脑之后改着去用脚，我们虽然仍旧在活动，所用以活动的只是耳或脚，眼或脑就可以得到休息了。这种让一部分精力休息而另一部分精力活动的办法在西文中叫作diversion，可惜在中文里没有恰当的译名。这也足见我们没有注意到它的重要。它的意义是“转向”，工作方面的“换口味”，精力的侧出旁击。我们已经说过，生物不能有完全的休息，普通所谓休息，除睡眠以外，大半是diversion，这种“换口味”的办法对于停止的活动是精力的蓄养，对于正在进行的另一活动是精力的发泄。它好比打仗，一部分兵力上前线，另一部分兵力留在后面预备补充。全体的兵力都上了前线，难乎为继；全体的兵力都在后方按兵不动，过久也会疲老无用，仗自然更打不起来。更番瓜代仍是精力得最经济最合理的支配，无论是在军事方面或是在普通生活方面。

更番瓜代[①]有种种方式。普通读书人用脑的机会比较多，最好常在用脑之后做一番筋肉活动，如散步、打球、栽花、做手工之类，一方面可以使大脑得到休息而消除疲劳，一方面也可以破除同一工作的单调，不致发生厌闷。卢梭谈教育，主张学生多习手工，这不但因为手工有它的特殊的教育功效，也因为用手对于用脑是一种调节。大哲学家斯宾诺莎于研究哲学之外，操磨镜的职业，这固然是为着生活，实在也很合理，因为两种性质相差很远的工作互相更换，互为上文所说的diversion，对于心身都有好影响。就生活理想说，劳心与劳力应该具备于一身，劳力的人绝对不劳心固然变成机械，劳心的人绝对不劳力也难免文弱干枯。现在劳心与劳力成为两种相

---

① 更番：轮流替换；瓜代：瓜代之期，以瓜熟为期限。指任职期满，派他人交替。文中指让一部分精力休息而另一部分精力活动，各种活动轮流替换的方式。

对峙的阶级，这固然是历史与社会环境所造成的事实，但是我们应该不要忘记它并不甚合理。在可能范围之内，我们应该求心与力的活动能调节适中。我个人很羡慕中世纪欧洲僧院的生活，他们一方面诵经、抄书、画画而且作很精深的哲学研究，一方面种地、砍柴、酿酒、织布。我曾想到我们的学校在这个经济凋敝之际为什么不想一个自给自足的办法，有系统有计划地采行半工半读制？这不仅是从经济着眼，就从教育着眼，这也是一种当务之急。大部分学生来自田间，将来纵不全数回到田间，也要走进工厂或公务机关；如果在学校里只养成少爷小姐的心习，全不懂民生疾苦，他们绝难担负现时代的艰巨责任。当然，本文所说的劳心与劳力的调剂也是一个重要的理由。

不同性质的工作更番瓜代，固可以收到调剂和休息的效用，可是一个人不能时时刻刻都在工作，事实上没有这种需要，而且劳苦过度，工作也变成一种苦事，不能有很大的效率。我们有时须完全放弃工作，做一点无所为而为的活动，享受一点自由人的幸福。工作都有所为而为，带有实用目的；无所为而为，不带实用目的活动，都可以算作消遣。我们说

“消遣”，意谓“混去时光”，含义实在不很好；西方人说“转向”（diversion），意谓“把精力朝另一方面去用”，它和工作同称为occupation，比较可以见出消遣的用处。所谓occupation无恰当中文译词，似包含“占领”和“寄托”二义。在工作和消遣时，都有一件事物“占领”着我们的身心，而我们的身心也就“寄托”在那一件事物里面。身心寄托在那里，精力也就发泄在那里。拉丁文有一句成语说：“自然厌恶空虚。”这句话近代科学仍奉为至理名言。在物理方面，真空固不易维持，一有空隙，就有物来占领；在心理方面，真空虽是一部分宗教家（如禅宗）的理想，在实际上也是反乎自然而为自然所厌恶。我们都不愿意生活中有空隙，都愿常有事物“占领”着身心，没有事做时须找事做，不愿做事时也不甘心闲着，必须找一点玩意儿来消遣，否则便觉得厌闷苦恼。闲惯了，闷惯了，人就变干枯无生气。

消遣就是娱乐，无可消遣当然就是苦闷。世间欢喜消遣的人，无论他们的嗜好如何不同，都有一个共同点，就是他们必都有强旺的生活力，运动家和艺术家如此，嫖客赌徒乃至于烟鬼也是如此。他们的生活力强旺，发泄的需要也就跟着急迫。他们所不同者只在发泄的方式。这有如大水，可以灌田、发电或推动机器，也可以泛滥横流，淹毙人畜草木。同是强旺的生活力，用在运动可以健身，用在艺术可以怡情养性，用在吃喝嫖赌就可以劳命伤财，为非作歹。“浪子回头是个宝”，也就是这个道理。所以消遣看来虽似末节，却与民族性格国家风纪都有密切关系。一个民族兴盛时有一种消遣方式，颓废时又有另一种消遣方式。古希腊罗马在强盛时，人民都欢喜运动、看戏、参加集会，到颓废时才有些骄奢淫逸的玩意儿如玩娈童、看人兽斗之类。近代条顿民族多欢喜户外运动，而拉丁民族则多消磨时光于咖啡馆与舞厅。我国古代民族娱乐花样本极多，如音乐、跳舞、驰马、试剑、打猎、钓鱼、斗鸡、走狗等都含有艺术意味或运动意味。后来士大夫阶级偏嗜琴棋书画，虽仍高雅，已微嫌侧重艺术，带有几分“颓废”色彩。近来“民族形式”的消遣似只有打麻将、坐茶馆、吃馆子、逛窑子几种。对于这些玩意儿不感兴趣的人们除着做苦工之外，就只有索然枯坐，不能在生活中领略到一点乐趣。我经过几个大学和中学，看到大部分教员和学生终年没有一点消遣，大家都喊着苦闷，可是大家都不肯出点力把生活略加改善，提倡一些高级趣味的娱乐来排遣闲散时光。从消遣一点看，我们可以窥见民族生命力的下降。这是一个很危险的现象。它的原因在一般人不明了消遣的功用，把它太看轻了。

其实这事并不能看轻。柏拉图设计理想国的政治，主张消遣娱乐都由国法规定。儒家标六艺之教，其中礼、乐、射、御四项都带有消遣娱乐意味，只书、数两项才是工作。孔子谈修养，“居于仁”之后即继以“游于艺”，这足见中西哲人都把消遣娱乐看得很重，梁任公先生有一文讲演消遣，可惜原文不在手边，记得大意是反对消遣浪费时光。他大概有见于近来我国一般消遣方式趣味太低级。但我们不能因噎废食。精力必须发泄，不发泄于有益身心的运动和艺术，便须发泄于有害身心的打牌、抽烟、喝酒、逛窑子。我们要禁绝有害身心的消遣方式，必须先提倡有益身心的消遣方式。比如水势须决堤泛滥，你不愿它决诸东方，就必须让它决诸西方，这是有心政治与教育的人们所应趁早注意设法的。要复兴民族，固然有许多大事要做，可是改善民众消遣娱乐，也未见得就是小事。

谈体育

我们慢些谈学问，慢些谈道德，慢些谈任何事功，第一件要事先把身体这个机器弄得坚强结实。

理想的教育应以发展全人为鹄的。全人包括身心两方面，修养也应同时顾到这两方面。心的修养包含智育、德育、美育三项，相当于知、情、意三种心理机能。身的修养即通常所谓体育。近来我们的教育对于心的修养多偏重智育，德育与美育多被忽视。这种畸形的发展酿成一般人的道德堕落与趣味低下，已为共见周知的事实。至于体育更是落后。学校虽设有体育这门功课，大半是奉行公事，体育教员一向被轻视，学生不注意体育可不至影响升级和毕业，学校在体育设备上花的费用在整个预算上往往不及百分之一。如果你把身心的重要看作平等，把心的方面知、情、意三种机能的重要也看作平等，再把目前教育状况衡量一下，就可以想到我们的教育的不完善到了一个什么程度。德育和美育至少在理论上还有人在提倡，体育则久已降于不议不论之列了。体育所以落到这种无足轻重的地位，大半因为一般人根本误认体肤没有心灵那么高贵，一部分宗教家和哲学家甚至把体肤看成心灵的迷障，要修养心灵须先鄙弃体肤的需要。我们崇拜甘地，仿佛以为甘地成就他的特殊精神，就与他的身体瘦弱有关，身体不瘦弱，就不能成圣证道。这种错误的观念不破除，我们根本不能谈体育。

生命是有机的，身与心虽可分别却不可割裂；没有身就没有心，身体不健全，心灵就不会健全。这道理可以分几点来说。

第一，身体不健全，聪明智慧不能发展最高度的效能。我们中国民族的聪明智慧并不让西方人，但是在学问事业方面的造就，我们常常赶不上他们。原因固然很多，身体羸弱是最重要的一种。普通欧美人士说："生命从四十岁开始。"他们到了五六十岁时，还是血气方刚，还有二三十年可以在学问事业方面努力。但是普通中国人到了四十岁以后，精力就逐渐衰惫，在西方人正是奋发有为的时候，我们已宣告体力的破产，作告老退休的打算。在普通西方人，头三四十年只是训练和准备的时期，后三四十年才可以谈到成就与收获；在我们中国人，刚过了训练和准备的时期，可用的精力就渐就耗竭，犹如果子未成熟就萎落，如何能谈到成就与收获呢？无论是读书、写字、做文章、演说、打仗或是办事，必须精力弥满，才可以好。尤其是做比较重大的工作，我们需要持久的努力，要能挣扎到底，维持最后五分钟的奋斗。我们做事，往往开头很起劲，以后越做越觉得精力不济，那最后五分钟最难挨过，以致功亏一篑。这就由于身体羸弱，生活力不够。

其次，身体羸弱可以影响到性情和人生观。我常分析自己，每逢性情暴躁，容易为小事动气时，身体方面总有些毛病，如头痛、牙痛、胃痛之类；每逢心境颓唐、悲观厌世时，大半精疲力竭，所能供给的精力不够应付事物的要求，这在生病或失眠时最易发生。在睡了一夜好觉之后，清晨爬起来，觉得自己生气蓬勃，心里就特别畅快，对人也就特别和善。我仔细观察我所常接触的人，发现体格与心境的密切关系是很普遍的。我没有看见一个真正康健的人为人不和善，处事不乐观；也没有看见一个愁眉苦脸的人在身体方面没有丝毫缺陷。我们中国青年中许多人都悲观厌世、暮气沉沉，我敢说这大半是身体不健康的结果。

第三，德行的亏缺大半也可归原到身体的羸弱。西谚说："健全精神宿于健全身体。"这句话的意味实在深长。我常分析中国社会的病根，觉得它可以归原到一个字——懒。懒，所以萎靡因循[①]，遇应该做的事拿不出一点勇气去做；懒，所以马虎苟且，遇不应该做的事拿不出一点勇气去决定不做；懒，于是对于一切事情朝抵抗力最低的路径走，遇事偷安取巧，逐渐走到人格的堕落。懒的原因在哪里呢？懒就是物理学上的惰性，由于动力的缺乏，换言之，由于体力的虚弱。比如机器要产生动力，必须开足马达，要开足马达，必须电力强大。身体好比马达，生活力就是电力，而努力所需要的坚强意志就是动力，生活力不旺——这就是说，体力薄弱——身体那一个马达就开不动，努力所需要的动力就无从产生。所以精神的破产毕竟起于身体的破产。

生命是一种无底止的奋斗。一个士兵作战，一个学者研究学问，或是一个普通公民勇于尽自己的职责，向一切恶引诱说一个坚决的“不”字，向一切应做的事说一个坚决的“干”字，都需要一番斗争的精神，一股蓬勃的生活力。我们多数

---

① 萎靡因循：原稿为委靡因循，全书同。

民众所最缺乏的就是这奋斗所必需的生活力，尤其在这抗建时代，我们必须彻底认识这种缺乏的严重性，极力来弥补它。我们慢些谈学问，慢些谈道德，慢些谈任何事功，第一件要事先把身体这个机器弄得坚强结实。

要补救我们民族体格的羸弱，必先推求羸弱的病因，然后对症下药。一般人都知道一些健身的方法和道理，例如营养适宜，衣食住清洁，生活有规律，运动休息得时之类。我们中国人体格羸弱，大半由于对这些健康的基本条件没有十分注意，这是谁都会承认的。但是我以为这些条件固然重要，却都是后天的培养，最重要的还是先天的基础。比如动植物的繁殖，在同样的后天环境之下，种子好的比种子差的较易于发育茁壮。哈巴狗总不能长成狮子狗，任凭你怎样去饲养。我知道许多人一辈子注意卫生，一辈子仍是不很强壮，就吃亏在先天不足；我也知道许多人一辈子不知道什么叫作卫生，可是身体依然是坚实，他们生来就有一副铜筋铁骨。因此，我想到在体格方面，先天的基础好，比任何谨慎的后天的培养都要强；我们要想改变民族的体质，第一步要务是彻底地研究优生。在身体方面的优生，有三个要点必须注意。一、男女配合必须在发育完成之后，早婚必须绝对禁止。二、选择配偶的标准必须把身体强健放在第一位。我们应特别奖励强壮的男子配强壮的女子。以往男选女要林黛玉那样弱不禁风，工愁善病；女择男要潘安仁那样白面书生，风度儒雅。这种传统的理想必须打破。三、妇女在妊孕期内必须有极合理的调养，在生产后至少在三年之内须节制妊孕。先天的基础，母亲要奠立一大半，母亲的健康比父亲的更为重要。现在一般母亲在妊孕期劳作过度，营养不充分，而妊孕期的周率又太频繁，一年生产一次几是常事。这一点影响民族体格的健康比其他一切因素都较严重。以上三点体格优生要义我们必须灌注到每一个公民的头脑里去，在必要时，我们最好能用政府的力量帮助人民去切实施行。

至于后天的培养用不着多说，一般人都知道一些卫生常识。第一是营养必须适宜。目前物价昂贵，一般青年们正当发育的年龄，不能得到最低限度的营养，以致危害到健康。这是一个很严重的现象，政教当局必须彻底认识，急图补救。其次是生活必须有规律，起居饮食，劳作休息，都须有一定的时候，一定的分量，一定的节奏。在这一点，我们中国人的习惯很差。迟睡晚起，打牌可以打通宵，平时饮食不够营养的标准，进馆子就得把肚皮涨破，劳作者整天不得休息，游手好闲者整天不做工作，如此等类的毛病都是酿成民族羸弱的因素。单就青年说，目前各学校的功课都太繁重，营养所产生的力量过少，功课担负所要求的力量过多，供不应求，逼成虚耗。这也是一个很严重的现象。要教育合理化，各级学校的课程必须尽量裁汰。第三是心境要宽和冲淡，少动气，少存杂念。我国古代养生家素来特重这一点，所以说："养生莫善于寡欲。"我们近代人对此点似多认为陈腐，其实这很可惜。近代社会复杂，刺激特多，越近于文明，越远于自然，处处都是扰乱心志的事物，就是处处逼我们打消耗战。我们必须淡泊宁静，以逸待劳。这不但可以养生，也可以使学问事业得到较大的成就。

如果做到上面几点，我相信一个人不会不健康。健康的生活是正常的自然的。健康的最大秘诀就在使生活是正常的自然的。近代人谈体育，多专指运动，其实专就健康而言，运动是体育的下乘节目。运动的要义在使血液流通，筋肉平均发展，脑筋与筋肉互换劳息。这三点在普通劳作方面也可以办到。自然人都很健康，除渔猎耕作及舞蹈以外，别无所谓运动，而身体却大半很强健。不过运动确也有不能用普通劳作代替的地方。第一，它是比较的科学化，顾到全身筋肉脉络的有系统的调摄和锻炼。在近代社会中分工细密，许多人只用一部分筋肉去劳作，有系统的运动实为必要。第二，运动带有团体娱乐的意味，是群育的最好工具。在中国古代，射以观德；近代西方人也说运动可以养成“公平游艺”（fair play），一个公平正直的人有“运动家的风度”（sportsmanship）。要训练合作互助、尊重纪律的精神，最好的场所是运动场。威灵顿说：“滑铁卢的胜仗，是在义敦和哈罗两校运动场上打来的。”就是因为这个道理。从这两点说，我们亟须提倡运动。不过以往饲养选手替学校争门面的办法必须废除。运动必须由学校推广到全社会，成为每个人日常生活中一个节目，如吃饭睡觉一样，它才能于全民族的健康有所补助。

谈价值意识

自然界事物纷纭错杂，人能不为之迷惑，赖有两种发现：一是条理，一是分寸。

“物有本末，事有终始，知所先后，则近道矣。”

我初到英国读书时，一位很爱护我的教师——辛博森先生——写了一封很恳切的长信，给我讲为人治学的道理，其中有一句话说：“大学教育在使人有正确的价值意识，知道权衡轻重。”于今事隔二十余年，我还很清楚地记得这句看来颇似寻常的话。在当时，我看到了有几分诧异，心里想：大学教育的功用就不过如此吗？这二三十年的人生经验才逐渐使我明白这句话的分量。我有时虚心检点过去，发现了我每次的过错或失败都恰是当人生歧路，没有能权衡轻重，以至去取失当。比如说，我花去许多工夫读了一些于今看来是值不得读的书，做了一些于今看来是值不得做的文章，尝试了一些于今看来是值不得尝试的事，这样地就把正经事业耽误了。好比行军，没有侦出要塞，或是侦出要塞而不尽力去击破，只在无战争重要性的角落徘徊摸索，到精力消耗完了还没碰着敌人，这岂不是愚蠢？

我自己对于这种愚蠢有切身之痛，每衡量当世人物，也欢喜审察他们有没有犯同样的毛病。有许多在学问思想方面极为我所敬佩的人，希望本来很大，他们如果死心塌地做他们的学问，成就必有可观。但是因为他们在社会上名望很高，每个学校都要请他们演讲，每个机关都要请他们担任职务，每个刊物都要请他们做文章，这样一来，他们不能集中力量去做一件事，用非其长，长处不能发展，不久也就荒废了。名位是中国学者的大患。没有名位去挣扎求名位，旁驰博骛，用心不专，是一种浪费；既得名位而社会视为万能，事事都来打搅，惹得人心花意乱，是一种更大的浪费。“古之学者为己，今之学者为人。”在“为人”、“为己”的冲突中，“为人”是很大的诱惑。学者遇到这种诱惑，必须知所轻重，毅然有所取舍，否则随波逐流，不旋踵就有没落之祸。认定方向，立定脚跟，都需要很深厚的修养。

“正其谊不谋其利，明其道不计其功”，是儒家在人生理想上所表现的价值意识。“学也禄在其中”，既学而获禄，原亦未尝不可；为干禄而求学，或得禄而忘学便是颠倒本末。我国历来学子正坐此弊。记得从前有一个学生刚在中学毕业，他的父亲就要他做事谋生，有友人劝阻他说："这等于吃稻种。"这句聪明话可表现一般家长视教育子弟为投资的心理。近来一般社会重视功利，青年学子便以功利自期，入学校只图混资格作敲门砖，对学问没有浓厚的兴趣，至于立身处世的道理更视为迂阔而远于事情。这是价值意识的混乱。教育的根基不坚实，影响到整个社会风气以至于整个文化。轻重倒置，急其所应缓，缓其所应急，这种毛病在每个人的生活上、在政治上、在整个文化动向上都可以看见。近来我看了英人贝尔的《文化论》（Clive Bell：*Civilization*），其中有一章专论价值意识为文化要素，颇引起我的一些感触。贝尔专从文化观点立论，我联想到"价值意识"在人生许多方面的意义。这问题值得仔细一谈。

自然界事物纷纭错杂，人能不为之迷惑，赖有两种发现：一是条理，一是分寸。条理是联系线索，分寸是本末轻重。有了条理，事物才能分别类居，不相杂乱；有了分寸，事物才能尊卑定位，各适其宜。条理是横面上的秩序，分寸是纵面上的等差。条理在大体上是纯理活动的产品，是偏于客观的；分寸的鉴别则有赖于实用智慧，常为情感意志所左右，带有主观的成分。别条理，审分寸，是人类心灵的两种最大的功能。一般自然科学在大体上都是别条理的事，一般含有规范性的学术如文艺、伦理、政治之类都是审分寸的事。这两种活动有时相依为用，但是别条理易，审分寸难。一个稍有逻辑修养的人大半能别条理，审分寸则有待于一般修养。它不仅是分析，而且是衡量；不仅是知解，而且是抉择。“厩焚，子退朝，曰：‘伤人乎？’不问马。”这件事本很琐细，但足见孔子心中所存的分寸，这种分寸是他整个人格的表现。

所谓审分寸，就是辨别紧要的与琐屑的，也就是有正确的价值意识。“价值”是一个哲学上的术语，有些哲学家相信世间有绝对价值，永住常在，不随时空及人事环境为转移，如康德所说的道德责任，黑格尔所说的永恒公理。但是就一般知解说，价值都有对待，高下相形，美丑相彰，而且事物自身本无价值可言，其有价值，是对于人生有效用，效用有大小，价值就有高低。这所谓“效用”自然是指极广义的，包含一切物质的和精神的实益，不单指狭义功利主义所推崇的安富尊荣之类。作为这样的解释，价值意识对于人生委实是重要。人生一切活动，都各追求一个目的，我们必须先估定这目的有无追求的价值。如果根本没有价值而我们去追求，只追求较低的价值，我们就打错了算盘，没有尽量地享受人生最大的好处。有正确的价值意识，我们对于可用的力量才能作最经济的分配，对于人生的丰富意味才能尽量榨取。人投生在这个世界里如入珠宝市，有任意采取的自由，但是货色无穷，担负的力量不过百斤。有人挑去瓦砾，有人挑去钢铁，也有人挑去珠玉，这就看他们的价值意识如何。

价值意识的应用范围极广。凡是出于意志的行为都有所抉择，有所排弃。在各种可能的途径之中择其一而弃其余，都须经过价值意识的审核。小而衣食行止，大而道德学问事功，无一能为例外。

价值通常分为真善美三种。先说真，它是科学的对象。科学的思考在大体上虽偏于别条理，却也须审分寸。它分析事物的属性，必须辨别主要的与次要的；推求事物的成因，必须辨别自然的与偶然的；归纳事例为原则，必须辨别貌似有关的与实际有关的。苹果落地是常事，只有牛顿抓住它的重要性而发明引力定律；蒸汽上腾是常事，只有瓦特抓住它的重要性而发明蒸汽机。就一般学术研究方法说，提纲挈领是一套紧要的功夫，囫囵吞枣必定是食而不化。提纲挈领需要很锐敏的价值意识。

次说美，它是艺术的对象。艺术活动通常分欣赏与创造。欣赏全是价值意识的鉴别，艺术趣味的高低全靠价值意识的强弱。趣味低，不是好坏无鉴别，就是欢喜坏的而不了解好的。趣味高，只有真正好的作品才够味，低劣作品可以使人作呕。艺术方面的爱憎有时更甚于道德方面的爱憎，行为的失检可以原谅，趣味的低劣则无可容恕。至于艺术创造更步步需要谨严的价值意识。在作品酝酿中，许多意象纷呈，许多情致泉涌，当兴高采烈时，它们好像八宝楼台，件件惊心夺目，可是实际上它们不尽经得起推敲，艺术家必能知道割爱，知道剪裁洗练，才可披沙拣金。这是第一步。已选定的材料需要分配安排，每部分的分量有讲究，各部分的先后位置也有讲究。凡是艺术作品必有头尾和身材，必有浓淡虚实，必有着重点与陪衬点。“譬如北辰，居其所，而众星拱之。”艺术作品的意思安排也是如此。这是第二步。选择安排可以完全是胸中成竹，要把它描绘出来，传达给别人看，必借特殊媒介，如图画用形色，文学用语言。一个意思常有几种说法，都可以说得大致不差，但是只有一种说法，可以说得最恰当妥帖。艺术家对于所用媒介必有特殊敏感，觉得大致不差的说法实在是差以毫厘，谬以千里，并且在没有碰着最恰当的说法以前，心里就安顿不下去，他必肯呕出心肝去推敲，这是第三步。在实际创造时，这三个步骤虽不必分得如此清楚，可是都不可少，而且每步都必有价值意识在鉴别审核。每个大艺术家必同时是他自己的严厉的批评者。一个人在道德方面需要良心，在艺术方面尤其需要良心。良心使艺术家不苟且敷衍，不甘落下乘。艺术上的良心就是谨严的价值意识。

再次说善，它是道德行为的对象。人性本可与为善，可与为恶，世间善人少而不善人多，可知为恶易而为善难。为善所以难者，道德行为虽根于良心，当与私欲相冲突，胜私欲需要极大的意志力。私欲引人朝抵抗力最低的路径走，而道德行为往往朝抵抗力最大的路径走。这本有几分不自然。但是世间终有人为履行道德信条而不惜牺牲一切者，即深切地感觉到善的价值。“朝闻道，夕死可矣。”孔子醇儒，向少作这样侠士气的口吻，而竟说得如此斩截者，即本于道重于生命一个价值意识。古今许多忠臣烈士宁杀身以成仁，也是有见于此。从短见的功利观点看，这种行为有些傻气。但是人之所以为人，就贵在这点傻气。说浅一点，善是一种实益，行善社会才可安宁，人生才有幸福。说深一点，善就是一种美，我们不容行为有瑕疵，犹如不容一件艺术作品有缺陷。求行为的善，即所以维持人格的完美与人性的尊严。善的本身也有价值的等差。“礼与其奢也宁俭，丧与其奢也宁戚。”重在内心不在外表。“男女授受不亲，嫂溺援之以手”，重在权变不在据守条文。“人尽夫也，父一而已”，重在孝不在爱。忠孝不能两全时，先忠而后孝。以德报怨，即无以报德，所以圣人主以直报怨。“其父攘羊，其子证之”，为国法而伤天伦，所以圣人不取。子夏丧子失明而丧亲民无所闻，所以为曾子所呵责。孔子自己的儿子死只有棺，所以不肯卖车为颜渊买椁。齐人拒嗟来之食，义本可嘉，施者谢罪仍坚持饿死，则为太过。有无相济是正当道理，微生高乞醯以应邻人之求，不得为直。战所以杀敌制胜，宋襄公不鼓不成列，不得为仁。这些事例有极重大的，有极寻常的，都可以说明权衡轻重是道德行为中的紧要工夫。道德行为和艺术一样，都要做得恰到好处。这就是孔子所谓“中”，孟子所谓“义”。中者无过无不及，义者事之宜。要事事得其宜而无过无不及，必须有很正确的价值意识。

真善美三种价值既说明了，我们可以进一步谈人生理想。每个人都不免有一个理想，或为温饱，或为名位，或为学问，或为德行，或为事功，或为醇酒妇人，或为斗鸡走狗，所谓“从其大体者为大人，存其小体者为小人”。这种分别究竟以什么为标准呢？哲学家们都承认：人生最高目的是幸福。什么才是真正的幸福？对于这问题也各有各的见解。积学修德可被看成幸福，饱食暖衣也可被看成幸福。究竟谁是谁非呢？我们从人的观点来说，须认清人的高贵处在哪一点。很显然地，在肉体方面，人比不上许多动物，人之所以高于禽兽者在他的心灵。人如果要充分地表现他的人性，必须充实他的心灵生活。幸福是一种享受。享受者或为肉体，或为心灵。人既有肉体，即不能没有肉体的享受。我们不必如持禁欲主义的清教徒之不近人情，但是我们也须明白：肉体的享受不是人类最上的享受，而是人类与鸡豚狗彘所共有的。人类最上的享受是心灵的享受。哪些才是心灵的享受呢？就是上文所述的真善美三种价值。学问、艺术、道德几无一不是心灵的活动，人如果在这三方面达到最高的境界，同时也就达到最幸福的境界。一个人的生活是否丰富，这就是说，有无价值，就看他对于心灵或精神生活的努力和成就的大小。如果只顾衣食饱暖而对于真善美漫不感觉兴趣，他就成为一种行尸走肉了。这番道理本无深文奥义，但是说起来好像很迂阔。灵与肉的冲突本来是一个古老而不易化除的冲突。许多人因顾到肉遂忘记灵，相习成风，心灵生活便被视为怪诞无稽的事。尤其是近代人被“物质的舒适”

一个观念所迷惑，大家争着去拜财神，财神也就笼罩了一切。“哀莫大于心死”，而心死则由于价值意识的错乱。我们如想改正风气，必须改正教育；想改正教育，必须改正一般人的价值意识。

谈美感教育

爱美是人类天性，必须趁适当时机去培养，否则像花草不及时下种及时培植一样，就会凋残萎谢。

世间事物有真善美三种不同的价值，人类心理有知情意三种不同的活动。这三种心理活动恰和三种事物价值相当。真关于知，善关于意，美关于情。人能知，就有好奇心，就要求知，就要辨别真伪，寻求真理。人能发意志，就要想好，就要趋善避恶，造就人生幸福。人能动情感，就爱美，就欢喜创造艺术，欣赏人生自然中的美妙境界。求知、想好、爱美，三者都是人类天性；人生来就有真善美的需要，真善美具备，人生才完美。

教育的功用就在顺应人类求知、想好、爱美的天性，使一个人在这三方面得到最大限度的调和的发展，以达到完美的生活。“教育”一词在西文为education，是从拉丁动词educare来的，原义是“抽出”，所谓“抽出”就是“启发”。教育的目的在“启发”人性中所固有的求知、想好、爱美的本能，使它们尽量伸展。中国儒家的最高的人生理想是“尽性”。他们说：“能尽人之性则能尽物之性，能尽物之性则可以赞天地之化育。”教育的目的可以说就是使人“尽性”，“发挥性之所固有”。

物有真善美三面，心有知情意三面，教育求在这三方面同时发展，于是有智育，德育，美育三节目。智育叫人研究学问，求知识，寻真理；德育叫人培养良善品格，学做人处世的方法和道理；美育叫人创造艺术，欣赏艺术与自然，在人生世相中寻出丰富的兴趣。三育对于人生本有同等的重要，但是在流行教育中，只有智育被人看重，德育在理论上的重要性也还没有人否认，至于美育则在实施与理论方面都很少有人顾及。二十年前蔡孑民先生一度提倡过“美育代宗教”，他的主张似没有发生多大的影响。还有一派人不但忽略美育，而且根本仇视美育。他们仿佛觉得艺术有几分不道德，美育对于德育有妨碍。希腊大哲学家柏拉图就以为诗和艺术是说谎的，逢迎人类卑劣情感的，多受诗和艺术的熏染，人就会失去理智的控制而变成情感的奴隶，所以他对诗人和艺术家说了一番客气话之后，就把他们逐出“理想国”的境外。中世纪耶稣教徒的态度很类似。他们以倡苦行主义求来世的解脱，文艺是现世中一种快乐，所以被看成一种罪孽。近代哲学家中卢梭是平等自由说的倡导者，照理应该能看得宽远一点，但是他仍是怀疑文艺，因为他把文艺和文化都看成朴素天真的腐化剂。托尔斯泰对近代西方艺术的攻击更丝毫不留情面，他以为文艺常传染不道德的情感，对于世道人心影响极坏。他在《艺术论》里说："每个有理性有道德的人应该跟着柏拉图以及耶回教师，把这问题重新这样决定：宁可不要艺术，也莫再让现在流行的腐化虚伪的艺术继续下去。"

这些哲学家和宗教家的根本错误在认定情感是恶的，理性是善的，人要能以理性镇压感情，才达到至善。这种观念何以是错误的呢？人是一种有机体，情感和理性既都是天性固有的，就不容易拆开。造物不浪费，给我们一份家当就有一份的用处。无论情感是否可以用理性压抑下去，纵是压抑下去，也是一种损耗，一种残废。人好比一棵花草，要根茎枝叶花实都得到平均的和谐的发展，才长得繁茂有生气。有些园丁不知道尽草木之性，用人工去歪曲自然，使某一部分发达到超出常态，另一部分则受压抑摧残。这种畸形发展是不健康的状态，在草木如此，在人也是如此。理想的教育不是摧残一部分天性而去培养另一部分天性，以致造成畸形的发展；理想的教育实让天性中所有的潜蓄力量都得尽量发挥，所有的本能都得平均调和发展，以造成一个全人。所谓“全人”除体格强壮以外，心理方面真善美的需要必都得到满足。只顾求知而不顾其他的人是书虫，只讲道德而不顾其他的人是枯燥迂腐的清教徒，只顾爱美而不顾其他的人是颓废的享乐主义者。这三种人都不是全人而是畸形人，精神方面的驼子、跛子。养成精神方面的驼子、跛子的教育是无可辩护的。

美感教育是一种情感教育。它的重要我们的古代儒家是知道的。儒家教育特重诗，以为它可以兴观群怨；又特重礼乐，以为“礼以制其宜，乐以导其和”。《论语》有一段话总述儒家教育宗旨说：“兴于诗，立于礼，成于乐。”诗、礼、乐三项可以说都属于美感教育。诗与乐相关，目的在怡情养性，养成内心的和谐（harmony）；礼重仪节，目的在使行为仪表就规范，养成生活上的秩序（order）。蕴于中的是性情，受诗与乐的陶冶而达到和谐；发于外的是行为仪表，受礼的调节而进到秩序。内具和谐而外具秩序的生活，从伦理观点看，是最善的；从美感观点看，也是最美的。儒家教育出来的人要在伦理和美感观点都可以看得过去。

这是儒家教育思想中最值得注意的一点。他们的着重点无疑地是在道德方面，德育是他们的最后鹄的，这是他们与西方哲学家、宗教家柏拉图和托尔斯泰诸人相同的。不过他们高于柏拉图和托尔斯泰诸人，因为柏拉图和托尔斯泰诸人误认美育可以妨碍德育，而儒家则认定美育为德育的必由之径。道德并非陈腐条文的遵守，而是至性真情的流露。所以德育从根本做起，必须怡情养性。美感教育的功用就在怡情养性，所以是德育的基础功夫。严格地说，善与美不但不相冲突，而且到最高境界根本是一回事，它们的必有条件同是和谐与秩序。从伦理观点看，美是一种善；从美感观点看，善也是一种美，所以在古希腊文与近代德文中，美善只有一个字，在中文和其他近代语文中，“善”与“美”二字虽分开，仍可互相替用。真正的善人对于生活不苟且，犹如艺术家对于作品不苟且一样。过一世生活好比做一篇文章，文章求惬心贵当。

我们嫌恶行为上的卑鄙龌龊，不仅因其不善，也因其丑，我们赞赏行为上的光明磊落，不仅因其善，也因其美，一个真正有美感修养的人必定同时也有道德修养。

美育为德育的基础，英国诗人雪莱在《诗的辩护》里也说得透辟。他说：

> 道德的大原在仁爱，在脱离小我，去体验我以外的思想行为和体态的美妙。一个人如果真正做善人，必须能深广地想象，必须能设身处地替旁人想，人类的忧喜苦乐变成他的忧喜苦乐。要达到道德上的善，最大的途径是想象；诗从这根本上做功夫，所以能发生道德的影响。

换句话说，道德起于仁爱，仁爱就是同情，同情起于想象。比如你哀怜一个乞丐，你必定先能设身处地地想象他的痛苦。诗和艺术对于主观的情境必能“出乎其外”，对于客观的情境必能“入乎其中”，在想象中领略它、玩索它，所以能扩大想象，培养同情。这种看法也与儒家学说暗合。儒家在诸德中特重“仁”，“仁”近于耶稣教的“爱”、佛教的“慈悲”，是一种天性，也是一种修养。仁的修养就在诗。儒家有一句很简赅深刻的话：“温柔敦厚，诗教也。”诗教就是美育，温柔敦厚就是仁的表现。

美育不但不妨害德育而且是德育的基础，如上所述。不过美育的价值还不仅在此。西方人有一句恒言说：“艺术是解放的，给人自由的。”（Art is liberative.）这句话最能见出艺术的功用，也最能见出美育的功用。现在我们就在这句话的意义上发挥。从哪几方面看，艺术和美育是“解放的，给人自由的”呢？

第一，是本能冲动和情感的解放。人类生来有许多本能冲动和附带的情感，如性欲、生存欲、占有欲、爱、恶、怜、惧之类。本自然倾向，它们都需要活动，需要发泄。但是在实际生活中，它们不但常彼此互相冲突，而且与文明社会的种种约束如道德、宗教、法律、习俗之类不相容。我们每个人都知道，本能冲动和欲望是无穷的，而实际上有机会实现的却寥寥有数。我们有时察觉到本能冲动和欲望不大体面，不免起羞恶之心，硬把它们压抑下去；有时自己对它们虽不羞恶而社会的压力过大，不容它们赤裸裸地暴露，也还是被压抑下去。性欲是一个最显著的例。从前哲学家、宗教家大半以为这些本能冲动和情感都是卑劣的、不道德的、危险的，承认压抑是最好的处置。他们的整部道德信条有时只在理智镇压情欲。我们在上文指出这种看法的不合理，说它违背平均发展的原则，容易造成畸形发展。其实它的祸害还不仅此。弗洛伊德（Freud）派心理学告诉我们，本能冲动和附带的情感仅可暂时压抑而不可永远消灭，它们理应有自由活动的机会，如果勉强被压抑下去，表面上像是消灭了，实际上在隐意识里凝聚成精神上的疮疖，为种种变态心理和精神病的根源。依弗洛伊德看，我们现代文明社会中人因受到的宗教、法律、习惯的裁制，本能冲动和情感常难得正常的发泄，大半都有些“被压抑的欲望”所凝成的“情意综”（complexes）。这些情意综潜蓄着极强烈的捣乱力，一旦爆发，就成精神上种种病态。但是这种潜力可以借文艺而发泄，因为文艺所给的是想象世界，不受现实世界的束缚和冲突，在这想象世界中，欲望可以用“望梅止渴”的办法得到满足。文艺还把带有野蛮性的本能冲动和情感提到一个较高尚较纯洁的境界去活动，所以有升华作用（sublimation）。有了文艺，本能冲动和情感才得自由发泄，不至凝成疮疖，酿成精神病，它的功用有如机器方面的“安全瓣”（safety volve）。弗洛伊德的心理学有时近于怪诞，但实含有一部分真理。文艺和其他美感活动给本能冲动和情感以自由发泄的机会，在日常经验中也可以得到证明。我们每当愁苦无聊时，费一点工夫来欣赏艺术作品或自然风景，满腹的牢骚就马上烟消云散了。读古人痛快淋漓的文章，我们常有“先得我心”的感觉。看过一部戏或是读过一部小说之后，我们觉得曾经紧张了一阵是一件痛快事。这些快感都起于本能冲动和情感在想象世界中得解放。最好的例子是歌德著《少年维特之烦恼》的经过。他少时爱过一个已经许人的女子，心里痛苦至极，想自杀以了一切。有一天他听到一位朋友失恋自杀的消息，想到这事和他自己的境遇相似，可以写成一部小说。他埋头两礼拜，写成《少年维特之烦恼》，把自己心中怨慕愁苦的情绪一齐倾泻到书里，书成了，他的烦恼便去了，自杀的念头也消了。从这实例看，文艺确有解放情感的功用，而解放情感对于心理健康也确有极大的裨益，我们通常说一个人情感要有所寄托，才不至苦恼烦闷，文艺是大家公认为寄托情感的最好的处所。所谓“情感有所寄托”还是说它要有地方可以活动，可得解放。

其次，是眼界的解放。宇宙生命时时刻刻在变动进展中，古希腊哲人有“濯足急流，抽足再入，已非前水”的譬喻，所以在这种变动进展的过程中每一时每一境都是个别的、新鲜的、有趣的。美感经验并无深文奥义，它只在人生世相中见出某一时某一境特别新鲜有趣而加以流连玩味，或者把它描写出来。这句话中“见”字最紧要。我们一般人对于本来在那里的新鲜有趣的东西不容易“见”着。这是什么缘故呢？不能“见”，必有所蔽。我们通常把自己囿在习惯所画成的狭小圈套里，让它把眼界“蔽”着，使我们对它以外的世界都视而不见、听而不闻。比如我们如果囿于饮食男女，饮食男女以外的事物就见不着；囿于奔走钻营，奔走以外的事就见不着。有人向海边农夫称赞他的门前海景美，他很羞涩地指着屋后花园说：“海没有什么，屋后的一园菜倒还不差。”一园菜囿住了他，使他不能见到海景美。我们每个人都有所囿，有所蔽，许多东西都不能见，所见到的天地是非常狭小的、陈腐的、枯燥的。诗人和艺术家所以超过我们一般人者就在情感比较真挚、感觉比较锐敏、观察比较深刻、想象比较丰富。我们“见”不着的他们“见”得着，并且他们“见”得到就说得出，我们本来“见”不着的他们“见”着说出来了，就使我们也可以“见”着。像一位英国诗人所说的，他们“借他们的眼睛给我们看”（they lend their eyes for us to see）。中国人爱好自然风景的趣味是陶、谢、王、韦诸诗人所传染的。在威廉·透纳（William Turner）和惠斯勒（Whistler）以前，英国人就没有注意到泰晤士河上有雾。拜伦（Byron）以前，欧洲人很少赞美威尼斯。前一世纪的人崇拜自然，常咒骂城市生活和工商业文化，但是现代美国、俄国的文学家有时把城市生活和工商业文化写得也很有趣。人生的罪孽灾害通常只引起愤恨，悲剧却教我们于罪孽灾祸中见出伟大庄严；丑陋乖讹通常只引起嫌恶，喜剧却教我们在丑陋乖讹中见出新鲜的趣味。伦勃朗（Rembrandt）画过一些疲癃残疾的老人以后，我们见出丑中也还有美。象征诗人出来以后，许多一纵即逝的情调使我们觉得精细微妙，特别值得留恋。文艺逐渐向前伸展，我们的眼界也逐渐放大，人生世相越显得丰富华严。这种眼界的解放给我们不少的生命力量，我们觉得人生有意义、有价值，值得活下去。许多人嫌生活干燥，烦闷无聊，原因就在缺乏美感修养，见不着人生世相的新鲜有趣。这种人最容易堕落颓废，因为生命对于他们失去意义与价值。“哀莫大于心死”，所谓“心死”就是对于人生世相失去解悟与留恋，就是不能以美感态度去观照事物。美感教育不是替有闲阶级增加一件奢侈，而是使人在丰富华严的世界中随处吸收支持生命和推展生命的活力。朱子有一首诗说：“半亩方塘一鉴开，天光云影共徘徊。问渠哪得清如许？为有源头活水来。”这诗所写的是一种修养的胜境。美感教育给我们的就是“源头活水”。

第三，是自然限制的解放。这是德国唯心派哲学家康德、席勒、叔本华、尼采诸人所最着重的一点，现在我们用浅近语来说明它。自然世界是有限的，受因果律支配的，其中毫末细故都有它的必然性，因果线索命定它如此，它就丝毫移动不得。社会由历史铸就，人由遗传和环境造成。人的活动寸步离不开物质生存条件的支配，没有翅膀就不能飞，绝饮食就会饿死。由此类推，人在自然中是极不自由的。动植物和非生物一味顺从自然，接受它的限制，没有过分希冀，也就没有失望和痛苦。人却不同，他有心灵，有不可压的欲望，对于无翅不飞、绝食饿死之类事实总觉得有些歉然。人可以说是两重奴隶，第一服从自然的限制，其次要受自己的欲望驱使。以无穷欲望处有限自然，人便觉得处处不如意、不自由，烦闷苦恼都由此起。专就物质说，人在自然面前是很渺小的，它的力量抵不住自然的力量，无论你有如何大的成就，到头终不免一死，而且科学告诉我们，人类一切成就到最后都要和诸星球同归于毁灭，在自然圈套中求征服自然是不可能的，好比孙悟空跳来跳去，终跳不出如来佛的掌心。但是在精神方面，人可以跳开自然的圈套而征服自然，他可以在自然世界之外另在想象中造出较能合理慰情的世界。这就是艺术的创造。在艺术创造中可以把自然拿在手里来玩弄，剪裁它、锤炼它，重新给以生命与形式。每一部文艺杰作以至于每人在人生自然中所欣赏到的美妙世界都是这样创造出来的。美感活动是人在有限中所挣扎得来的无限，在奴属中所挣扎得来的自由。在服从自然限制而汲汲于饮食男女的寻求时，人是自然的奴隶；在超脱自然限制而创造欣赏艺术境界时，人是自然的主宰，换句话说，就是上帝。多受些美感教育，就是多学会如何从自然限制中解放出来，由奴隶变成上帝，充分地感觉人的尊严。

爱美是人类天性，凡是天性中所固有的必须趁适当时机去培养，否则像花草不及时下种及时培植一样，就会凋残萎谢。达尔文在自传里懊悔他一生专在科学上做功夫，没有把年轻时对于诗和音乐的兴趣保持住，到老来他想用诗和音乐来调剂生活的枯燥，就抓不回年轻时那种兴趣，觉得从前所爱好的诗和音乐都索然无味。他自己说这是一部分天性的麻木。这是一个很好的前车之鉴。美育必须从年轻时就下手，年纪越大，外务越纷繁，习惯的牢笼越坚固，感觉越迟钝，心里越复杂，欣赏艺术力也就越薄弱。我时常想，无论学哪一科专门学问，干哪一行职业，每个人都应该会听音乐，不断地读文学作品，偶尔有欣赏图画、雕刻的机会。在西方社会中这些美感活动是每个受教育者的日常生活中的重要节目。我们中国人除专习文学艺术者以外，一般人对于艺术都漠不关心，这是最可惋惜的事。它多少表示民族生命力的衰弱与精神的颓靡。从历史看，一个民族在最兴旺的时候，艺术成就必伟大，美育必发达。史诗悲剧时代的古希腊、文艺复兴时代的意大利、莎士比亚时代的英国、歌德和贝多芬时代的德国都可以为证。我们中国人古代对于诗乐舞的嗜好也极普遍。《诗经》《礼记》《左传》诸书所记载的歌乐舞的盛况常使人觉得仿佛置身近代欧洲社会。孔子处周衰之际，特置慨于诗亡乐坏，也是见到美育与民族兴衰的关系密切。现在我们要想复兴民族，必须恢复周以前歌乐舞的盛况，这就是说，必须提倡普及的美感教育。

耶鲁—复旦国际福克斯基金项目“WTO 体制下的国际行政法”研究成果，项目编号：(04) 纽教（文）证字 960

上海市人大项目“国际金融中心建设规制立法比较研究——以中美金融消费者保护为中心”研究成果，项目编号：2010RD10LX075

代自序

“全球化”指的是那样一些过程，它们利于创造并巩固一个统一的世界经济，一个单一的生态系统，一个综合性的通信网络。[①] 关于全球化的宣示到处可见：一国股票市场的跌宕起伏可瞬间影响世界、大国的金融和财政政策会有全球范围的影响、食品药品安全不再是一国国内的事情、大众传媒使文化不再有国家边界……[②]随着经济全球化的发展，世界经济关系渐趋发达，也日益复杂，世界大多数国家相互之间的经济利益也变得密切相关、休戚与共。为了造就良好的世界经济秩序，解决世界经济发展中的自由、公平与可持续发展等问题，各个国家或地区共同设立了诸如 WTO 这样的国际/区域经济规制组织。该类组织在运作过程中获得了越来越多协调、干预成员之间或成员内部经济关系的机会。受其影响，各成员内部出现了一类并非纯粹基于国家主权而被调整的经济关系。国际经济组织运用其权力而产生的社会关系，以及成员方在其影响下规制经济而生的关系，不同于各个

① ［英］威廉·退宁．全球化与法律理论［M］．钱向阳译，中国大百科全书出版社，2009：5.

② John H. Jackson，The Jurisprudence of GATT & the WTO. Beijing，Higher Education Press，2002：3.

国家和地区内的经济行政关系，而是一种新的类型，即国际经济行政关系。①

国际经济行政法正是基于前述经济全球化程度日益加深、世界贸易组织成立并发挥着越来越重要作用的社会背景下而提出的，其已成为一个日渐显现法律分支。② 德国学者罗尔夫·斯特博在《德国经济行政法》一书中对于其的阐释是："国际经济行政法是正处在发展之中的国际行政法的一个部分，是同国际私法相匹配的法律。国际经济行政法调整内外经济之间的法律关系。实质上，它是用来限制国内经济行政法规范适用范围的公法意义上的单边冲突规范（冲突法）。"因此，他将国际经济行政法定义为"调整在经济领域有涉外因素的法律关系的公法规范和关于在国际（即有涉外因素）的案件中适用哪种（本国的还是外国的）法律的私法规范的总和"。可见，罗尔夫·斯特博是将国际经济行政法定义为一种冲突法，而不包括实体法，这种定义的缺陷在于大大缩小了这个概念的覆盖范围，未关注到"国家间经济领域的行政法的国际协调及其国内化"这个研究客体其独立存在的意义和价值。我们对于国际经济行政法的定义为：系调整跨国经济行政关系的国际、国内公法规范、原则的综合，换言之，是协调国家政府规制市场经济的法律规范和原则；其内容，包括国家间关于经济行政管理规则的国际公法的法律规范，以及各国国内的涉外经

① 袁勇：《国际经济行政法》内容提要，载规范审查法律博客，http://falvshen.fyfz.cn/blog/falvshen/index.aspx？blogid=36043，最后访问时间：2012年1月7日9：52。

② 该领域研究主要论著包括但不限于：朱淑娣主编：《欧盟经济行政法通论》，东方出版中心，2000年版；朱淑娣主编：《运行中的国际经济行政法》，时事出版社，2002年版；朱淑娣著：《WTO体制下国际贸易救济审查制度研究》，时事出版社，2005年版；朱淑娣主著：《国际经济行政法》，学林出版社，2008年版。

济行政法。[①] 国际经济行政法律制度涵盖面广，包括国际贸易行政法律制度、国际金融行政法律制度、国际投资行政法律制度等。

在金融全球化的背景下，金融行政法律制度已经不能局限于一国的国界之内，全球和地区性的金融组织对于各国金融行政法律制度的影响至关重要。金融消费者权益行政法保护制度是金融行政法律制度的重要组成部分。20世纪中期以后，随着金融市场的高速发展，金融结构越来越复杂，金融创新日新月异，金融机构的种类、数量和业务规模都不断发展。[②] 各国对消费者保护的呼声愈来愈强，消费者保护逐渐被纳入到金融监管目标体系中，成为一项重要的监管内容。

在全球化的语境下，法学理论接受三方面的挑战：首先全球化和相互依赖对“黑箱理论”形成挑战，从而不再把国家、社会或法律制度当作离散的、封闭的实体，仅仅从内部或外部进行孤立的研究。[③] 其次，主流英美法律理论传统上只关注两类法律秩序：国内法和国际公法。然而在全球化下，对世界法律的描述必须是一幅更复杂的图画，包括已经确立的、又复兴的、正发展的、刚发育的，以及潜在的各种法律秩序形态。再次，关于概念辨析的问题，必须在全球化语境下超越不同法律文化的法律理论，进而构建起一个概念框架和元语言。[④] 由此，金融消费者权益行政法保护制度对上述挑战作出了积极的回应：首先，外部影响对地方性金融消费者权益行政法保护制度的发展意义重大。伴

① 朱淑娣．国际经济行政法［M］．学林出版社，2008.

② See Hudson Teslik, The US Financial Regulatory System, http://www.cfr.org/publication/17417/us_ financial_ regulatory_ system.html.

③ Brandy Dennis and Alberto Cuadra, Reinventing financialregulation, The Washington Post, 2010 -5 -21.

④ ［英］威廉．退宁．全球化与律学理论［M］．钱向阳译，中国大百科全书出版社，2009：65 -67.

随世界经济逐渐走出阴霾，着眼于避免系统性金融危机，西方主要发达国家着手金融监管体系改革，国际社会以及各主要国家进行的金融监管改革中，对于金融消费者权益的保护措施对世界其他国家产生重大影响。其次，国内法、国家经济主权越来越多地被干涉，跨国性的商业习惯、交易法则对一国金融规制法律影响深远。跨国性的金融行业习惯、交易法则在全球范围内潜伏着无限的金融系统风险，从而各国不约而同地将防范系统风险、保护金融消费者作为金融规制的主要目标。再次，“金融消费者”这一概念尽管在不同地域的制度下有着不同的意义，但在金融全球化的影响下日趋同质化。[①] 在此过程中，国际社会的影响不可忽略，如2011年10月《二十国集团金融消费者保护高层原则》提出金融消费者的概念，并列举了金融消费者保护应当涉及的基本领域和应当遵循的基本原则，这无疑对各金融主权国家制定相关规范起到了一定的指引作用。[②] 上述无论从学理还是实践中体现的金融消费者权益行政法保护制度对全球化的回应，无不揭示出国际经济行政法的五个重要属性，即国际性、法律性、经济性、公法性以及行政性。

一、国际性：金融消费者权益行政法律保护制度的区域跨度

“国际”（international）一词，作为定语，历来就有两种用法：一是专用于修饰国家政府与国家政府之间某些行为或某些事务，诸如“国际谈判”、“国际条约”、“国际战争”、“国际均势”等等；二是泛用于修饰超越一国国界的各种行为或各种事

① See A Carlsberg，(1992) 37，New York Law School Law Rev，285.

② Brandy Dennis and Alberto Cuadra，Reinventing financial regulation，the Washington Post，2010 -5 -21.

务，诸如“国际往来”、“国际运输”、“国际旅游”、“国际影响”等等，即跨国（transnational）。国际经济行政法的国际性体现在其包含了国家间关于经济行政管理规制的国际公法法律规范，以及各国国内的涉外经济行政法，具备了国际性、跨国性及涉外性。[①]

金融消费者权益行政法律保护制度体现了以上两个层面的国际性。作为金融大国，金融领域的消费者不仅包括本国公民，也包括大量的外国投资者、消费者。金融消费者权益行政法律保护制度遵循国际公法法律规范的原则与规则，包括双边、多边、区域性或全球性协定、公约，因而充分体现了其“国际性”。[②] 此外，金融消费者权益行政法律保护制度有涉外性，调整的是一国政府与具有涉外因素的市场经济主体之间的经济管理关系，因此体现了“跨国”的国际性。具体而言，金融消费者行政法保护的国际约束首先表现为相关人权保护的重要国际条约，比如国际金融条约与惯例，包括目的在于推动成员方金融市场的开放的：《服务贸易总协定》（GATS），有关金融服务的《第五协定书》；有关审慎规制监管的、巴塞尔银行业监管委员会制定的《有效银行监管的核心原则》以及《跨国银行业监管》等文件。其他国际组织如国际证券委员会组织（IOSCO）、国际保险监督官协会以及国际基金组织等机构发布的促进金融监管者合作和协调而制定最低标准的文件，以及世界银行的金融业评估项目（Financial Sector

① Daniel Lamb, A Specter is Haunting the Financial Industry—The Specter of the Global Financial Crisis: A Comment on the Imminent Expansion of Consumer Financial Protection in the United States, United Kingdom, and the European Union, Journal of the National Association of Administrative Law Judiciary 213, 216—217 (2011).

② Peter Cartwright, Consumer Protection in Financial Services, Kluwer Law International, 1999.

Assessment Program）均有涉及对金融领域消费者权益的保护要求。[①] 特别的，二十国集团于2011年10月通过的《二十国集团金融消费者保护高层原则》列举了金融消费者保护应当涉及的基本领域和应当遵循的基本原则，该文件就金融消费者保护的法律和监管框架、监管机构的职责、公平对待消费者、信息披露和透明度、金融教育和金融意识等原则做了规定。

二、法律性：金融消费者权益行政法律保护制度的约束力度

国际经济行政法无论是国际层面的国际公法法律规范及国际惯例，还是国内层面的涉外经济行政法，其本质都是法律，都有法律的普遍约束力。

对于一国金融行政法律保护制度而言，首先在其国内进行的涉及金融交易行为的任何市场主体都必须遵守该国相关的要求；而国家的行政主体对金融市场参与者的保护/管理行为也必须符合相关的规定，否则将承担法律责任。[②] 此外，由于各国根据所签署的关于货物贸易与服务贸易的国际公约、条约、协定以及属于公法性质的各种国际惯例，必须遵守"有诺必允"的国际法原则，以保证国内法律符合国际法的要求，因此该国关于金融市场参与者行政保护的立法、行政、司法要求符合国际法中的承诺，从而具备了法律的强制力。

在我国金融市场对外准入与经营方面，我国的现实作法体现了入世时作出的承诺。我国银行业对一般银行业务、非银行

① Robert W. Hamilton, Cases and Materials on Corporations, Weast Publishing Co., 1986: 523.

② Peter Cartwright. Banks, Consumers and Regulation [M]. Oregon: Hart Publishing, 2004: 4.

金融机构从事的汽车消费信贷等业务按照承诺取消了对外国机构的限制。对于金融领域消费者权益的行政法保护制度当然适用于准入的外国金融机构（以及可以从事金融业务的非金融机构）。[①]

三、经济性：金融消费者权益行政法律保护制度的宗旨目标

相比国际社会中的政治、军事、外交及国际民事交往中的人身关系，国际经济行政法律保护制度具有显著的经济性。[②] 经济关系是通过物而形成的人和人之间的关系，简称物质关系或物质利益关系。国际经济关系是调整跨越国界的经济活动而形成的相关主体之间的物质利益关系，具有突出的经济性。国际经济行政法的身影在国际经济关系涉及的国际货币、金融、贸易等各个领域均有所出现。

伴随金融业的迅猛发展，一国的金融创新能力以及对金融危机的把控能力对该国的经济发展往往起到决定性作用；从本质来看，经济性在金融消费者权益行政保护制度中的体现系利益平衡原则。“利益就是指在一定的社会形式中由人的活动实现满足主体需要的一定数量的客体对象。”[③] 各国金融消费者权益行政保护制度均无法忽视以下利益的平衡：公共利益、消费者利益、市场主体利益以及政府利益。公共利益往往和整个社会的金融安全相关，政府对国家金融安全的维护也是基于对公共利益的保障；同

---

① 中国人民银行条法司：《加入 WTO 后中国金融业对外开放的内容与时间》，http：//www. pbc. gov. cn/publish/tiaofasi/273/1385/13854/13854_ . html，最后访问时间：2013 年 7 月 5 日 20：26：48。

② Walter Merricks，“The Financial Ombudsman Service：not just an alternative to court”，Journal of Financial Regulation and Compliance.（2007）Vol. 15 Iss：2.

③ 苏宏章．利益论［M］．辽宁大学出版社，1991：21.

时政府对金融领域处于弱势地位的消费者的保护体现了对公共利益的维护；市场主体利益多指被金融行政主体规制的金融机构的利益，这部分利益体现为对经济利益的无限追求；而政府利益并非一定代表公共利益，代表政府的监管者也是“经济人”，[①] 同样具有自利性。所以政府未必是公共利益的。[②] 政府利益主要有政府的权力及相关的物质利益，政府受拥护的程度和政局稳定性，地方利益、部门利益和其他集团利益以及政府官员的个人利益等。政府作为行政权的行使者，在规制金融市场主体时，可能不按照公共利益进行决策，发生寻租、创租、政企同盟问题，滥用行政权力，从而偏袒市场主体利益、侵犯消费者利益，并妨碍公共利益，而此时行政法即成为多边利益的平衡器：通过合法监管金融产品和服务的提供者，保护消费者的合法权益，从而控制金融风险，维护金融安全。

四、公法性：金融消费者权益行政法律保护制度的基本属性

国际经济行政法调整的国际经济关系，是经济行政规制关系和国际协调关系，而基本不包括平等主体之间的商事交往关系，它是公法性的，而不是私法性的。金融消费者权益作为一种特定范围内不特定多数主体的利益，在权利属性上是一种公法权益，确切地说，金融消费者权利属于宪法权利。“宪法是写着人民权利的纸。”[③] 宪法是各国根本大法，各国宪法均无一例外地书写着

① 根据公共选择学派的理论，“经济人”的假设不仅适用于一般的市场主体而且也适用于那些以投票人或国家代理人的身份参与政治或公共选择的人们的行为。

② 文建东．公共选择学派［M］．武汉出版社，1996：83.

③ 列宁全集（第9卷）［M］．人民出版社，1959：448.

国家对公民权利或人权的保障。而宪法对公民的基本权利和国家机构的权能的规定是金融消费者权益行政法保护的基础和依据。金融消费者的行政法保护是在宪法指导下进行的，如我国宪法第十三条规定公民的合法私有财产不受侵犯；第三十五条规定中华人民共和国公民有言论、出版、集会、结社、游行、示威的自由；以及第三十八条规定中华人民共和国公民的人格尊严不受侵犯，这些规定为金融消费者金融消费安全权、金融消费知情权、金融消费自主选择权、金融消费公平交易权、金融消费者隐私权、金融消费者受尊重权、金融消费损害赔偿权和金融消费者结社权的行政法保护提供了宪法基础。根据学者对我国现行宪法基本权利的分类，我国公民享有平等权、政治权利、精神自由权、人身自由与人格尊严、社会经济权利以及获得权利救济的权利。[①]其中社会经济权利是指通过国家对经济社会的积极介入而保障公民经济生活的权利，而金融消费者权益保护蕴含国家对金融领域商品和服务的提供者进行监管确保金融消费者进行正常的经济活动，从此意义来看，金融消费者权益是属于社会经济权利，从而属于宪法权利。作为宪法最重要的实施法，也是最具有社会影响力的法，行政法比其他法律更具有普遍强制性与实施的可能性，所以金融消费者权益的实现必须要求政府介入并采取行之有效的行政保护措施。

此外，在金融领域的诸多国际公约亦有公法性质，如在《服务贸易总协定》第五议定书、通过第五议定书决定和关于金融服务承诺的决定等三方面构成的《金融服务协议》促进了各国金融服务市场的开放并有力地推动资本市场的开放，在一定程度上制约了入世各国的金融主权，各国让渡经济主权正是全球化的必然

① 韩大元，林來梵，郑贤君．宪法学专题研究［M］．中国人民大学出版社，2008：304.

趋势，确切的主权让渡是变相的主权共享。[①] 因此，对于金融消费者权益行政法律保护制度而言，公法性即是其基本属性。金融消费者权益对强有力的行政保护的需求是金融规制法体系建构中引入公法性规则的重要方面。

五、行政性：金融消费者权益行政法律保护制度的实施方式

金融消费者权益行政法保护的制度，是国家金融行政主管部门及相关国家机关在遵循法定程序和运用法定行政方法的前提下，依法对金融消费者权益实施的行政保护与管理及其监督所形成的体制。包括金融消费者权益行政法律关系和金融消费者权益监督行政法律关系。伴随大陆法与英美法两大法系的交融、行政法国际化，[②] 金融消费者权益行政法保护措施体现于：行政规制、行政执法、行政司法与行政诉讼。

行政制规在我国被视为抽象行政行为，传统的法学观点认为包括行政立法行为和行政规范行为。行政立法行为是指法定行政机关依照准立法程序制定行政管理规范的行为，如国务院制定行政法规的行为、各部委及较大市以上的地方人民政府制定行政管理规范的行为。行政规范行为是指各级行政机关依法制定行政法规、规章之外的规范性文件的行为。[③] 在行政公共性的视域下，行政制规的主体不限于政府机构。行政制规行为既包括上述的行

① 闻岳春，蔡建春，高翔．入世与金融创新［M］．世界图书出版社，2000：23－28；徐泉．国家经济主权论［M］．人民出版社：2006：96－97.

② 大桥洋一．行政法学的结构性变革［M］．吕艳滨译，中国人民大学出版社，2008：9；成田赖明．国际法与行政法的课题［M］．成田赖明等，行政法的诸问题（下）［C］．1990：77.

③ 应松年．行政法学新论［M］．中国法制出版社，1998：200. 叶必丰，周佑勇．行政规范研究［M］．法律出版社，2002：30－33.

政立法行为和行政规范行为，也包括社会公行政主体制定相关规范的行为（如金融业行业协会制定自律规则）。行业自治组织以及其他自律组织对于金融业内部的规则的制定，事实上在更大程度上影响着金融消费者权益的实现。

行政执法在金融消费者权益行政法保护中通常体现为：行政调查行为、行政处罚行为和行政指导行为。行政调查行为在金融消费者保护领域体现为，行政主体为解决消费者投诉收集相关信息的行为。相关行政主体对于金融机构侵犯金融消费者权利的，根据相关法律规范的规定，对金融机构进行行政处罚。由于各个国家金融监管系统和法律体系不同，对于金融监管机构的行政处罚权的规定也不尽相同。可以说，行政处罚权是赋予金融消费者保护行政主体的一把利器，没有行政处罚权的制约机制是不完善的。对于金融消费者保护领域的行政处罚，对于处罚的范围、处罚类别、处罚力度都应该遵循相关法律规范的规定，并按照法定程序进行。此外，行政指导在金融消费者权益保护中可以发挥重要作用。基于市场中信息的不对称性，消费者并不能依靠自身力量获得可供其作出合理判断的完备信息。金融消费者在缺乏完备信息的情况下无法作出理性决定，金融监管机构一方面应利用行政制规和行政指导等方式促使金融机构对金融产品的信息披露，最大程度地帮助金融消费者理解其所选择的产品和服务所承载的风险、以及预期收益的可信赖性等。另外，行政指导也能辅助金融消费者进行规划决策，充实金融消费者的专业知识，提升维权意识和技能。

行政司法，在金融领域主要体现为行政调解和行政裁决行为。相关行政主体通过接受消费者的质询与投诉进而为消费者解决问题，具备专业性、及时性以及透明性的特点。另外，行政问责机制对于保护金融消费者权益也起到积极意义。问责机制是对权力运行的制衡机制，往往包括立法机关的问责、行政机关的问责以及司法机关的问责、内部问责、外部问责等等。

行政诉讼在金融消费者权益行政法保护领域，一方面可以平衡公共利益、与金融机构合法权益。金融消费者权益代表着金融领域间接的公共利益，公共利益固然需要保护，在行政主体介入金融消费者保护中，金融机构的利益也需要保护，因而法院在对金融消费者权益保护行政主体的具体行政行为合法性审查的过程中要在两者间权衡，应遵循对金融消费者权益适度保护原则。①另一方面，对于金融消费者权益保护行政主体在行使职权中，违法行政或怠于行使职权时，消费者可向法院提起诉讼，通过司法审查对行政公权的运行予以控制，以维护自身合法权益。

综上所述，金融消费者权益行政法律保护制度具备国际性、法律性、经济型、公法性、行政性等属性，隶属于国际经济行政法律制度。上述法律属性与制度特征的界定将有助于我们在经济全球化的视野下对金融消费者权益行政法律保护制度形成更深层的理解与认识。

朱淑娣

2013 年 11 月

① David A. Skeel Jr. The New Financial Deal：Understanding the Dodd - Frank Act and its（Unintended）Consequences［EB/OL］. http：//lsr. nellco. org/cgi/viewcontent Oct. 10th 2010.

目　录

Contents

导 论

一、问题的提出

（一）经验维度

英国法学家、法历史学家梅因在其所著的《古代法》中，提出自己已经发现了法律进化的普遍规律之一："所有进步社会的运动，到此处为止，是一个'从身份到契约'的运动。"从身份到契约是通过私主体自由订立契约从而构成社会关系，这比封建家长制下由个体在整个家族中的地位决定一切的社会关系要先进得多：以身份确定社会关系形成的是身份型社会，强调人与人之间的不平等；以契约构成社会关系形成的是契约型社会，强调人与人互相平等。时至今日，伴随着社会的变革和时代的发展，过于强调契约精神引发了各种严重的社会问题，强者借助契约自由堂而皇之地凌驾在弱者之上，处于弱势的劳工权益、消费者权益受到侵蚀。

随着市场经济的不断发展和人们物质需求的逐步提升，消费结构也在不断升级，其中金融消费已成为促进国民经济增长的强大动力，维护金融消费者合法权益就是维护金融市场稳定、推动金融市场可持续发展的关键。但与此同时，因金融消费服务而引发纠纷，金融消费者权益被侵害现象偶有发生。在对实质正义的追求下，“从契约到身份”的运动成为一种必要，消费者权益保护法即是在此背景产生的。

1. 金融消费者权益保护问题急剧凸显

自入世以来，我国的金融业迅猛发展。从前，我国金融业发展滞后，金融产品结构单一，消费者与银行关系相对简单，银行风险问题是监管者所要解决的主要矛盾，消费者保护问题并未凸显。近年来，我国经济金融发展迅速，金融产品和服务的创新加快，消费者与金融机构从以前的存贷关系转向更为复杂的各种金融消费关系，增加服务的复杂性与专业性了。同时，各类衍生性金融产品和服务不断推出，大量新型金融产品和服务走入人们的生活。截至2012年底，中国已经有个人存款40.8万亿元，信用卡使用人2.8亿。在这样的背景下，由于新型金融产品和服务的复杂性与专业性强，消费者对金融产品的运行机理和消费风险不能够准确理解，在与金融机构的交易关系中处于劣势，金融消费者保护问题已经开始凸显。[①] 在此进程中我国金融商品交易中对消费者权益的侵害问题也迅速凸显出来，各类问题层出不穷，略例一二：

案例一：某消费者5年前刷信用卡消费191.11元，一直忘记还款，直到被银行催还欠款，连本带息共计10854.43元，仅利息和滞纳金就超过1万元；一持卡人在信用卡少还2.95元的情况下，被银行收取420元利息，罚息高达所欠金额的142倍……全款罚息是国内银行业的一个行规，80%以上的银行都选择了这个更有利于自身而不是消费者的方式，而这种方式实际上是一种风

① 参见中国银监会主席尚福林2013年2月7日在《人民日报》发表的《保护金融消费者权益是监管者的重要使命》一文，该文章阐述了加强金融消费者保护的重要意义。

险过度转嫁，侵犯了消费者权利。[①] 北京市一中院曾审理过一件消费者起诉某银行“全额罚息”霸王条款的案件，该院最终认为银行这一做法符合行业规定，并不构成违法，驳回诉讼请求。

案例二：受利益驱动，某些金融机构追求规模，在销售理财产品过程中采取夸大收益、混淆理财产品与存款、隐藏风险误导消费者购买的情况。银行产品的销售误导严重侵害消费者权益，消费者对“存单变保单”类的投诉比较普遍。银行理财乱象频发，有些基层银行私自销售未与银行签约的产品，造成客户损失惨重。近日就建行代销证大金牛信托巨亏50%事件，投资者分批前往上海银监局反映该产品在销售环节误导投资者。在证券市场，以虚假陈述侵犯投资者权益的事件络绎不绝，五粮液、银广夏等事件对金融消费者造成损害范围之大，令人瞠目。保险市场中对于保险产品的误导销售情况更为严重，保险人不履行说明义务，保护消费者权益方面存有大量漏洞与误区。此外，针对金融自助设备、金融服务收费、金融服务质量、征信信息、存贷款业务等方方面面都存在大量的消费者投诉，在这些领域消费者权益受到侵害。

2. 金融消费者权益保护与金融监管改革：国际视角

20世纪中期以后，随着金融市场的高速发展，金融结构越来越复杂，金融创新日新月异，金融机构的种类、数量和业务

---

① 目前，规范银行服务的法律、法规主要有《中华人民共和国商业银行法》、《中华人民共和国价格法》以及《商业银行服务价格管理暂行办法》，其中值得一提的是《商业银行服务价格管理暂行办法》。该法于2003年6月出台，其目的就是规范银行业金融机构的经营，对商业银行的违规收费进行整治，维护消费者的正当权益。《商业银行服务价格管理暂行办法》规定，除了一部分政府指导价外，商业银行提供的其他服务，实行市场调节价。然而，市场调节价的制定者主要是银行一方，消费者在其中并没有多大的话语权。参见http：//bank. hexun. com/2012－03－26/139735126. html。

规模都在不断发展。各国对消费者保护的呼声愈来愈强，消费者保护逐渐被纳入到金融监管目标体系中，作为一项重要的监管内容。金融全球化[①]下，美国2007年的次贷危机引发了全球性金融危机，世界各国经济均在不同程度上受到影响，从中暴露出的金融消费者权益保护不力的问题已经引起社会各界的广泛关注。伴随着世界经济逐渐走出阴霾，着眼于避免系统性金融危机，西方主要发达国家着手金融监管体系改革。国际社会以及各主要国家进行的金融监管改革，均给予消费者保护以极大的关注。

国际社会中，国际货币基金组织、金融稳定理事会、巴塞尔委员会和国际清算银行等制定了一系列与消费者保护有关的监管标准。在2011年2月于巴黎召开的G20会议上，来自20个国家的财政部长与央行行长联合呼吁经济合作与发展组织（Organization for Economic Co-operation and Development，OECD）、金融稳定委员会（Financial Stability Board，FSB）和其他有关国际组织共同发展旨在保护金融消费者利益的高级原则，并积极协助G20成员国构建并完善金融消费者保护体系。

在当今世界主要国家金融监管改革的浪潮中，美国的改革力度之大引人关注。2010年3月美国国会通过《2010年重建美国金融稳定法案》（Restoring American Financial Stability Act of 2010），在第十章规定拟在美联储体系下建立金融消费者保护专门机构，与其他金融监管机构协调合作。同年7月，《多德·弗兰克华尔

① “金融全球化是金融活动和风险发生机制在全球范围内不断扩展和深化、联系日益紧密的过程。在这一过程中，各国金融命脉更加紧密地与国际市场联系在一起，迅速扩展的跨国银行、遍布全球的电脑网络，使全世界巨额资本和庞大的金融衍生品在全球范围内流动。金融全球化不仅意味着金融活动越过了民族国家的藩篱，还意味着风险发生机制相互联系而且趋同。”何志鹏．全球化经济的法律调控［M］．清华大学出版社，2006：26.

街改革与消费者保护法案》（简称多弗法）出台，该法案被誉为美国历史上改革力度最大的金融监管方案。为实现系统性风险防范和消费者金融保护两大金融监管改革目标，该法案对监管部门进行重构，成立金融稳定监管委员会（FSOC）和消费者金融保护局（CFPB）。根据法案第1011条，在联邦储备体系下设消费者金融保护局，目的在于保证消费者在金融服务消费中获得及时、准确的信息，从而保护消费者的利益，“依照联邦消费者金融法对金融产品的供应与提供进行监管”。[①]

与此同时，2010年4月英国议会批准了《金融服务法》（Financial Service Act 2010），该法案更加强化了金融服务监管局（FSA）的消费者保护职能，新法对作为FSA权力来源和运行基础的2000年《金融服务和市场法》进行了修改和补充，FSA的规则制定权大大扩展。在英国，FSA自成立以来，其职能范围不断扩大，并逐步形成为综合性的监管部门。改革后，FSA可以制定有利于“实现其任何监管目标”的规则，相比从前只能制定有利于“保护消费者利益”的规则，其制规权的空间提升；其信息收集权也同步扩大，FSA可以要求受监管组织以外的机构或个人提供与金融稳定有关的信息；赋予金融服务监管局强制信息披露及一定的惩罚权，FSA的纪律处分权提升，即为了保证金融体系的稳健发展，FSA可以通过某些行政途径强行获得某些重要信息，对拒不提供信息者可处以行政惩罚，如暂停或限制违规金融机构一年以内的经营许可权、禁止违规操作机构的相关责任人两年内的从业资格等等。[②]

---

① See Dodd-Frank Wall Street Reform and Consumer Financial Protection Act SEC. 1011（a）.

② 廖凡，张怡．英国金融监管体制改革的最新发展及其启示．金融监管研究，2012（02）.

3. 金融消费者权益保护与金融监管改革：国内视角

在国内层面，我国金融消费者权利保护的法律法规并不健全，而且零散、不成体系。概括来说，《中华人民共和国消费者权益保护法》明确了消费者的基本概念及基本权利，然而却不能针对金融消费领域消费者的特殊要求而发挥保护作用；《中华人民共和国银行法》、《中华人民共和国银行业监督管理法》、《中华人民共和国证券法》、《中华人民共和国保险法》、《中华人民共和国信托法》等金融规制法律，并没有对于金融消费者的权益保护作出细致、具有可操作性的规定。近年来，为满足我国金融消费者保护的迫切需求，根据我国目前的法律体系，金融领域的行政法规、部门规章中已经出现条款针对金融消费者的保护提出措施。例如，中国人民银行于2009年出台了《关于加强银行卡安全管理，预防和打击银行卡犯罪的通知》，强化保护银行卡消费者的用卡安全；在2010年出台的《非金融机构支付服务管理办法》中，强调第三方支付领域消费者信息的保护；在2011年出台的《关于银行业金融机构做好个人金融信息保护工作的通知》中，明确规定了银行业金融机构有保护消费者个人金融信息的义务。中国银监会亦出台了《关于完善银行业金融机构客户投诉处理机制切实做好金融消费者保护工作的通知》。央行2012年9月17日发布的《金融业发展和改革“十二五”规划》中提及，“十二五”期间要着力推进金融机构遵守消费者权益保护的法律法规，建立金融消费者权益保护的申诉处理机制和对违规金融机构的处罚机制，大力加强金融消费者权益保护教育和咨询体系建设和完善。另外，中国保监会设立保险消费者权益保护局、中国证监会设立投资者保护局之后，央行下设的金融消费者保护局[1]以及银监会内部机构金融消费者保护局分别于2012年相继成立，“一行三会”分业监管格局下的消费者保护体系初步形成。随着金融改革向纵深推进，我国金融消费者保护步伐在不断加快，而法律的制定总是滞后于现实的发展，这给法学研究提出了更现实、更紧迫的理论课题。

（二）逻辑维度

在经验维度上，2012年3月银监会获批设立银行业消费者权益保护局。快速、有效地处理好消费者的投诉是保障金融消费者权益的关键。至今，“三会”中只有保监会发布了消费者投诉管理办法：保监会2013年1月10日率先发布了《保险消费投诉处理管理办法（征求意见稿）》。征求意见稿将处理投诉中保监会、派出机构和保险机构的职责分得非常明确，以此减少扯皮现象，减轻监管负担，提高投诉处理的效率。该征求意见稿对保险消费投诉的提出也有明确的规定：“保险消费者提出保险消费投诉，可以采取邮寄、传真、电子邮件等方式，也可以采取电话、面谈等方式。”另外，保险消费者提出保险消费投诉，应当提供投诉人的基本情况、被投诉人的基本情况、投诉请求、主要事实理由以及证明材料，还要有投诉人的签名或者盖章。这样具体的规定使得投诉流程更加清晰，节省了投诉受理的时间。值得注意的是，征求意见稿中对受理时间的规定较具体：“保险消费投诉处理工作管理部门应当自收到完整投诉材料之日起7个工作日内，告知投诉人是否受理，”“对于事实清楚、

---

① 中国人民银行党委委员、纪委书记王华庆在2013年1月28日由中国人民银行金融消费权益保护局举办的“金融消费者保护：良好经验与立法框架”国际研讨会上指出：截至2012年11月末，中国人民银行1256个分支机构开展了金融消费权益保护试点工作，设立了822个金融消费者维权中心，受理了1.1717万件投诉申诉，已处理完毕1.0499万件，投诉申诉处理结果满意度为98.29%。

争议情况简单的保险消费投诉，应当自受理之日起10个工作日内做出处理决定。”可见，保监会出台的征求意见稿对保险消费投诉处理职责的分工有着明确规定，为保护保险消费者权益作出了有益的尝试。在此基础上笔者提出的构建金融消费者权益行政法律保护制度这一论题，在逻辑维度上须回答一个问题，即金融消费者权益为什么需要行政法保护？

金融消费者权益行政法保护实质上是在金融领域公权力的运行过程中对消费者的权益提供保护，以下笔者试从公权力存在与运行的正当性、公权力与公民权利义务关系的性质、公权力与公共利益的关系等几个要点出发予以阐释。

首先，金融消费者权益行政法保护是公权力存在与运行的一种体现。公权力的存在基础与合理性在于保障私权利得以实现。金融消费者与金融产品以及服务的经营者的权利与义务往往是通过合同设立的。金融消费者和金融服务以及产品的经营者是合同的当事方，彼此的权利与义务受到合同法的制约。从这个角度出发，金融消费者权益在民法、合同法等私法保护之下，然而囿于金融领域繁多的格式条款和金融机构的霸王解释权，消费者权益受到损害时仍难以用私法救济，即便提起诉讼也会面临举证不力的尴尬境地。当私法救济难以达成时，公权力应当进行积极的救助，否则就与创设公权力的初衷相悖。金融消费者权益的行政法保护正是基于消费者在公法上的基本权利以弥补其在私法自治领域中遭受的侵害。

其次，金融消费者权益行政法保护是由公权力机关与公民的权利义务关系的性质所决定的。控权论认为，行政机关与公民之间的关系是一种以公民权利制约行政权力的关系。在金融领域，金融消费者权益亦可能因行政机关的不当监管或疏忽而受到侵害，通过行政实体法和程序法来规制金融行政权是行政法价值在此领域的体现，彰显了主权在民国家中行政公权力与公民之间权利义务的合理关系。

再次，金融消费者权益行政法保护出于政府在金融领域对公共利益的保护职能。所谓公共利益，即在一定社会条件下的不特定多数主体所享有的一致的利益，其来源于个人利益又独立于个人利益，消费者利益即是一种具有独立利益形式的公共利益。而从行政权力的运行基础来看，公共利益是行政权力介入权利领域的唯一原因，也就是说，公权力只有以公共利益的名义才能介入私权领域。承认公共利益的重要地位和作用，并以法律确认公共利益，已成为现代国家的普遍做法；这种做法的实质在于通过对强者的约束和社会调和以保护弱者。在金融领域，基于严重的信息不对称，消费者与金融机构的力量对比极为悬殊，处于弱势地位，因而通过公法规范保护金融消费者权益，是政府对公共利益保护在金融领域的体现。

从现实金融消费者保护领域的国际、国内举措来看，各方组织、政府均无一例外地采取了利用公权力进行金融规制的路径。①在庞大的公法体系中，宪法权威毋庸置疑，行政法地位举足轻重。由于宪法的原则性、稳定性和指导性，关于金融消费者权益的公权保护更多地体现于行政法领域。

二、研究资料

（一）法律文本

1. 外文法律文本

本书的外文法律文本主要集中于英、美国家的法律文献中。

---

① 所谓金融规制即政府为了促进金融业的发展、弥补金融市场失灵、维护金融市场的稳定、防范金融风险，以出台法律法规为主要手段，以行政干预为辅助手段对微观金融主体进行扶持、引导、规范和约束的总和。王鹏．金融规制问题研究［D］．吉林大学，2005.

从立法文献中，可以追溯该国立法动因、改革目标、改革措施等重要问题。

英国议会于 2000 年制定了金融服务与市场法（Financial Service and Markets Act 2000，FSMA）。该法案规定了金融服务局对于英国金融业强大的监管职能。2005 年，金融服务局发表《关于金融服务投诉指引》，指引中详细列举了消费者可对金融机构的哪些服务或产品投诉，同时也详细说明了消费者不能向金融机构投诉的情况。2006 年 10 月，FSA 更新了原有的对金融机构监管的《业务原则》（Business Principle）。在该原则中，共有 11 条原则被作为金融机构是否符合监管标准的依据确定下来。其中，涉及金融消费者权益保护的内容如下：金融机构必须给予金融消费者权益以适当关注，公平对待一切金融消费者；金融机构有义务向消费者提供必要的信息，并且用清晰、无误导的方式（clear and not misleading）向消费者传达这些必要信息；以合理的谨慎对待任何依赖金融机构提供信息而作出金融消费判断的消费者，确保本机构提供的咨询建议和决定的适当性；金融机构必须公平地处理利益冲突（conflict of interests）问题，包括金融消费者之间的利益冲突以及消费者与金融机构之间的利益冲突；金融机构对消费者财产安全全权负责，确保对消费者的财产提供充分有效的保护。此外，在消费者教育方面，FSA 向消费者提供金融产品和服务的重要信息，提供公众咨询、金融消费指导刊物、受监管的金融产品信息表等等。由以上措施，我们可以发现，在英国金融消费者权益被放在了重要的地位，这样的法律设置的目的是让金融机构自律地、负责地对待金融消费者，以改善信息不对称造成的金融消费者在交易中处于劣势地位的局面，从而引导金融消费者在金融市场上购买金融产品和服务时更为理性和自由地作出消费（投资）决策。

根据FSMA的规定，为保护金融领域的消费者权益，FSA整合原有的金融业监察组织，成立统一的金融监察服务公司（Financial Ombudsman Service 简称FOS），对金融机构进行监管并且处理金融消费者对金融机构的投诉和纠纷。FOS中立于金融消费者和金融机构，在解决争端纠纷中，对纠纷双方进行调解，或对争端作出裁定，整个纠纷处理机制凸显科学性、透明性以及较强的操作性。投诉人在向FOS投诉之前，依据FOS的指引，首先须向金融机构进行投诉，此时适用金融机构既定的内部争端解决程序。当金融消费者对金融机构内部程序的处理结果或过程不满意，或在规定时间内没有收到金融机构的答复时，即可向FOS进行投诉。如果金融消费者对FOS的最终裁定存有异议，可以诉诸司法诉讼程序。在英国，FOS制度在提供了一种金融领域替代性的争端处理机制，在金融消费者投诉纠纷的解决中，发挥了极其重要的作用。

美国的相关立法总的来说以如下若干措施构建金融消费者权益的保护体系：将消费者权益保护明确作为金融监管的首要目标，将消费者保护明确作为金融机构监管的重要职责。美国的金融消费者保护的法律体系健全，20世纪60年代后，一系列以保护消费者权利为主要目的的金融立法陆续出台，如《诚实信贷法》（Truth in Lending Act 1968）、《公平信贷报告法》（Fair Credit Reporting Act1970）、《信贷机会公平法》（Equal Credit Opportunity Act 1961）、《住宅贷款信息披露法》（Home Mortgage Disclosure Act 1975）、《金融隐私权法》（The Right to Financial Privacy Act 1978）等等，并将执行这些法律的职责赋予不同领域的金融监管机构。按照上述法律规定，金融产品和服务的提供者必须诚实自律，对待不同状况的金融消费者不得存有歧视；必须向金融产品和服务的接受者及时、有效地披露相关信息；有效平衡各社区居民的信贷需要，倾斜帮助银行信贷较少的社区等等。2010 年 7 月美国总统奥巴马正式签署《多德—弗兰克华尔街改革和消费者保护法案》（Dodd-Frank Wall Street Reform and Consumer Protection Act 2010）（Dodd-Frank Act），设立金融消费者保护局作为专门的消费者保护机构，并赋予其空前的独立性以及监管权力，强化对消费者合法权益的保护。

2. 中国法律文本

我国目前还没有专门的《金融消费者权益保护法》，其相关规范散见于诸多法律文本中，《银行业监督管理法》和《商业银行法》等法律均在原则层面就保护客户的合法利益做了宽泛的规定。近年来，我国立法、行政、司法各部门已经开始关注金融消费者权利保护问题，并业已进行相关法律政策措施的制定。2005 年《证券法》的修改增加了对虚假陈述、内幕交易、操纵市场、欺诈客户行为民事责任承担的规定，体现了对于金融消费者权益的关注，《消费者权益保护法》修订也已提上议事日程。伴随着金融业的日益繁荣与高速发展，金融市场监管部门采取多项措施加强市场监管，目的在于推进金融市场制度建设，优化金融秩序，同时也对金融消费者的权益给予一定关注。人民银行相继发布了《企业信用信息基础数据库管理暂行办法》、《中国人民银行执法检查程序规定》等重要规定；保监会于 2011 年 3 月发布《商业银行代理保险业务监管指引》；银监会于 2011 年 1 月发布《商业银行信用卡业务监督管理办法》、2011 年 8 月发布《商业银行理财产品销售管理办法》、2012 年 2 月发布《整治银行业金融机构不规范经营通知》纠正部分银行业金融机构金融服务中附加不合理条件和收费管理不规范等问题、2012 年 3 月发布《关于完善银行业金融机构客户投诉处理机制切实做好金融消费者保护工作的通知》等等。此外，市场自律部门在其权限内制定相关规则，如中国银行间市场交易商协会相继发布了《银行间债券市场债券交易自律规则》、《银行间债券市场非金融企业债务融资工具承销人员行为守则》等制度，从而强化了市场自律。

初步对比中外法律文本可见，英、美国家在金融消费者权益保护领域采取专项立法，中国的相关立法层级较低，权威性不强，且尚未有金融消费者权益保护的专门立法。

（二）学术文献

中国改革开放的宏观战略推进了金融市场的发展，20 世纪末我国在国有银行股份制改革、资本市场的拓展以及人民银行机构改革、金融对外开放等方面均取得突破性进展，特别是在 1992 年、1998 年和 2003 年中国证券监督管理委员会、中国保险监督管理委员会和中国银行监督管理委员相继成立后，中国的金融监管体制初步形成，相应的总体研究也随之兴盛。而对于金融领域消费者权益保护问题的研究则是在近十年兴起的，特别是 2007 年美国次贷危机爆发以来，学界对金融消费者权益保护问题愈加关注。

早期，学界从不同金融领域展开对金融消费者保护的理论研究，消费者的按其在不同金融领域的消费行为将其分为证券投资者、保险消费者、银行消费者，因而学界对消费者的研究一般来说均以保险消费者、银行消费者和证券投资者分类展开。

银行类消费者的权益保护是较早被学界关注的。伴随着银行业务的新发展，银行提供的产品和服务日趋复杂和专业化，从小额信贷业务、信用卡服务的普及到让人眼花缭乱的基金、集合理财产品的繁荣，消费者无论在专业知识还是关键信息的享有上均远远不能和金融机构相提并论，其权益在不知不觉之中已遭受侵犯。学者们在这个领域的研究往往针对消费者某一项特殊权利展开讨论。比如，刘会玲的《论银行在消费信贷中的信息披露义务》提出银行消费信贷中的信息披露义务的必要性和具体建议；吕一丹在《个人信用征信中消费者信息隐私权保护法律问题研究》中提出个人征信中对消费者个人信息的合理保护的具体建议；余素梅的《网上银行业务安全的法律保障机制研究》则从网上银行交割业务探讨消费者相关权利的保护；张德芬的《论银行卡个人数据的隐私权保护》和张宇的《借记卡业务中消费者保护法律制度研究》具体研究银行卡用户的信息保护不足的现状和完善方法；杜珍媛在《金融服务业消费者的安全保障问题研究》一文中重点关注消费者的财产安全权；张德芬的《小额电子资金划拨法研究》讨论了银行资金电子划拨转账中的消费者权益保障问题；王慧的《银行卡消费者权益保护法律制度研究》也综合研究了银行卡消费者的财产安全权、隐私信息受保护权问题；孙晶晶的《我国银行客户的金融隐私权保护的法律问题研究》，等等。就银行消费者权益保护较为综合的讨论有：李斌的《论银行消费者的权益及其保护机制》、张桥云的《论银行消费者权利与保护——美国的做法及其对我国的启示》，从美国金融监管改革的经验与不足出发，提出我国完善金融消费保护机制的建议；李金泽的《银行业消费者保护法制与自律机制的国际经验与启示》，从我国制度现状出发探讨银行业消费者权益的保护完善。此类研究还包括：兰振光、周海林的《我国银行消费者权利保障制度之构建》、蒋薇薇的《试析银行监管保护银行消费者权益机制》、张玉凤的《我国银行业消费者保护及银行监规制度的完善》等等。上述学者或从宏观层面分析银行消费者问题，或从具体法律关系中的权利义务的完善展开讨论，此类研究为金融消费者权益保护问题的研究奠定了基础。

针对保险领域消费者权益保护的研究有：姚飞的《中国保险

消费者保护法律制度研究》中对保险领域消费者的特殊权益予以界定，发现保险消费者保护制度的特殊性，又通过域外经验的借鉴以及本土现实状况的分析，从监规制度完善的角度提出建议。此外，李娟在《保险合同要式性的界定——以保险消费者利益保护为视角》中通过对合同要式性的界定发现现行制度对保险消费者保护的不充分性，并在《保险费交付与保险消费者权益的立法保护问题》一文中通过对保险费用交付方面存在的问题的分析，进一步阐释相关保险消费者保护法律制度的构建问题；赵波的《保险销售误导的危害及治理建立》着重探讨了保险服务中消费误导对消费者的危害，并提出系统的治理制度安排；曹天占的《保险消费者权益应加倍保护》以及李树利的《浅析保险消费者利益保护机制》等一些论文均关注到保险消费者权益的现实保护缺失、保险消费者保护的重点和难点等诸问题。

在证券界，学界的研究关注点在于证券投资者的保护，尤其是对中小投资者个体的倾斜保护的研究较多。王利明教授的《〈物权法〉与证券投资者权益保护》，以物权保护的视角，关注了证券投资领域物权流通问题，从而展开与投资者利益保护相关的制度研究；孙曙伟在其《证券市场个人投资者保护制度研究》一书中，梳理了个人投资者保护的基础理论、我国的研究现状，并基于个人投资的特点提出个人投资者权益保护的制度安排；育军在其《投资者保护法研究》一书中通过对各国投资者保护法的实证研究，并就我国投资者权益受侵害的个案分析，对我国投资者保护的立法、司法提出完善建议；叶林的《证券投资者保护基金的完善》，从证券投资者保护基金设立的必要性和可行性出发，探讨了证券投资者保护基金法律制度的完善，从而为证券投资者权益提供切实保障；蒋美云、池雪平在《投资者利益保护的中外法律比较》中，从比较法研究的视角，借鉴域外法治成熟经验，对行政立法、行政执法以及司法制度的完善提出了具体建议，并强调民事赔偿制度对投资者权益维护的不可或缺；于莹在《证券法中的民事责任》中，论述了将保护投资者权益作为证券法主旨的必要性，建议将投资者保护作为证券法的首要价值目标，主要从私法保护角度展开探讨，针对证券民事责任的构成条件、依据、赔偿条件以及范围、实效等多方面具体问题分析投资者权益保护的有效法律路径；郭锋在《中国资本市场若干重大法律问题研究——以投资者权益为中心》中，建议在解决资本市场深层次问题的基础上，改革和完善有关法律制度，以最终实现保护投资者的目的；杨峰在其《证券民事责任制度比较研究》中，考察了金融发达国家的证券民事责任制度，并从实证分析角度进行了制度比较研究；陈国进在《法律制度与金融发展——中国经验和理论创新》中阐释了证券执法制度的不健全，导致相关金融法规中对金融机构民事责任规定的缺失，导致投资者的求偿权无法得到有效保障，建议修改《证券法》以加大对证券机构欺诈性行为的行政处罚力度，并尽快将证券违法民事赔偿制度纳入证券法的规定中；郝立辉在《关于中小投资者法律保护若干问题的思考》中基于中小投资者的特点以及当前对中小投资者保护严重不足的现实，建议完善中小投资者补偿机制；郭锋在《虚假陈述证券侵权赔偿》中重点讨论了证券虚假陈述行为的构成要件问题，提出了责任主体应对受害当事人承担民事责任的标准及具体内容。

2007 年金融危机发生后，伴随着世界各主要国家对金融消费者保护领域的改革，中国学界开始大量进行关于对金融消费者基本理论的探索研究。学术论文中，郭丹的《金融消费者之法律界定》、张伍愚和刘敏的《金融消费者概念合理性探析》、王伟玲的《金融消费者权益及其保护初探》、何颖的《金融消费者权益保护制度论》、于春敏的《金融消费者的法律界定》、以及周浩昊的

《“金融消费者”概念辨析》等等，都尝试对“金融消费者”这一概念进行理论界定。郭丹的《金融消费者权利法律保护研究》、陈文君的《金融消费者保护监管研究》、李沛的《金融消费者保护制度研究》、王宝刚和马运全的《论金融消费者权益的法律保护》、施其武的《金融消费者权益保护的监管缺陷与改进建议》等文都提出了金融消费者的各项权利，如安全权、真情知悉权、自由选择权等等，指出依法律程序以及构建有效争端解决机制是实现消费者权利的重要途径。然而迄今为止，尚未发现获得学术共同体广泛认同的对金融消费者概念所做的理论界定，对此尚须学界继续探索，扩大理性认识之边界。

2007 年以来，随着美国次贷危机以及席卷全球的金融危机来临，各国金融法制的发展转向以金融安全、消费者权益保护为核心，美国和欧盟地区在金融消费者保护领域都作出了积极大胆的改革。中国学者对海外金融改革领域进行了及时的跟进探究，如张骏的《英国金融消费者保护体系对中国的借鉴》、徐慧娟的《浅述英国金融巡视员制度与消费者权益保护——兼论对我国金融监管的借鉴》、周良的《论英国金融消费者保护机制对我国的借鉴和启示》、张天奎的《英国金融消费者权益保护机制评析》等文介绍和分析了英国金融消费者权益保护制度，并试图借鉴经验总结对我国金融消费者有益的制度建设建议；王雄飞在《欧盟金融消费者保护的立法及启示》中，对危机后欧盟的金融改革及对金融消费者的保护措施做了归纳；宋晓燕的《论美国金融消费者保护的联邦化及其改革》、涂永前的《美国 2009 年〈个人消费者金融保护署法案〉及其对我国金融监管法制的启示》以及林宏山、白清松和孔雷霞的《美国金融消费者权益保护制度的借鉴与启示》，均对美国金融消费者保护制度的变迁和金融消费者理论的发展进行了阐述。这些研究为我国建立健全金融消费者保护法律相关制度、对策提供了较为广泛的文献资料。

就金融消费者权益行政法保护这一领域的研究，目前尚未有学者触及。从权利属性上看，金融消费者权益是一种主体的私权利，金融消费者权益行政法律保护系属私权的公法保护。在私法的公法保护领域，特别是私法的行政法保护领域，有学者就不同领域的私权利的行政法律保护进行讨论。比如周实在《试论私有财产权的行政法保护》中论述到行政权是为保护公民的私有财产权而设定的；现代私有财产权的社会属性要求行政权依法运行；服务行政的兴起，促使行政权适当地介入财产权法积极作为；同时对私有财产的行政法保护的法理基础予以阐述。朱淑娣、黄莉娜在《互联网著作权行政法保护研究》中提到知识产权的公法保护制度具备公法与私法相互交融的重要属性。从其本质上看，知识产权虽然是一种私权，然而这种私权是一种受公共利益约束的、受到公法保护并且在公法管理之下的私权。在行政国家、福利国家的时代下，绝对化的私权越来越少。朱淑娣、赵宇可在《法律交融中的知识产权行政法保护》中以公私法交融理论为基础，对知识产权的权利性质予以界定，认为私权利是私主体的权利，并非仅仅受私法保护的权利，知识产权即是受到公共利益限制的、由公法管理的私权利，从而认为知识产权是一种同受私法与公法保护的复合性权利。以上研究在行政法对私权保护的法理依据和遵循原则的层面上均有所贡献。

金融消费者行政法保护制度可划入金融行政法的范畴下管理。金融属经济学范畴，行政属管理学范畴，行政法属法学范畴，金融行政法这种将经济领域中的管理行为作为中国法学研究对象的情况始于20世纪80年代之后。当时王珉灿主编的《行政法学概要》中设专章讨论“国民经济行政管理”问题。1993年，《行政法学研究》创刊所举办的“市场经济与行政法”研讨会上，张春生、郭道晖、罗豪才、应松年、张焕光、皮纯协、朱维究、姜明安、袁曙宏、马怀德、谌中乐等参加研讨会并发表意见，开始了中国行政法学界对经济行政法的全面关注。尽管至今行政法学者与经济法学者对经济法与行政法的边界划分问题仍争论不休，经济法、行政法、经济行政法三者之间的关系尚无定论，但对经济行政法的研究仍被行政法学界强调着。除了行政法学者对经济行政管理所做的个案分析外，行政法学者与行政官员以工商、审计、海关等诸经济行政领域为研究对象的部门行政法研究，尤以罗豪才教授任编委会主任的“高等学校部门行政法教材编委会”拟编写的16种部门行政法为代表，其中有5部是包括《工商行政法》（王学政、袁曙宏主编）的部门经济行政法。1998年，罗豪才教授在一篇文章中认为工商、税务等经济行政法已经取得一定研究成果，但金融行政法等有待研究。据笔者搜索中国期刊网，从1994年至2011年在国内各类刊物上发表的所有文章中，篇名中出现“金融行政”的仅23篇，以金融行政作为关键词的有35篇。而行政法学关于金融行政领域的相关著述亦为数不多，现有陈天本博士的《行政法对金融规制的调控——以银行规制为主要考察对象》专著，该书从行政法治的角度，研究了行政法对金融规制进行调控的必要性，分析对金融规制进行法律调控所应遵循的原则，分别从行政实体法和行政程序法的角度探讨行政法对金融规制的调控，最后研究对金融规制权的纠错与救济机制，同时呼吁理论界和实务界予以高度重视。金融行政法作为经济行政法的一个分支，时至今日，行政法学者对其研究进展不快，难以深入，研究本身的视野也不够开阔，值得反思。

三、思路与方法

本书的基本研究思路是在发现金融消费者权益行政法保护问

题、分析金融消费者权益行政法律保护的良法标准、探究金融消费者权益行政法保护问题的制度结构以及中国现实的基础上，通过比较域外的金融消费者权益行政法保护制度，将金融消费者权益行政法保护作为一个系统问题，探讨完善我国金融消费者权益行政法保护问题的可行性方案。

在研究方法上，本书采用了规范分析法、比较法学方法以及系统法学分析方法。

（一）规范分析方法

作为研究制度的学术论文，本书所用的首要方法是规范分析法，以文义解释、目的解释、体系解释等方法分析我国金融消费者权益行政法保护规范。第一，文义解释也称文法解释、文理解释，即依照文法规则分析法律的语法结构、文字排列和标点符号等，以便准确理解法律条文的基本含义。第二，目的解释。目的解释是指从法律的目的角度对法律所做的说明，根据立法意图，解答法律条款。第三，体系解释。这也称系统解释，是指从某一法律规范与其他法律规范的联系，以及它在整个法律体系或某一法律部门中的地位与作用，同时联系其他规范来说明规范的内容和含义。

（二）比较法学方法

本书还将采用比较法学方法。比较域外金融消费者权益行政法保护的主体、内容、程序等关键问题，分析借鉴国外相关立法与实践，进而为完善我国金融消费者权益行政法保护制度提供建议。一般地说，比较法是对不同国家的法律进行比较研究。所谓“不同国家的法律”包括极为复杂的情况，其中至少包括以下四种比较研究：（1）不同社会制度法律之间（如某一资本主义社会法律和某一社会主义社会法律）的比较研究；（2）同一社会制度法律之间（如某一社会主义国家法律与另一社会主义国家法律）的比较研究；（3）同一社会制度但却属于不同法律传统或法系的法律（如属于英美法系的美国法律和属于大陆法系的联邦德国法律）的比较研究；（4）属于同一法律传统或法系的法律（如同属于大陆法系的联邦德国的法律和日本法律）的比较研究。根据有的比较法学家的看法，对属同一法律传统或法系的法律所进行的比较研究，称为“微观比较”；对具有很大差别的法律，也即对不同社会制度或不同传统或法系的法律所进行的比较研究，则称为“宏观比较”。对法律的“宏观比较”比“微观比较”复杂，研究者要具有更广泛的法学知识和更高的科学研究能力。也有的法学家认为，对不同社会制度的法律的比较研究可称为法律的“对外比较”，对同一社会制度法律的比较研究可称为“对内比较”。

（三）系统法学分析方法①

本书采用系统论的方法，把金融消费者权益行政法保护制度作为一个整体进行研究，把握各个制度和规则之间的相互联系、相互影响、相互作用，以环境—系统—要素—功能的方法论进行科学的研究，分析在金融全球化以及金融危机后各国金融监管改革的大环境下，金融消费者权益行政法保护制度作为一个系统问题，逐一剖析主体、客体、规范以及程序等要素，运用行政法学

① 美国学者肯尼斯·F·沃伦在其《政治体制中的行政法》中尝试用系统理论分析行政法问题，指出：“我们可以运用系统分析方法集中探讨行政机关和它周围组织发生关系时真正属于行政机关的行政法律问题。这些组织或个人至少包括白宫、国会、法院、被规制的行业、其他政府机构、媒体和普通民众。［美］肯尼斯·F·沃伦．政治体制中的行政法［M］．中国人民大学出版社，2005：7.

理论探索金融消费者权益行政法保护功能之实现路径。

四、观点与探索

（一）核心观点

1. 行政法与金融消费者权益保护

私法自治、私权神圣是西方国家法治产生的逻辑起点，福利国家、行政国家、服务行政、给付行政理念的产生与不断深化为公权力介入私权领域提供了合理性。

从法理上看，金融消费者权益的行政法律保护的必要性体现为：首先，运用行政法为金融领域消费者提供保护是实现实质正义的必然要求，金融消费者的权益需要借助公权力通过法律将分配制度在此进行调整，对资源占有方面处于劣势的一方提供更多的支持与救济，从而矫正金融机构与金融消费者之间的失衡，以实现实质公平。其次，运用行政法为金融领域消费者提供保护是公权力运行的一种体现。公权力的存在基础就在于保障私权利得以实现，当私权利的实现出现危机或者受到侵害，而私权救济体系不能够自助时，公权力应当介入私权领域并为私权实现提供保障，否则就与创设公权力的初衷相悖了。再次，金融消费者权益行政法保护是对公权控制的必然要求。在金融领域，金融消费者权益可能因行政机关的不当监管或疏忽而受到侵害，通过行政实体法和程序法来规制金融行政权是行政法价值在此领域的体现，彰显了民主国家中行政公权力与公民之间权利义务的合理关系。最后，金融消费者权益行政法保护是基于政府在金融领域对公共利益的保护职能。公共利益是行政权力介入私权利领域的正当性所在。从金融稳定、金融秩序等公共利益维度来考察，保护了处于弱势地位的金融消费者权益，即是对金融稳定的强化，是对金融秩序的优化，是对公共利益的保护。我们认为金融消费者权益不仅关涉私人利益，还关涉间接公共利益。通过行政法律规范保护金融消费者权益，是政府对公共利益保护在金融领域的体现。

从行政法自身的特点来看，行政法对金融消费者权益提供保护有其可能性：首先，行政法上的权利（力）结构特点决定了行政法在金融消费者权益行政法保护中可以有效平衡金融市场中的多方利益。其次，行政法的制约激励机制在金融消费者权益的保护中，一方面可以对市场主体和行政主体提供一种双重制约机制；另一方面激励社会力量参与到对金融消费者权益保护当中，引导行业协会、市场组织者（如证交所）以及金融机构完善市场自律机制。再次，行政法对权利救济方式的多样性与实效性为金融消费者权益的实现提供保障，如行政调解、行政裁判和督察专员制度在金融消费者权益保护领域可发挥重要作用。

2. 系统法学视域下的金融消费者权益行政法保护

笔者认为金融消费者权益行政法保护构成系统问题，由谁或何组织依据何规范对何类权益以何种路径来实现金融消费者权益保护，该系统的构成关键要素即：主体要素、规范要素、客体要素以及程序要素。在主体要素的分析中，笔者考察了西方行政主体理论的发展，引入社会公行政的视角和公务法人制度实践了探讨金融消费者权益行政法保护的主体范围；通过国际约束、宪法基础、法律渊源、行政立法以及自律规范等多层视角进行规范要素的探析；以利益平衡为视角分析金融消费者权益行政法保护客体要素；以程序对权力制约的基本观点阐述金融消费者权益行政法保护的程序要素。在行政公共性的视角下，我国的金融消费者保护行政主体涵盖国家行政机关、事业单位以及行业协会等社会组织，体现了行政主体多样化的趋势，总体上涉及两大类，即监管机构和社会团体。前者主要包括中国人民银行、银监会、证监会以及保监会；后者主要是指行业协会、证券交易所、期货交易所等自律管理法人以及消费者保护协会。笔者通过考察上述组织，认为在金融消费者保护领域，我国现有相关行政主体的独立性亟待提升，针对金融消费者权益的专门保护体制尚未形成。笔者就我国金融消费者权权益的保护重点分析了金融消费者的隐私权、知情权、受教育权以及求偿权四个方面，认为针对金融消费者权益的行政规制有空泛性、笼统性的特征，使得金融机构更容易逃避法律的监管；在《金融消费者保护法》缺失的现状下，部门规章存在撞车现象，金融行政程序法缺失，总的来说，有效的金融消费者权益行政保护机制尚未形成。

3. 比较法视域下的金融消费者权益行政法保护

在对美国制度的探究中，笔者考察了美国《多德—弗兰克华尔街改革与消费者保护法案》，由该法设立了金融消费者保护局，而作为金融消费者保护领域的独立行政主体，该局被赋予前所未有的独立性；金融消费者保护局的设立，整合了原来的金融监管机构，加强了对行政主体对金融消费领域的监管。对英国的研究，笔者考察了英国的公法人制度，从而得出英国社会团体和私人力量在金融消费者权益保护中的正当性。英国的法律体系在很大程度上是市场发展与自律监管的结果，对金融消费者权益的保护也充分利用了社会公行政手段，金融巡视员制度提供了一种“替代性的争议处理制度”，在英国发挥得淋漓尽致。综合对美、英国家金融消费者权益行政法保护制度的考察，笔者得出金融消费者权益行政法保护制度并没有“普适经验”，必须从本国的具体国情出发加以构建的结论。

4. 金融消费者权益行政法保护的基本原则与制度建构

基于效果上具有普遍性、形式上具有抽象性以及内容上具有特定性，笔者将金融消费者权益行政法保护原则归纳为实质正义原则、适度保护原则以及正当程序原则。

在制度构建层面，笔者提出在构建多元化金融消费者权益行政法保护机制的基础上，通过切实有效的联席会议制度强化“一行三会”格局下的金融消费者权益行政法保护机构的协调机制。建议借鉴美、英国家的经验，尽快制定《金融消费者保护法》，为金融消费者权益行政法保护提供法律基础；在制定、实施金融消费者权益行政法保护规则的过程中，贯彻正当程序的要求；从机构自主、同业调解、监管介入、金融仲裁以及司法审查等重要环节着手，尽快建立多元化的金融消费者纠纷解决机制。

（二）探索之处

本书在拓展研究范围以及创新研究方法上作出尝试：国内学者对于金融行政法的研究刚刚起步，对金融领域具体问题的行政法学研究更为鲜见；本书试图将具体制度建设与抽象行政法学理论研讨融会贯通，借助系统法学分析方法，以行政法学基础理论研究结合现实金融行政领域消费者保护的现实问题，对金融消费者权益的行政法保护这一论题进行探索，具体而言体现为：

第一，选题角度方面的探索。国内学者关于金融消费者权益保护的研究，是一种经济法范围内的公私不分的综合保护研究。然而本书选取的金融消费者权益行政法保护制度研究，重点关注通过行政法这一公法路径对金融消费者权益提供法律保护，以行政公权力运行的主体、权限、规范依据及程序为核心内容展开讨论。

第二，研究方法方面的探索。系统法学的研究路径，从单因素过渡到多因素变量，从横或纵的关系过渡到综合研究纵横交错的关系，从而打破法学家实际流行的把事物分割成单因素、单变量进行考察的方式。要素、结构、功能和环境是系统的四个基本要件，而从结构到功能是系统法学研究有别于传统研究方法的路径，本书着眼于金融消费者权益行政法保护这一系统问题，关注在金融消费者保护领域，由谁或何组织依据何规范通过怎样的路径或程序来达成金融消费者权益保护功能，逐一剖析金融消费者权益行政法保护制度结构的组成要素：主体要素、规范要素、客体要素以及程序要素。通过多变量的立体式的研究路径，探索金融消费者权益行政法保护制度这一系统问题。

第三，重要观点方面的探索。本书在选题角度与研究方法方面的探索决定了自身关于金融消费者权益行政法保护制度方面的有益探索。本书涉及到的金融消费者权益行政法保护的必要性和可能性分析、金融消费者权益行政法保护的良法标准（即基本原则）的提出、关于金融消费者权益性质的分析，以及制度完善中关于在现有‘一行三会’设立保护局的模式下，加强金融消费者权益保护联席会议制度以构建协调配合、权责清晰的共同监管机制等具体建议具备一定的探索性。

第一章

金融消费者权益保护概念解析

第一节　消费者

概念是解决法律问题所必须和必不可少的工具，没有限定严格的专门概念，我们便不能清楚地和理性地思考法律问题。那些主张在思考中抛弃概念的倡议，就像建议做音乐不用曲调、说话不用发声、看而不用形象一样，毫无意义。①

——博登海默

在由美国次贷危机引起的全球金融海啸后，国内外立法界、学界对金融消费者权益的保护问题都给予了相当的重视，对该问题的研究不可避免地首先应该界定金融消费者的概念，划定其范畴。本节将从辞书、中外学者文献中查询相关概念。任何的概念都不应该是唾手可得的，需经过理性的思辨或从特殊到一般的归纳，或从一般到特殊的演绎，依循着有序的逻辑推演，但最为重要的是对现实给予密切的关注。本节依循从商品到金融商品，从

① 博登海默．法理学——法律哲学与法律方法［M］．邓正来译，中国政法大学出版社，2004：504.

消费者到金融消费者的逻辑进路，同时密切关注我国金融业的现实情况，对金融消费者予以界定。

马克思在《资本论》中对商品进行了界定，即商品是用来交换的劳动产品，具有使用价值和价值。① 生产者付出商品的使用价值从而获得商品的价值，消费者付出商品的价值从而获得商品的使用价值。商品在人类社会中，满足社会成员的各类需求。

在商品到金融商品的发展轨道中，资产证券化起到决定性作用。人们以持有证券作为享有一定权益的凭证，使得在人们之间传统的以物质形态交换商品为基础的有形交易向无形的证券交易转化。权利的证券化使得财产的流通和转让更加迅捷和自由，各类资产证券化的不断创新促发金融业的日益发展。在各国的金融体制改革中，“金融商品”越来越多地出现在立法中代替了“证券”的概念。例如，德国2004年的《证券交易法》将金融商品界定为有价证券、金融市场商品以及金融衍生品交易等；欧盟2004年的《金融商品指令》将金融商品界定为可转让证券、短期金融市场商品、集团投资计划以及金融衍生品交易；日本2000年的《金融商品兜售法》才以列举加兜底条款的方式界定了金融商品的范畴，2006年的《金融商品交易法》把股票、债券等有价证券和各类信托收益权、金融衍生产品及集团投资计划等已有和未来可能出现的投资类金融商品都涵盖到金融商品的范畴之中。②

从语言学的角度考量，《辞海》中对消费的定义为：社会在生产过程的一个不可或缺环节，是指人们为满足物质和文化需要而消耗物质资料。③ 根据《现代汉语词典》的解释：“消费”是指

① 马克思恩格斯全集（第23卷）［M］．人民出版社，2006：54.

② 何颖．金融消费者权益保护制度论［M］．北京大学出版社，2011：21.

③ 辞海编辑委员会．辞海［EB］．上海辞书出版社，2011—09—06.

为了生存和生活需要而消耗物质财富。[①] 我国《消费者权益保护法》规定："消费者为生活消费需要购买、使用商品或者接受服务，其权益受本法保护。"该规定并未明确规定消费者定义，但反映出消费者应具备生活消费的性质。国家标准计量局颁布的《消费品使用说明总则》中对消费者的概念作出如下界定："消费者是为满足个人或家庭的生活需要而购买、使用商品或服务的个体社会成员。"从该界定中，可以归纳出"消费者"应具备的两个要件：一是必须是出于"为生活消费"的主观目的，此为主观要件；二是必须有"购买、使用商品或者接受服务"的客观行为，此为客观要件。另外，从《消费品使用说明总则》的规定看，消费者限定于自然人。就此三点，笔者认为应该科学地、与时俱进地界定消费者的本质属性和范畴，而不仅仅限于表面的文字意义。

首先，什么是为了"生活消费"的需要？即"生活消费"的范围如何界定？

从字面意思上来看，所谓"生活消费"就是为满足生活需要而进行消费，具体来说是人们为满足个人生活需要进行各类消费的活动，如消费物资资料等，生活消费是人们存在和发展的前提。[②] 但是，如果仅仅从"生活消费"的表面含义去界定消费，而不与时俱进地界定消费者的范围，就违背了法律调整现实生活的宗旨。

从当今社会来看，人们对"生活消费"的理解不仅仅限于吃、穿、住、行，还包括一些追求个人发展、精神愉悦的消费，比如旅游、教育、娱乐消费。总的来说，生活消费包括生存型消

① 中国社会科学院语言研究社词典编辑室．现代汉语词典［M］．商务印书馆，2005.

② 王利明．消费者的概念及消费者权益保护法的调整范围［J］．政治与法律，2002（02）：3.

费、发展型消费和享受型消费三个层次。马斯洛将人的需求依次由较低层次到较高层次排列，分成生理需求、安全需求、社交需求、尊重需求和自我实现需求。当人们的生存型消费得到满足后，就自然会追求精神性的发展型消费以及享受型消费。享受型消费包括物质性和精神性的享受，当人们的物质需求满足后，便会自然地去追求精神需求的实现。发展型消费即是人们追求精神需求方面的行为，比如通过教育投入，提升个人素质使自身更具竞争力。可见，伴随着社会和经济的发展，“生活消费”的定义发生了深刻的变化。“生活消费”不再仅仅是物质上的消费，其内涵和形式已经发生变化。以信用消费为例，信用消费是一种新型的消费交易行为，是经济发展、人们生活水平提高的产物。从金融机构的视角看，信用消费被称为消费信贷，即金融机构对消费者提供的贷款，这种贷款用于消费者购买物质资料或精神产品等等。现代社会中，人们愈来愈普遍地进行信用消费，伴随着各种金融机构介入人们生活消费程度的不断扩大和深入，信用消费在人们的生活中占有重要地位，小到超市购物使用信用卡结算款项，大到向买房贷款，可以说信用消费的产生以及普及已经使“生活消费”的内涵发生了实质上的变化。[①] 社会不断发展，人们的生活需要也发生改变，信用卡消费、房贷、车贷、助学贷款是为了生活需要；购买理财产品也是为了积累个人或家庭的财富，满足自身和家庭的发展。

对于“生活消费”的范围，《消费者权益保护法》没有做明确的界定，然而依据司法实践，我国司法审判中并不将医疗服务、房地产交易、公用事业服务等方面的消费关系也置于“金融消费者保护法”的调整范围之内。值得关注的是，在我国台湾地

---

① 蔡晓军，蔡秋成．消费者的界定［J］．财经界，2011（16）：287.

区，“消费者权益保护法”的适用范围却相当的广泛，消费者权益保护法适用范围依该法第二条第三款的明确规定，包括“以设计、生产、制造、输入、经销商品或提供服务为营业之企业经营者”，这个范围的设定几乎涵盖了关乎所有制造、买卖、进出口商及各种服务业的消费关系；其中最为直接地涉及了一般商品、家电、食品、房地产业及医师、会计师、律师、银行及保险公司等服务业行业。[①] 通过对比可明显看出，我国大陆《消费者权益保护法》所调整的消费关系的内容相对狭窄。从立法背景考虑，该《消费者权益保护法》制定之时，房地产交易、公用事业服务、医疗服务、律师、会计师、银行服务等领域市场化尚不成熟，立法者考虑如果将这些领域纳入《消费者权益保护法》的调整范围，将加强经营者对其产品、服务的责任强度，结果将使经营者比较容易受到消费侵权的困扰，从而降低生产、经营的积极性，不利于这些行业的长远发展。另外，当时保险制度并不成熟，经营者对消费者的损害不能够通过风险社会化加以分散，因侵犯消费者权益承担的责任最终将回归生产经营成本，并通过价格的提升途径再度转移到消费者身上，这样的结果更是有悖于消费者权益保护的初衷。所谓现存即为合理，当初的制度选择受当时社会经济条件的制约，然而制度的选择必须契合社会、经济的发展需要而与时俱进。在当今，中国的房地产交易、公用事业服务、金融服务、医疗服务等由于经营者处于明显优势地位，他们通过霸王条款、格式合同加重消费者的义务与责任而减轻本应由经营者承担的责任，导致这些领域消费者权益无法得到法律的保障。中国加入 WTO 后，律师、会计、银行、保险等服务逐渐会成为人们生活的一部分，在《消费者权益保护法》以

① 徐澜波．海峡两岸保护消费者法律缺席比较研究［J］．政治与法律，2001(02)．

保护弱势地位的服务接受者的宗旨下，对“生活消费”做扩大解释符合时代发展趋势：非以生产性或经营性的消费即生活消费。

其次，消费者是否一定实施了购买、使用商品或者接受服务的行为？

我国《消费者权益保护法》第二条涉及到消费者概念的界定，即购买商品者、使用商品者及接受服务者。那么潜在购买商品者、使用商品者以及接受服务者的权益是否应该被法律保护呢？根据我国《消费者权益保护法》的具体规定，消费者享有九项基本权利中的很多权利是在具体的消费者与经营者之间的消费关系中产生的，如安全权、自主选择权、知情权、人格尊严权、公平交易权、索赔权等等。然而消费者的受教育权和结社权是与具体消费关系没有关系的，这些权利的享有者是所有的潜在消费者，并不完全适用于具体的消费关系。由此可以判断，从立法的目的上来看，《消费者权益保护法》显然把潜在消费者的利益也纳入法律保护范围。笔者建议对于消费者的范围做宽泛理解，包括购买商品者、使用商品者及接受服务者，也包括潜在的购买商品者、使用商品者及接受服务者。

最后，消费者的范围是否只限制于自然人？法人和其他组织是否应该纳入消费者范畴？

在逻辑上，不同部门法律制度对于适用其部门法的主体有一个基本的先定标准，法律的抽象性和概括性决定了立法者在设定具体的权利义务关系前必须预设一个抽象的“标准人”，然后规定相关“标准人”的权利与义务。[1] 从法律调整社会关系的层面看，法律主体概念是对特定社会关系所进行的一种创造性归类的

---

① 李友根．论法律中的标准人——部门法角度的思考［J］．美中法律评论，2005，（3）：1.

法律技术。基于各部门法律主体的特殊性，法律主体并不是被凭空创设的，而是基于该部分法律调整的任务、目的的特殊性，从不同层面赋予相关主体以法律权利义务，形成一种具有本部分法律特色的法律主体制度。① 判断交易活动中的主体是消费者，其目的在于判断这种交易中反映的法律关系能否适用《消费者权益保护法》。②

长久以来，我国学界的主流观点均将消费者界定为自然人，而不包括法人和其他组织。比如，梁慧星认为消费者应该界定为为自己和家庭生活消费的目的而购买商品、接受服务的自然人；③ 王利明认为，消费者是指非以营利为目的的购买商品或者接受服务的人。④ 然而也有学者以更加开放的视角认为消费者不仅仅包括自然人，还应该包括组织体。比如，美国学者所罗门认为："消费者是对产品先产生需要活动，再实施购买，消费者的范围包括组织或群体。"⑤ 日本学者竹内昭夫认为："所谓消费者，是为生活消费而购入和利用他人所供应的物资和劳动的人，是一种与供应者对应的概念。"⑥ 伴随着社会分工和专业化的加速，生产者和经营者对于产品的质量、性能、构成、成本、用途等比消费者有更多的知识，消费一方在信息和知识上处于劣势，因而本书倾向于以一种更为开放和发展的观点界定消费者的概念，即消费者的概念是一个与经营者相对应的概念。"营业"本身就具有专

① 李友根．论经济法主体［J］．当代法学，2004，(1)：68—71.

② 钱玉文，刘永宝．消费者概念的法律解析——兼论我国《消法》第2条的修改［J］．西南政法大学学报，2011（4）：36.

③ 梁慧星．中国的消费者政策和消费者立法［J］．法学，2000（05）：26.

④ 王利明．关于消费者的概念［J］．中国工商管理研究，2003（03）：39.

⑤ ［美］迈克尔．R. 所罗门．消费者行为［M］．经济科学出版社，2003：7.

⑥ ［日］金泽良雄．经济法概论［M］．满达人译，中国法治出版社，2005：460. 转引于郭丹．金融服务法研究［M］．法律出版社，2010：38.

门性和盈利性的特点，[①] 消费者相对于营业者，由于信息的不对称处于弱势地位。

笔者认为，对于消费者的界定，应该是在具体的法律关系中判断消费者的主体性，即，以分析该法律关系是否应纳入《消费者权益保护法》（以下简称《消法》）保护范围为路径。在这样的思路下，法人和其他组织如果在并非以经营为目的的前提下购买商品或接受服务，那相对于提供商品或服务的经营者就处于弱势，即应纳入《消法》的保护范围，以法律确认其消费者资格。首先，《消法》的立法宗旨决定了单位应该成为该法保护对象。从《消法》第一条规定判断，该法的立法宗旨是为保护消费者的合法权益，保护现代社会消费关系中的弱势方。那么何为弱势方呢？有学者认为个人消费者在具体消费关系中相对经营者处于弱者地位，这种不平衡的力量对比是《消法》对消费者予以特别保护的基础，然而如果将各种社会组织都划入消费者的范围内，消费者这一弱势特征就不会凸显出来。本书认为该观点是片面的。消费者保护法对消费者予以特别保护的理论基础在于对弱者的保护，具体来说，信息不对称造成了消费者的弱势地位，消费者的弱势地位并不会因为各种社会组织纳入消费者范围而减弱或消失，因为信息不对称是客观存在的，经营方永远都在信息占有上享有天然优势。当法人或单位在购买商品或者接受服务时，由于信息占有上的不对称，单位和法人同样处于弱者的地位。从此角度分析，各种社会组织或单位应该受到消费者权益保护立法的调

① 所谓“营业”就意味着能够反复继续地获得利益，营业具有专门性和营利性，以与营业的关联性为中心构建的消费者概念就应该以非专业性、非营利性为构成要素。由于消费者在信息和交涉力上与营业者存在差别，因此非专门性作为消费者的一个特性被提出来。董文军．平等视野中的消费者权利解读［J］．法治与社会发展，2007（02）：23.

整和保护。从实证角度出发，消费者的概念已经以一种宽泛的方式被界定。比如，《上海市保护消费者合法权益条例》将消费者的范围界定为个人和单位，根据该条例第二条规定，该条例所称的消费者是指为物质、文化生活需要购买、使用商品或者接受服务的单位和个人。《江西省实施〈消费者权益保护法〉办法》中也将单位界定为消费者，该办法规定消费者“是指为生活消费需要购买、使用商品或者接受服务的个人和单位”。再如，《深圳经济特区实施〈消费者权益保护法〉办法》中同样将单位列入消费者保护范围，规定“本办法所称消费者，是指为生活消费购买、使用商品或者接受服务的个人和单位”。此外，《黑龙江省消费者权益保护条例》、《海南省实施〈中华人民共和国消费者权益保护法〉办法》以及《湖南省消费者权益保护条例》均作出同样的规定，将单位划入消费者的范围。日本对于消费者范围的界定体现了立法者对现实社会中出现的新问题的关注，其从两个层面来界定消费者：[①] 其一，直接为生活为目的进行的商品、服务交易；其二，与生活目的有着间接关系的消费，称为准消费。[②] 日本对消费者的概念采取了更宽泛、机动的解释模式。对于不断发展的经济和消费模式，这种弹性定义也起到了与时俱进的作用。

从法律平衡利益的功能出发，法律对弱者特别照顾，赋予其更多的权利和自由，通过利益平衡机制，平衡交易中强弱差异而导致的失衡。无论是自然人、法人或其他组织，只要在交易过程中相对于经营方处于弱势地位，法律就应对其做倾斜性保护。[③]

① 钱玉文. 消费者概念的法律再界定［J］. 法学杂志，2006：1.

② ［日］铃木深雪. 消费生活论—消费者政策［M］. 张倩，高重迎译. 中国社会科学出版社，2004：18.

③ Peter Cartwright. Banks，Consumers and Regulation［M］. Oregon：H art Publishing，2004：4.

经济社会生活的发展决定了消费者主体的范围，在法律规范中，消费者概念的外延相应地发生变化。消费者不仅仅是单个的主体，而应反映出他所归属的类群的集体特征，对消费者的认定不能以单个的主体特质为标准。① 因而，笔者对消费者的概念界定为，非以生产或经营为目的已购买、使用商品或接受服务的，或潜在购买、使用商品或接受服务的自然人、法人或其他组织。

第二节 金融消费者

所谓金融消费，是指在金融领域中的消费，具体来说是消费者购买金融商品或接受金融服务的行为。伴随着金融市场的发展和人们生活水平的提高，人们越来越多地购买股票、基金、外汇、债券等各种金融产品；同时也接受越来越多的金融服务，如存款、取款、大额消费品贷款、汇款、住房贷款、汽车贷款、信用卡、网上银行、个人理财服务等等。随着金融机构提供的服务越来愈广泛地介入人们的现代生活，可以说，小到使用信用卡结算款项购买日用品、大到向银行贷款购买房买车买奢侈品，金融消费已经成为消费者生活消费行为不可或缺的组成部分，金融消费是现代人类不可避免的现实存在。②

在全社会消费中，金融消费占有较大比例，总结我国的金融消费的特点，可以得出：首先，人们对金融服务和产品功能的需求从单一产品向盈利性更高的“打包”理财产品转变。从前人们较多地选择以定期为主的储蓄类产品，伴随金融业的高速发展，

① 谢晓尧．消费者：人的法律形塑与制度价值［J］．中国法学，2003（3）．

② 郭丹．金融服务法——研究金融消费者保护的视角［M］．法律出版社，2010：29.

各类金融理财产品和服务充斥着市场，人们更多地关注金融机构提供的具有安全性和盈利性的金融产品和金融服务。其次，收入水平不同的消费者对于金融产品和服务的个需求呈现出个性化、多样化的趋势。较低收入人群选择的金融产品较为单一；中高等收入阶层的客户则日趋关注琳琅满目的金融产品、信用卡消费、网上银行消费，多种配套的金融理财服务是这类人群所关注的。[①]

源于2007年美国次贷危机而席卷全球的金融危机警示着：消费者正是这场危机的真正受害者。金融衍生品无节制的泛滥、监管力度不足的金融创新导致欺诈性贷款和掠夺性贷款，缺乏正确引导的消费者在不知情和即使知情也根本无法作出正确选择的情形下，盲目跟风，损失惨重。痛定思痛，美国和很多国家认识到，发展金融业促进金融创新不应以牺牲消费者的利益为代价，金融监管的基础目标首先就是要保护公共投资者、存款人等消费者的利益。[②]

伴随国际社会的金融监管改革，对金融领域消费者权益保护的现实问题和理论问题引起学界越来越多的关注，人们开始讨论“金融消费者”这一基本概念。时至今日，学界对于“金融消费者”的内涵和外延上并未达成主流共识。笔者本着尊重我国金融业和监管特点的原则，结合域外立法经验，同时依循一定的逻辑推演路径来界定金融消费者的内涵，并探索金融消费者与投资者的关系，探索明确金融消费者的范畴。

学界对金融消费者的界定多是套用《消法》中关于消费者的厘定，即金融消费者是消费者概念在金融领域的专业化，是使用金融产品或接受金融服务的个体社会成员（或言自然人）。有学者认为，“金融消费者是消费者概念在金融领域的延伸和特别化，

① 王勇．完善金融消费者保护法律环境，证券时报，2012—10—30.

② 罗培新．美国金融监管的法律与政策困局之反思［J］．中国法学，2009（3）：93.

是指与金融机构建立金融服务合同关系，接受金融服务的自然人”。[①] 另有人认为，“金融消费者，实际上是指为生活需要购买、使用金融商品或接受金融服务的个体社会成员”。[②] 或“金融消费者是指为生活需要购买或使用金融机构提供的金融商品，享受金融机构提供的金融服务的自然人”。[③] 可见，目前学界和实务界在对金融领域的消费者给予保护这一点上已经达成共识，但对于这种保护是基于《消法》还是其他特别法，以及受保护主体的范围有多大尚无定论。

从逻辑上分析，“金融消费者”是“消费者”的子概念。基于此，在我国《消法》在对消费行为进行界定，且并未将金融领域产品和服务方面的消费活动排除在外的情况下，是否可以依据《消法》为金融领域消费者权益提供保护？学界热衷于提出“金融消费者”的概念，并非基于简单的逻辑推演，而是迫于现实的无奈，原因主要如下：一方面，《消法》中的消费者概念是否能够适用，或者在多大范围内能适用金融领域的产品、服务的接受者，是不清楚的。传统观点认为，金融活动中的投资活动不在生活消费的范畴，“我们把到银行存款或者与保险公司签订保险合同的个人描述成消费者可能没什么困难，但是当我们将投资人也视为消费者时往往面临阻碍”。[④] 多数学者主张投资与消费行为在性质内涵上是不同的，应当区分金融消费者与投资者。也有人认

① 刘晓星，杨悦．全球化条件下金融消费者保护问题研究［J］．现代管理科学，2008（6）：108.

② 王伟玲．金融消费者权益及其保护初探［J］．重庆社会科学，2002（5）：33. 转引自何颖．金融消费者刍议［J］．金融法苑，2008（9）：18.

③ 孔令学．论公私权视角下的金融消费者权利保护与限制——从〈反洗钱法〉颁行说起［J］．济南金融，2007（4）：20.

④ Peter Cartwright，Consumer Protection in Financial Services，Kluwer Law International，1999：5，转引自何颖．金融消费者刍议［J］．金融法苑，2008（9）．

为，应对“生活消费”的外延做宽泛的解释，各种金融活动包括证券投资在内的都是为了满足生活中对资金运用、结算、信用等方面的金融需求，所以消费者的概念可以涵盖所有金融服务接受者，包括投资者，只要这些金融产品和服务的接受者是交易中的弱势方即可。[①] 在实务界，同样也存在这种纠结：工商部门认为，《消法》不保护投资行为，因为股票和基金的购买者不是消费者。同样，证券监管部门则对在证券行业引入消费者概念持否定态度；而银行业监管部门和保险业监督部门已经采用消费者的概念，特别是银行业监管文件中已经广泛使用“金融消费者”的概念。[②] 另一方面，我国金融领域既有法律法规没有对该领域内消费者这一群体予以充分保护。该领域消费者的权益零散地被规定于各类不同位阶的法律文件中，且很多权益还没有明确被法律确认。

从域外相关立法来看，无论是英国、美国还是欧盟，并未直接使用“金融消费者”这一概念，他们的做法是在金融服务领域使用传统意义上的消费者概念，并详细规定在何种交易中、何等条件下金融产品和服务的接受者可以成为消费者，从而享受作为消费者法律所确认和保护的权利。对于这类消费者的特有权利则通过金融领域相关立法予以规定。[③] 英国2000年的《金融服务与市场法案》把金融领域的“消费者”（consumer）区分为专业消费者和非专业消费者，并明确规定给予非专业消费者的法律保护

---

① 中国人民银行成都分行法律事务处课题组．金融消费者概念之反思——基于一元化视角构建我国消费者金融权益保护制度［J］．西南金融，2011（7）．

② 2006年施行的《商业银行金融创新指引》首次提出，商业银行的金融创新应当“满足金融消费者和投资者日益增长的需求、充分维护金融消费者和投资者利益”。

③ 廖凡：金融消费者的概念和范围：一个比较法的视角［J］．环球法律评论．2012（4）：34.

程度要高于给予专业消费者的法律保护。美国《金融服务现代化法》在第五章第一节中将“消费者”（consumer）界定为：为个人或者家务目的而从金融机构获得金融商品或服务的个体或及其法定代表。[①] 英国和美国对于金融消费者的概念和范围的具体规定，体现了各自混业监管和分业监管体制的深刻影响。[②] 对比分析可见，英国的《金融服务与市场法》中规定的消费者范围几乎覆盖了整个金融服务领域的非专业交易者和投资者，这种界定是非常广泛的。法律制度上的规定与英国的综合监管体制不可分割：英国议会通过《金融服务与市场法》确立了金融服务局（FSA），该局作为金融监管职能的单一监管者，兼并了1997年FSA设立之前原有的九家金融监管机构在不同金融领域的监管职能；该国的金融申诉专员制度（Financial Ombudsman System，以下简称FOS），负责接受和处理各类金融服务接受者的投诉和纠纷。在这种“大一统”的综合监管体系下，统一的金融领域的消费者概念和消费者保护制度具备现实性和可操作性。然而，美国的相关制度却是另一番景象。虽然如世人所了解的美国1999年《金融服务现代化法》确定了混业经营、混业监管的原则，在此原则下对证券业、保险业以及银行业进行统一监管，然而仔细分析美国消费者金融保护制度，会发现这类制度集中体现于与银行

① 参见《金融服务现代化法》第509（9）条. The term ‘consumer’ means an individual who obtains, from a financial institution, financial products or services which are to be used Primarily for Personal, family, or household Purposes and also means the legal representative of such an individual. （Financial Service Modernization Act, 1999）.

② 在这一点上，廖凡在“金融消费者的概念和范围：一个比较法的视角”中做了深刻的对比研究。

业务有关的法律和规章中。[1]

出现这样的制度安排的根源在于：一方面，投资者保护已经是一套成熟、相对独立、系统化的制度；另一方面，在美国联邦层面没有统一的保险法和相应的监管机构。审视《金融服务现代化法》的规定，会发现其统一监管的原则并没有贯彻在法案：该法案涉及消费者保护的规定仅限于第三章、第五章第一节以及第七章第一节，为确保存款机构在代理保险业务过程中保护消费者的权益，第三章要求联邦银行业监管机构有权制定规章以规范存款机构的业务行为；第五章第一节规定了关于披露非公开的个人信息的限制；第七章第一节规定相关消费者的自动交易机的收费改革问题。可见，第五和第七章中的相关规定均在银行业监管的范围内。虽然该法对消费者做了相对宽泛的界定，即“为个人或者家务目的而从金融机构获得金融商品（服务）的个体或及其法定代表”，而金融机构被界定为从事相关金融活动的机构。从立法体系上分析，关于消费者的规定被放在第五章第一节，因而关于消费者的范围应该限于该法案的第五章第一节，也就是说仅仅适用于个人信息保护的基本规定。该部分规定明确了联邦银行业监管机构、财政部、联邦贸易委员会、全国信用社管理局以及证券交易委员会分别制定个人信息保护实施细则，分别适用于各自监管的金融机构。[2] 由此可见《金融服务现代化法》并没有像英国一样构建“大一统”的金融消费者概念，并将该概念统一适用于所有领域的金融监规制度当中。美国2010年7月通过了《多德

---

① Daniel Lamb，A Specter is Haunting the Financial Industry—The Specter of the Global Financial Crisis：A Comment on the Imminent Expansion of Consumer Financial Protection in the United States，United Kingdom，and the European Union，31 Journal of the National Association of Administrative Law Judiciary，2011：213，216—217.

② 参见《金融服务现代化法》509（3）、（9）和504（a）（1）。

—弗兰克华尔街改革与消费者保护法案》，该法将消费者界定为个人或者代表个人行事的代理人、受托人或代表人。[①] 该法在第十章中，将美联储、货币监理署、储贷协会监理署和联邦存款保险公司等机构相关保护金融产品和服务接收人的法规制定权及执行权转移给美国消费者金融保护局（Consumer Financial Protection Agency）；美国消费者金融保护局可以根据上述法律制定和发布的任何规则和命令。[②] 从转移权力的来源可以看到，其中并不包括美国证券交易委员会等主要负责证券业监管的机构，所以该法中的“金融消费者”其实是指“银行业消费者”。针对证券投资者的保护，该法案单独设立了一章——第九章“投资者保护与证券监管改进”，而与其并列的第十章即是关于消费者金融保护的，两者是平行关系。仔细分析该法案第九章的内容可以得出结论，在美国的金融监管体系中，投资者保护始终是由证券监管机构负责的，监管证券机构在美国是证券交易委员会，保护投资者职责由金融消费者保护局行使。可见，美国的金融消费者保护与投资者保护是两条平行线，反映了美国根深蒂固的金融分业监管格局。

逻辑推演对概念的获得固然重要，但更为重要的是概念应是具体时空下实践的真实反映。比较美、英国家的金融监管法律规范可见，“金融消费者”这一概念并不是由立法者创设的，概念的产生和范围的确定也并非理论推演所得到的。任何概念的产生都根基于社会现实，而就“金融消费者”这一概念所言，其与监管模式体制有着必然的联系。

在讨论我国的金融消费者概念时，同样不应该仅仅追求概念

① 第1002（4）条、第1002（5）、（15）条。

② See Dodd-Frank Act of 2010，Pub. L. No. 111 - 203，§1002（a）（1），124 Stat. 1977（2010）.

的推演以及理论的周延，我国市场和监管实践是必须被充分考虑到的。在我国金融业分业经营、分业监管的模式下，人们习惯将银行领域的消费者称为“银行客户”；在保险业务领域，消费者被称为“投保人、被保险人”；在证券以及期货领域，被称为“投资人”。实践中，银监会已经将购买银行产品、接受银行服务的客户视作“金融消费者”；保监会也将投保者视为“保险消费者”；证监部门认为证券投资者具有投资性质，采用了“金融投资者”的概念。考虑到我国的实际情况，证券投资者的概念以及相关制度和规则已经相对完善，笔者建议将金融消费者的概念进行比较宽泛的界定，同时证券投资者的概念继续保留。金融消费者和证券投资者在范围上形成交叉关系：在证券投资领域，金融消费者大致与个人投资者相对应。这种界定主要是考虑到个人投资者以个人和家庭收入增加为目的，如前述对消费者特征的分析，个人投资行为具有生活消费的特征，因而此处将个人投资者归入金融消费者的范畴。需要特别说明的是，这里的个人投资者涵盖专业的个人投资者。专业个人投资者是指金融市场中拥有用以作出投资决策和评估风险的经验、知识和技能的自然人参与者。专业的个人投资者在面对规模庞大、资金雄厚的金融机构时，其所拥有的信息、经验和实力仍然显得单薄，完全不能够与金融机构相抗衡。针对机构投资者，考虑到其专业性和营业性，将不被包含于金融消费者的范围内。因而，包括个人投资者，金融消费者的范围涵盖证券资本市场以外的金融领域的存款人、投保人、银行卡持卡人、消费贷款人等等，并与资本市场投资者的范畴相并列。在这种制度设计下，投资者与金融消费者两个概念并存，各自均存在相应的保护制度，由此形成两个概念、两套制度并存的局面，可以适应我国分业监管的传统以及在未来很长一段时间内保持分业监管的趋势，具备现实可行性。

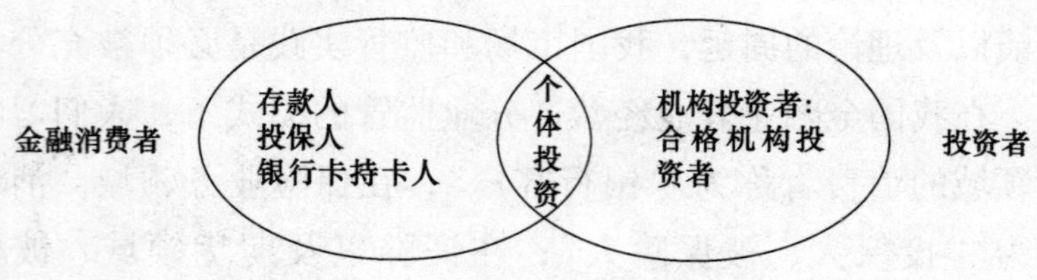

图 1—1 金融消费者与投资者概念关系图

图片来源：笔者自制。

以发展的眼光看当下的金融业务，金融创新日新月异，金融业务交叉层出不穷，金融商品及金融服务呈现综合化。跨领域的复杂金融产品使消费者在选购金融商品时可以忽略各种金融产品的所属领域，以消费者在银行接受服务而言，消费者既可以购买各类信用供给的金融业务，也可购买由银行兜售的基金理财产品，甚至可以购买银行推介的保险产品。此时，消费者既具有银行客户的身份，又同时兼而有投资者与投保人的身份。那么在这种情况下，应如何确定金融产品和服务接受者的身份？使用何种规则呢？对于混业经营和金融创新所带来的产品和业务的交叉，笔者认为可以根据交易者所处的具体领域和交易阶段，选择适用乃至同时适用消费者保护或投资者保护的相关规则。

从金融商品和服务的交易主体来看，在市场上，金融产品或服务的供给方是各金融性的公司组织，包括政策性银行（央行除外①）、

① 中央银行是国家赋予其制定和执行货币政策，对国民经济进行宏观调控，对金融机构乃至金融业进行监督管理的特殊的金融机构。它是一个由政府组建的机构，负责控制国家货币供给、信贷条件，监管金融体系，特别是商业银行和其他储蓄机构。它为政府筹集资金，同时代表政府参加国际金融组织和各种国际金融活动。中央银行所从事的业务与其他金融机构所从事的业务的根本区别在于，中央银行所从事的业务不是为了营利，而是为实现国家宏观经济目标服务，这是由中央银行所处的地位和性质决定的。

商业银行、金融资产管理公司、保险公司、信托投资公司、证券公司、财务公司、信用合作组织等各种所有制形式的金融企业，综合起来即为金融部门。金融产品或服务的需求方即金融消费者，可以是自然人、法人或其他组织。[①] 因此，可将金融消费者界定为购买或使用金融机构提供的金融商品，享受金融机构提供的金融服务或潜在的购买或使用金融机构提供的金融商品，享受金融机构提供的金融服务的自然人、法人或其他组织。

第三节　金融消费者权益

权益包含权利和利益两层含义。从特征上讲，权利是权利主体所享有的利益，利益是权利的主要内容。[②] 权利是指那些被法律所确认的类型化了的利益。本书所探讨的金融消费权益更为准确地说是金融消费者权利，即金融消费者因金融消费行为（包括潜在的金融消费行为）而享有的权利。关于权利，各学科分别从自己的视角进行界定，以作为研究的基点。在法学领域，由于对权利的研究是学科体系构建的基础，各学者对权利的含义做了深入的思考。马克斯·韦伯则将权利的存在定义为某人一定希望实现的可能性。[③] 德国“目的法学派”的代表耶林认为，主观意义

① 基于“消费者”概念的逻辑推演，“金融消费者”是“消费者”的子概念，无论是自然人、法人或其他组织只要在交易过程中相对于经营方处于弱势地位，法律就应对其做倾斜性保护。在金融领域，法人或其他组织与专业金融机构比，仍处于弱势方。比如单位为员工购买团体险，单位与保险公司的信息获得严重不对称，单位即消费者，应获得法律倾斜性保护。

② 但这并不等于所有的利益都能表现为权利，比如死者的人格利益。

③ ［德］马克斯·韦伯．论经济与社会中的法律［M］．张乃根译，中国大百科全书出版社，1998：99.

上的法就是对抽象规则加以具体化而形成的个人的具体权利。[①] 我国学者张文显认为“权利是规定或隐含在法律规范中，实现于法律关系中的主体以相对自由的作为或不作为的方式获得利益的一种手段”。[②] 在公法视野下的权利往往指公民权利，公民权利主要是指由一个国家宪法确认并保障的、对公民而言最主要的权利，是人权在一定条件下的宪法化。法产生以后，国家以法的形式赋予了人在人身、政治、经济、文化等方面更加广泛的权利，原来的人权变成法制社会中人们熟知的公民权，简称权利。

消费者的权利，是消费者为进行生活消费应该安全、公平地获得基本的食物、衣物、住宅、医疗和教育等的权利，实质是以生存权为主的基本人权。[③] 根据我国《消法》第二章的相关规定，消费者具有安全权，知情权，自由选择权，公平交易权，求偿权，结社权，接受教育的权利，受尊重的权利，监督、检举和控告权等九项基本权利。[④] 可见，我国《消法》对消费者权利已经

① ［德］鲁道夫·冯·耶林．为权利而斗争［M］．中国法制出版社，2005：4.

② 张文显．法学基本范畴研究［M］．中国政法大学出版社，1993：87.

③ 漆多俊．经济法学［M］．武汉大学出版社，1998：189.

④ (1) 安全权。根据《消费者权益保护法》第七条规定，消费者享有在购买、使用商品和接受服务人身、财产安全不受损害的权利；消费者有权要求经营者提供的商品和服务，符合保障人身、财产安全的要求。(2) 知情权。根据《消费者权益保护法》第八条规定，指消费者所享有的知悉其购买、使用的商品或者接受的服务的真实情况的权利。消费者有权根据商品或者服务的不同情况，要求经营者提供商品的价格、产地、生产者、用途、性能、规格、等级、主要成份、生产日期、有效期限、检验合格证明、使用方法说明书、售后服务，或者服务的内容、规格、费用等有关情况。(3) 自由选择权。根据《消费者权益保护法》第九条规定，消费者享有自主选择商品或者服务的权利。消费者有权自主选择提供商品或者服务的经营者，自主选择商品品种或者服务方式，自主决定购买或者不购买任何一种商品、接受或者不妾受任何一项服务。消费者在自主选择商品或者服务时，有权进行比较、鉴别和挑选。(4) 公平交易的权利。根据《消费者权益保护法》第十条规定，消费者在购买商品或者接受服务时，有权获得质量保障、价格合理、计量正确

有了系统、清晰、全面的规定。那么对于金融领域的消费者基本权利范围的界定，参照我国《消法》的相关规定，可以把金融消费者的基本权利归纳为：金融消费安全权、金融消费知情权、金融消费自主选择权、金融消费公平交易权、金融消费者受教育权、金融消费者受尊重权、金融消费损害赔偿权、金融消费者结社权和金融消费者监督、检举及控告权等八项基本权利。考虑到现实中存在较多对金融消费者隐私信息侵犯的情况，笔者认为金融消费者信息的保护相比一般领域的消费者而言更为重要，故将金融消费者隐私权列入金融消费者基本权利。在金融领域消费活动中，基于金融产品和服务的日趋复杂性和专业性，消费者一方获得的信息是有限的，即便金融机构提供了相关信息，如果没有详细的解释和分析，消费者仍然不能作出正确的决定，因而在上述八项金融消费者的基本权利中，笔者认为金融消费者的知情权和受教育权相对更为重要，这两项权利的保护直接影响到金融消费者的公平交易权、自由选择权等权利。此外，基于目前我国金融消费者领域较多存在的问题，即金融消费者隐私权受侵害的案件激增，以及消费者纠纷解决不畅的社会现实，笔者认为金融消费者隐私权和求偿权应列为重点保护权利。针对上述提及的四类

等公平交易条件，有权拒绝经营者的强制交易行为。(5) 求偿权。根据《消费者权益保护法》第十一条规定，消费者因购买、使用商品或者接受服务受到人身、财产损害的，享有依法获得赔偿的权利。(6) 结社权。根据《消费者权益保护法》第十二条规定，消费者享有依法成立维护自身合法权益的社会团体的权利。(7) 接受教育的权利。根据《消费者权益保护法》第十三条规定，消费者享有获得有关消费和消费者权益保护方面的知识的权利。(8) 受尊重的权利。消费者在购买、使用商品和接受服务时，享有其人格尊严、民族风俗习惯得到尊重的权利。(9) 监督、检举和控告的权利。消费者享有对商品和服务以及保护消费者权益工作进行监督的权利。消费者有权检举、控告侵害消费者权益的行为和国家机关及其工作人员在保护消费者权益工作中的违法失职行为，有权对保护消费者权益工作提出批评、建议。

权利，以下简明阐明内涵和重点保护的意义所在。

一、金融消费者知情权

知情权是金融消费者一项最为基本的权利，是指金融消费者有获取真实信息的权利，这里的真实信息是指包括任何可能影响消费者做消费决定的关于金融产品和服务的信息。金融消费者有权要求金融机构依照法律法规、行业协会指引、金融机构自律规范等规定全面、及时、准确地揭露并解释各类信息。维护金融消费者知情权，是由金融商品或服务的专业性、技术性所决定的。金融消费者知情权首先体现于对金融产品或服务信息本身的知情权，相关国家法律法规的知情权、相关金融知识的知情权。比如消费者去银行储蓄，那银行就要准确、全面、及时地将存款利息标准、国家法定利息税率等相关信息告知消费者；如果消费者对于相关信息不理解，银行有义务为其做详尽、清晰、无误导的解释，在此层面的知情权对于消费者的决策具有决定意义。另外，从国内外相关立法文件中，笔者发现注重金融机构对金融消费者的分类，并以此分类来满足金融消费者知情权是当下的趋势。金融机构在推介专业性强以及风险性高的金融产品时，必须考虑金融消费者的认知和理解能力，并以清晰、可令人理解的解释帮助消费者准确了解金融产品和服务；如果发现金融消费者对所要购买的产品或服务并不具备相应的认知能力时，金融机构应建议其放弃此项金融消费。

二、金融消费者隐私权

金融消费者的隐私权（Financial Privacy）指金融消费者控制、收集、揭露以及使用关于与其金融交易相关信息的权利。由于前文对金融消费者的界定中提及金融消费者包括自然人及法人和其他组织，此处的金融消费者隐私权不能笼统地界定为人格权，因为只有自然人享有人格权，而法人和其他组织不可能享有人格权。针对法人或其他组织的所谓的“金融隐私权”是指其在金融交易中享有的相关交易信息不被非法知悉、搜集、利用和公开的权利。在数字时代，消费者在金融交易法律关系中，其信息安全面临着极大的威胁。区别于传统的隐私权的人格权属性，金融消费者隐私权是财产权的一种延伸，因为金融消费者隐私以其个人（或法人以及其他组织）信用记录为核心，这些信息包括消费者账务信息、交易记录、投资信息、财产状况信息等等，一旦这些信息被非法使用，将造成金融消费者财产上的实际损失。①

三、金融消费者受教育权

金融消费者受教育权是指金融消费者获得与其购买的金融产品或服务相关的基本金融专业知识，以及可以用来维护自身合法权益的相关金融法律法规的权利。由于缺乏相应的金融专业知识，金融消费者在购买金融产品和服务时，无法理性地分析消费（投资）风险并作出正确的消费决定。保护金融消费者权益从根本上要提升消费者自身的风险意识，给予他们必要的金融法律法规常识和金融交易中所必须具备的基本金融知识。在此基础上，金融消费者才有可能在交易过程中理性地分析、自由地选择、公平地交易。

四、金融消费者求偿权

金融消费者求偿权指金融消费者在与经营者的交易中非因自

① 魏琼，赖元超．论我国金融消费者的概念及其特权［J］．金融理论与实践，2011（7）．

己的故意或过失而遭受人身、财产损害时，有权向金融经营者提出请求赔偿的权利。无救济的权利非权利，求偿权的实现是金融消费者各项权益的保障，当金融消费者在合法权利受到侵犯时，有权依据合同规定以及相关法律规定要求金融机构进行赔偿。金融消费者求偿权得以实现往往与一国金融领域纠纷处理机制密切相关，高效、便捷的金融消费者投诉、纠纷解决机制是实现金融消费者求偿权的保障。

第四节　金融消费者权益保护

一、金融消费者权益保护的现实必要性

消费者和经营者是商品经济发展所导致的两个社会阶层。经营者自其诞生之日就享有独天得厚的各种商品的信息，而消费者却只能凭借经营者提供的有限信息以作为是否购买商品的依据。伴随市场经济的迅猛发展，经济实力强大的大企业和大财团在商品交易中控制了各种商品和服务，特别是那些和消费者生存相关的重要民生产业，更是由少数经营者垄断，消费者处于则愈来愈弱势的地位，信息的不对等、实力的不对等导致权利义务的不对等，消费者诸多权益受到来自经营者的侵害。在金融交易中，金融机构具有雄厚的经济实力、拥有通晓金融专业知识和技术的高级人才，往往不露声色地通过免责条款、格式条款将交易风险转嫁给弱势的消费者。基于信息的严重不对称和悬殊的经济实力差别，金融消费者几乎没有讨价还价的余地，这就导致金融消费者无法与金融机构进行公平交易。伴随金融创新的提出及不断推进，新型结构性产品越来越多，资产证券化、期权期货产品等复杂的金融衍生品在普通老百姓的生活中越来越流行。然而，金融

机构并没有就这些复杂的、与消费者关系密切的金融产品信息予以充分披露，缺乏专业知识的金融消费者在对金融产品结构、收益以及风险等重要信息不清楚、不理解的状况下无法作出理性的消费抉择。在缺乏信息披露的机制下，金融机构工作人员向消费者推荐产品时往往只介绍金融产品的优势，如产品的收益率等等，却对产品的风险以及和消费者维权相关的法律法规避而不谈，当金融产品无法兑现兜售时所承诺的收益回报时，消费者与金融机构之间随即便会产生纠纷。

二、金融消费者权益保护的理论依据

给予金融消费者权益保护在现实层面具有急迫性；在理论层面，金融消费者权益的倾斜保护是论之有据的。

（一）金融消费者保护的经济学分析

信息不对称在现代市场交易中无所不在，对市场价格的决定以及资源配置会产生不良影响；因为信息不对称，市场交易当事人在无法全面获得交易信息时，不能够完全预期交易的外部环境，交易当事人的这种特点称为“有限理性”；除“有限理性”外，交易当事人为追求自身利益还可能利用可能的机会以损害对方利益，这种以牺牲对方利益来为自己牟取利益的特点，在经济学中被称为“机会主义”。[①]“有限理性”和“机会主义”将造成商品生产、经营者与商品购买者之间的博弈，而博弈的结果将是消费者的利益受到损害。

信息严重不对称，消费者不能获得赖以正确决策的必要信息，导致其由于受知识、交易地位、经济实力等条件限制，无法

① 吴弘，徐振．金融消费者保护的法理探析［J］．东方法学，2009（10）

正确判断商品的质量以及商品的交换价值，通常状况下仅愿意用市场上平均质量所对应的商品价格来支付商品。这样将出现严重问题：在商品市场中，同类商品的质量良莠不齐，生产优质商品的成本相应较高，当生产者出售优质商品却仅获得中等质量商品的对价时，其获得利润就较低，继而生产积极性降低，市场中逐渐地将丧失生产质量高于平均商品的生产者，而留下受利益驱动生产低级质量商品的生产者。一旦消费者发现其付中等质量商品对价而仅仅获得低等质量的商品时，其将支付更少的价格以换取劣质商品，逐渐地，那些中等质量商品也会因亏本而退出市场。循环反复，最终市场上将只剩下质量较低的劣质商品，而不能满足消费者对高等质量商品的需求，消费者的权益将受到损害。区别于传统消费，金融消费者所购买的金融产品更多地依赖信息的获取。当下金融产品往往体现为权利证券化、证券电子化，消费者对其购买的金融产品可以说是“看不见”、“摸不着”，这种特点导致金融消费者不能清楚地理解其所购买的金融商品的运行原理和真实状态，仅仅凭借金融机构一方对金融产品优势的介绍，难以根据其实际价值来支付对价，从而作出错误的消费或投资决策。因此，金融消费者购买金融产品或接受金融服务时相比传统行业内的消费者，更严重依赖于商品信息，由此可以判断金融消费者权益更需要得到法律的倾斜性保护。

（二）金融消费者保护与金融监管理论的发展

传统的金融监管以维护金融业的稳定为主要目标，经营者的利益实现得益于金融业的稳定，因而传统的金融监管更多地是对经营者的保护。20 世纪 60 年代以后，基于消费者权益的保护逐渐被纳入金融监管的目标体系中，所谓“消费者主权”受到重视并开始取代“经营者主权”。英国经济学家泰勒（Taylor）提出了闻名于世的“双峰”（Twin Peaks）理论：金融监管实际上同时存在着两个目标：一是审慎监管目标，目的在于保障金融体系的稳定以及金融机构的平稳经营，以此来预防系统性金融危机；二是消费者权益保护的目标，通过监管金融机构的违法违规经营行为，消费者免受或少受欺诈，减少不公平交易。进而，泰勒认为根据监管目标的不同，应该设立两个平行的监管机构来行使专业化监管职能，审慎监管者旨在减少系统性危机，而金融消费者权益保护者旨在维护交易公平。[①] 在保护金融消费者权益时，公权力加强对金融机构的有效监管，可促进金融机构信息披露，从而使金融交易更为透明化，以此保护消费者的知情权与自由选择权，实现实质意义上的公平交易。

三、金融消费者权益保护的法律路径

在厘清金融消费者权益保护的现实急迫性和理论依据后，有必要探讨一下金融消费者权益法律保护路径。在此，笔者从权益的私法保护和公法保护两个层面展开。

金融消费者与金融产品以及服务的经营者的权利与义务往往是通过合同设立的，因而从意思自治下的交易角度来看，私法保护路径，即合同法的规定无疑提供了最为基本的保护措施。金融消费者和金融服务以及产品的经营者是合同的当事方，彼此的权利与义务受到合同法的制约。在合同法所调整的平等契约主体之间的交易关系，重视双方合意的达成，强调意思自治。在这样的法律关系中，交易主体是平等主体，法律权利和义务的平等分配囿于社会资源的稀缺性，仅仅在形式上具有意义。在很多情况

① 20世纪末，澳大利亚分别设立专门负责维护金融体系安全稳定的审慎监管局（APRA）和司职保护消费者利益的证券投资委员会（ASIC），被认为是“双峰”理论的忠实实践。

下，形式平等使得某些交易主体仅仅在形式上有所谓的自由权，而从实质上来说，这些权利的实现并没有保障，因而形式上的平等仅仅是并没有达成事实上的利益平衡。在一国法制建设初始阶段，形式上的平等具有一定程度的象征意义，但是伴随法治社会和市场经济的发展，仅仅根据表层的契约自由、意思自治这类形式平等原则解决日趋复杂的经营者与消费者之间的关系，是远远不能从根本上实现公平、正义的。在经营者和消费者之间，消费者限于经济实力与信息劣势，即便给予其契约自由、意思自治，消费者的权利也得不到根本保障，消费者一方的实质公平与正义无法实现。在某些专业性、技术性领域，纯粹形式上的平等甚至会造成更大程度的实质不平等。专业复杂、技术含量高的产品经营者对产品重要信息的完备性和实效性占有绝对优势，其在经济实力上的明显优势使得交易双方地位不能够像理想市民社会契约自治那样纯粹。① 在合同法的法律体系下，平等仅为形式的平等，这种形式平等排除国家干预，崇尚绝对自由，使强者获得最大限度的利益，而弱者的生活岌岌可危。故此，单纯依据民法、合同法为金融消费者提供法律保护是不充分的，追求形式上的公平不足以保障消费者的应有权益。

可见，消费关系在现代商品社会已经不是一种纯粹的私法关系，消费者权益的保护是对特定范围内不特定多数主体利益的保护。这些权利看似是私人权利，但是从整体来看已经演变成一种社会权利，存在着更深层的对公共利益的诉求。私法自治、私有财产神圣不可侵犯是西方法治兴起的基础，但是行政国家、福利国家、服务行政、给付行政理念的产生与深化，经济危机的频繁爆发，使得国家加强对经济社会生活的干预成为必要。《消法》

① 耕牛．形式平等 vs 实质平等—以经济法的视角透视［EB/OL］，http：//economielaw. fyfz. cn/art/45511. htm，2011－02－04.

从某种意义上说主要是国家行政公权保护公共利益的结果，其规范带有国家强制性，生产经营者必须遵守，违者国家要追究其责任。尽管消费者与金融机构之间的合同关系被视为平等交易主体之间的意思自治，是一种典型的私法关系，一般强调当事人意思自治而排斥公权力的干预；但随着金融产品日益复杂，专业知识薄弱的消费者对于日趋复杂的金融产品和服务很难正确理解其运行结构以及风险系数，在与金融机构订立合同时处于严重不利地位，进而造成金融秩序失范，这就使行政主体通过公法体系加强对金融机构的监管，为金融消费者权益保驾护航成为必要。

从实证分析的角度审视国际、国内层面的金融消费者权益保护的举措，政府、组织均无一例外地采取了利用公权力进行金融规制的路径。① 在金融规制的过程中，公权力的运用是以公法为规范依据的。所谓公法，按照《牛津法律大辞典》的解释，主要包括宪法、行政法、行政诉讼法、地方政府法、社会保障法、税收法、教会法和军事法等，旨在规定国家有组织的政治团体、政府及其部门与代理机构的结构、行为、权力和豁免权、义务及责任的规则和原则，用以调整国家与普通个人之间的关系。②

在庞大的公法体系中，宪法权威毋庸置疑，行政法地位举足轻重。③ 有学者指出，公法的现代化与理性化，主要表现为与时俱进的、旨在全面及时回应国家与社会现代化需要的宪法与行政

① 所谓金融规制即政府为了促进金融业的发展、弥补金融市场失灵、维护金融市场的稳定、防范金融风险，以出台法律法规为主要手段，以行政干预为辅助手段对微观金融主体进行扶持、引导、规范和约束的总和。王鹏博士．金融规制问题研究［D］．吉林大学，2005.

② ［英］戴维．M. 沃克．牛津法律大辞典［M］．光明日报出版社，1989：733.

③ 朱景文．比较法导论［M］．中国检察出版社，1992：192.

法的制度变革。[①] 随着社会的不断发展变迁，“公法和私法不再是两个相互截然分离的局部法律制度，而是灵活的、着眼于问题的、相互补充的法律调整方法”，国家可以整合利用以发挥两者的全部潜能。[②] 为了实现实质的法治主义，公法逐渐向私域渗透，出现了私法的公法化现象。[③] 于是，在金融消费这一原本属于私法保护的领域，缘于私法救济的不力，公法保护成为必要。德国学者汉斯·J·沃尔夫等指出：德国的法学教研发生了重大变化，从20世纪50年代前的以民法为中心，到21世纪初的“公法取得了优先的地位”。[④]

通常意义上，公法保护是指宪法保护、刑法保护以及行政法保护。基于宪法的根本性、原则性、指导性，其为金融消费者权益仅能提供间接保护，而刑法则仅适用于那些严重危害金融消费者权益应受刑罚惩罚的违法犯罪行为。因而，本书提出的金融消费者权益保护将集中探讨行政法领域金融消费者权益保护制度。

---

① 宋功德．中国公法的崛起与政治变革［J］，法制与社会发展，2004（2）．

② ［德］汉斯·沃尔夫、奥托·巴霍夫、罗尔夫·施托贝尔．行政法第一卷［M］．高家伟译，商务印书馆，2002：198—199.

③ 所谓私法公法化是指公法对原本是私法所调整的社会关系予以控制，在一定程度上使之成为公法关系。如公司自治中的社会责任、消费者权益保护等均是此类现象，高秦伟．行政法中的公法与私法［J］．江苏社会科学，2007（2）．

④ ［德］汉斯·沃尔夫、奥托·巴霍夫、罗尔夫·施托贝尔．行政法第一卷［M］．高家伟译，商务印书馆，2002：1

第二章

金融消费者权益行政法保护理论阐释

第一节　金融消费者权益行政法保护的必要性分析

制度的存在是为了回应现实需求。[①] 而当制度尚未形成或完善之时，就有必要在理论层面探索其存在的必要性。笔者在本节从实质正义、公权干预、公权控权以及公共利益四方面的法学理论论述金融消费者权益行政法保护具有必要性。

一、实质正义视角

在金融消费关系中，与金融机构相比，金融消费者在信息获取能力、风险承受能力以及交易地位方面均处于弱势，为矫正两者间的失衡关系，实现实质正义，有必要对金融消费者权益提供特别保护。

20世纪末，新公共管理理论在西方国家勃兴。新公共管理理

① 陈琦华．回应性法理念与法院立案庭制度创新研究［D］．上海大学，2010.

论猛烈地批判以官僚制为明显特征的公共行政制度。肇始于2007年美国次贷危机的全球性经济海啸却似乎回应了新公共管理理论，过度放松规制、金融监管不力以及金融机构社会责任感的丧失滋长了金融资本的贪婪逐利，最终造成席卷全球的金融风暴。在经历金融风暴后，人们开始重新反思新公共管理理论。新公共管理理论强调“效率”却忽视“公平”价值，[①] 放松规制、市场自由化是新公共管理所倡导的。当新公共管理理论的弊端得到现实的回应后，新公共服务理论兴起，并对新公共管理理论的基本观点予以矫正。新公共服务理论的研究基础涵盖了民主社会的公民权、市民社会、组织人本主义等理论，其强调的正是新公共管理所缺失的公平、公正的价值观。新公共服务理论并没有完全否定新公共管理理论，而是取长补短，肯定新公共管理理论中符合新公共服务精神的公共管理技术，从而进一步调整和完善政府、社会与市场三者的关系；新公共服务理论强调实质公平、公正价值观，重视公民权利的保护，在整合了政府、市场、社会三者力量中兼顾公平与效率。[②]

美国著名公共管理学家罗伯特·丹哈特阐述了新公共服务理论的主要内容，总结为：(1) 服务而非掌舵，公权力机构的使命在于帮助公民表达和实现他们的共同利益，而不是控制或驾驭社会。(2) 公共利益是目标，公共行政须致力于创造共享利益和共同责任。(3) 服务于公民，公共行政要关注建设政府与公民之间、公民与公民之间的信任与合作关系。(4) 多重责任，公共行政不仅要关注市场，也应该关注宪法和法令，关注社会价值观、

---

① 陆玉凤．从新公共管理走向新公共服务［J］．东南大学学报，2007（9）：88—89.

② 王为民．后金融危机时代公共行政发展方向——基于新公共服务理论的分析［J］．江西科技师范学院学报，2010（4）．

职业标准和公民利益。（5）重视公民权和公共服务，把公民权的保护和公共服务的实现作为公共行政的目标。①

在新公共服务理论视阈下，实质正义是金融消费者权益行政法保护的重要价值基础。罗尔斯认为“人类社会是一个互惠合作体系，即每个人都必须从社会合作所产生的经济利益中受惠，如果在社会合作中那些基于偶然出生而具有较高社会地位和自然禀赋者受惠更多，而较低社会地位和自然禀赋者受惠更少，那么一种健全而持久的社会基本制度必须包含某种补偿性安排”。② 在经济领域，弱者权利需要法律在实质正义的层面对其倾斜地配置资源，即社会弱势群体的利益应该被法律施以倾斜保护，举例来说，国家通过立法特别保障贫困群体的基本生活条件、关注失业人员的基本生活需求，以此实现实质公平。在市场交易中，形式上的平等交易主体经济利益关系的天平两端已经严重失衡，很多与人们生存密不可分的重要行业被大企业、大财团所垄断，消费者在交易中的平等性已经无从谈起。金融领域的消费者相比传统的消费者来说，在信息获取能力、风险承受能力以及交易地位等方面均处于弱势，基于实质正义的价值目标，金融消费者权益的保护更凸显出必要性。

首先，金融消费者对于金融信息的获取能力有限。在消费者决定是否购买金融产品或服务时，对相关产品或服务的信息的及时获取和正确理解是其作出正确消费决策的前提条件。在金融领域的消费更是如此，各类金融产品和服务的复杂性、专业性与技术性使得消费者对金融产品和服务信息的占有在消费决策中所起

---

① 丁煌．政府的职责：“服务”而非“掌舵”［J］．中国人民大学学报，2004（6）：152.

② 廖申白．正义论对古典自由主义的修正［J］．中国社会科学，2003（5）：132. 江帆．经济法实质正义及其实现机制［J］．环球法律评论，2007（11）．

到的作用更为关键。然而，也正是金融商品的复杂性、专业性和技术性，令消费者无力及时、准确地获取其所需要的信息，甚至即便及时准确获取了信息，却囿于其自身知识结构以及经验的限制，无法正确理解这些信息，无法作出正确的消费决定。繁荣高速发展的金融市场中充斥着各类让人眼花缭乱的金融产品，消费者获取信息和消化信息的能力滞后。另外，信息搜集存在边际递增效应，信息充分成为经济学中的理想状态，[①] 消费者只能寻求最佳信息量而非完全信息。消费者和金融机构在信息占有上极为不均衡，金融机构天然地垄断着各类金融商品的信息，并通过隐瞒、加密等措施保持其对信息的垄断。信息获取是金融商品交易的关键环节，在虚拟金融交易中更多地体现为数字或公式。和传统行业商品相比，金融商品信息量更大，何况伴随金融市场的波动，信息会发生变化，使得消费者获取信息难上加难。此外，金融商品的虚拟性决定了金融商品本身不含供消费者判断其价值的外在客观存在，在整个交易过程中，消费者只有被动地依赖金融机构提供的有限信息进行决策。利用金融商品信息垄断优势，金融机构将交易风险转嫁给消费者，金融消费者权益被侵害的可能性更大。基于此，金融消费者的权益更需要法律的倾斜性保护。

其次，金融消费者的经济实力决定了其风险承受能力低。对于金融机构的市场准入和业务范围，法律通常都做严格规定，也就是说不具备相应经济实力就不可能成功注册为金融机构并从事相关业务。相比之下，金融消费者的经济实力，无论从财产总量还是资金流转率来说都非常弱小，无法与金融机构抗衡，因而承受风险的能力也非常弱。以证券市场的“散户”为例，90% 的个

① 应飞虎．信息、权利与交易安全——消费者保护研究［M］．北京大学出版社，2008：12.

人投资者是普通工薪阶层，还有一部分是下岗职工、退休工人等人群，[①] 这些人如果投资失败，损失的将不仅仅是自己的低收入，甚至对其家庭财产造成巨大损失。

最后，金融消费者与金融机构的交易地位不平等。金融创新日新月异，形态各异的金融理财产品由于其特殊的运行结构和交易机制，较普通商品而言更具复杂性、专业性和技术性，要求交易当事人具备特定的金融专业知识，这对于配备着高级金融专业人才的金融机构而言不是难事，但普通消费者的知识储备在面对富含新技术、新知识的金融商品时却显得捉襟见肘。相比之下，交易双方一边是从事金融商品生产和经营的专业机构，另一边是职业各异的普通消费者，金融消费者在交易中处于明显的弱势地位。金融机构在交易过程中，片面鼓吹金融商品的回报率而对风险避而不谈，通过格式条款、免责条款来免除本机构的责任却加重消费者的责任，交易地位的不平等导致金融消费者权利岌岌可危。

可见，金融消费者在信息获取能力、风险承受能力以及交易地位等方面处于明显的弱势地位，与金融机构之间的力量对比相差悬殊，且伴随金融创新的不断发展这种悬殊将更加凸显。本轮金融危机后，金融机构和消费者之间悬殊的差距引起了很多国家的关注，它们通过立法对金融消费者的保护予以倾斜。从此实证角度可见，金融消费者的权益需要借助国家公权力的保护，通过法律来矫正金融机构与金融消费者之间的失衡。这种矫正并不是简单地规定国家监管金融机构做及时、全面、准确的信息披露，更确切地说，公权力要通过法律将分配制度在此进行调整，对资源占有方面处于劣势的一方提供更多的支持与救济，以实现实质

---

① 郭锋主. 全球化时代的金融监管与证券法治［M］. 知识产权出版社，2010：455.

正义。

二、公权干预视角

公权力的存在基础与合理性在于保障私权利得以实现，当私法救济不足以充分保护金融消费者时，公权力须介入，以对金融消费者提供适当保护。

法国启蒙思想家卢梭提出的社会契约学说，奠定了西方公权力与私权利政治理论的思想基础。其核心思想是公权为保障私权而产生，公私权利有明确的界限，公权不得滥用。对于公权来说，凡是法律没有允许的都视为违法；对于私权，凡是法律没有禁止的，都视为合法。这种思想指导着西方民主政治的发展。传统消费者与经营者通过缔约达成交易，当事人依据意思自治享有权利并承担义务。在这个意义上，消费者的权利是一种典型的私权利，而公权力介入金融消费者权益保护是公权力运行的一种体现。当私权利出现危机，可能或正在受到侵害时，公权力应当进行积极的救助，否则就与创设公权力的初衷相悖。[①] 与具备强大实力的金融机构相比，消费者对金融知识和信息的掌握欠缺，对创新金融产品的了解甚少，时常被金融机构控制于股掌之间，其权益处于被侵害的状态。囿于金融领域繁多的格式条款和霸王解释权，消费者权益受到损害时难以用私法救济，即便提起诉讼也会面临举证不力的尴尬境地。当私法救济难以达成时，公法俘获发生。公法俘获是指某些传统的由私法调整的社会关系转由公法调整，或者说，公法介入某些原本私法发挥作用的领域。“公法俘获”并不代表着公法比私法地位更高或更优越，而是揭示着公私法关系融合的新发展。在私权利领域，公法俘获现象愈来愈普

① 万玲．金融隐私权保护公权干预制度探析［J］．行政与法，2012（12）．

遍。哈贝马斯在其《事实与规范之间》中提出宪法基本权利对私法“俘获”的观点，认为这种俘获或者呈现为“用宪法的基本权利规范来约束民法秩序”，或者呈现为“‘有待于填充内容的’主观公共权利在私法上的具体化”。[①] 在金融消费者权益保护领域，私法救济往往需要消费者一方承担举证责任，而囿于金融消费者自身结构以及对信息的获取能力，私法救济往往不能发挥作用；而行政权行使的公共性、强制性、执行性、服务性和效率性，为行政权介入金融消费者权益的保护提供了正当性，从而使金融消费者权益行政法保护具备正当性。

三、公权控权视角

金融消费者权益一方面可能在金融行政主体未能有效制止的情况下，受到来自于金融机构欺诈、误导等行为的损害；另一方面，也有可能由于金融行政主体自身的违法行政行为而受到侵害。从对公权力控权的角度来看，有必要通过行政法对金融消费者权益保护中的公权运行予以控制。

19 世纪大陆法系国家出现了公共权力论，认为行政机关与公民之间是命令与服从的关系；20 世纪出现了公务论，认为行政机关与公民之间是服务与合作的关系。在英美法系国家，主流学说——控权论则认为，行政机关与公民之间的关系是一种以公民权利制约行政权力的关系。[②]《不列颠百科全书》中提到，行政法的基本原则体现为行政权力受司法监督，一切政府部门的行政行为和决策的合法性须接受普通法院的检验，即普通法院是制约行政权力的独立结构，任何行政部门不得干涉普通法院法官行使其

① ［德］哈贝马斯．在事实与规范之间［M］．童世骏译，三联书店，2003.

② 叶必丰．控权论研究［J］．南京大学法学评论，1997（2）．

审判职责。[①] 英国学者韦德认为“对行政法的定义核心是关于控制，即行政法是控制政府权力的法律”。[②] 类似的，美国行政法学界也主张从控权论角度界定行政法。行政法学家古德诺认为，行政法是监管政府首长与各行政机构，限制各行政当局的权力运用，对行政权力侵害个人权利的行为提供救济的法律。[③] 此外，施瓦茨认为“行政法不是由行政机关制定的法，而是监督行政机关的法”。[④] 哈耶克指出：“所有政府，特别是民主政府，都应当受到限制。原因在于：民主政府，即使在名义上是全能的，也会因为无限的权力而变得极端软弱，沦为它为了获得多数支持而必须取悦的所有各种独立利益的玩物。”[⑤] 我们可以清晰地得出结论，控制行政权力保障公民权利是行政法的重要价值。同样，在金融领域，金融消费者权益亦可能因行政主体的不法与不当监管而受到侵害，通过行政实体法和程序法来规制金融行政权是行政法价值在此领域的体现，彰显主权在民主国家中行政公权力与公民之间权利义务的合理关系。

四、公共利益视角

金融消费者权益行政法保护是指公权力在金融领域履行其对公共利益的保护职能。对于“公共利益”的理解，可谓人言言殊。有学者认为所有个人利益的总和构成公共利益，也就是说，

---

① 上海社科院法学所编译．宪法［M］．知识出版社，1982：356.

② ［英］韦德．行政法［M］．英文版，伦敦，1982：4.

③ ［美］古德诺．比较行政法［M］．普特南父子公司，1903：7.

④ ［美］伯那德．施瓦茨．行政法［M］．群众出版社，1986：3.

⑤ F. A. V. Hayek, *Law, Legislation and Liberty*（法律、立法与自由），Volume 3，1979/1982，p. 99. 转引自［德］E. –U. 彼德斯曼著．国际经济法的宪法功能与宪法问题［M］．何志鹏译，高等教育出版社，2004：1.

公共利益是所有个人利益的总和。[①] 我国有学者认为“从在私法角度来看，社会公共利益即市民利益最大化。”[②] 张千帆教授的观点是“公共利益具有整体性和普遍性，是人类社会组成社会后整体突变而形成的利益”，进而认为“公共利益是个人利益以某种形式进行的组合，公共利益并最终体现于个人利益”，[③] 所以公共利益不可能脱离个体利益而独立存在。还有人认为并不是所有个体利益的总和才是公共利益，而大多数社会成员的共同利益也可以构成公共利益。在《公共政策词典》一书中，克鲁斯克认为公共利益“表示为构成一个整体的、大多数人的共同利益”。[④] 台湾学者城仲模的观点是公共利益的本质是大多数社会团体的整体利益，但并非真正的所有个体利益的简单叠加。[⑤] 还有学者认为公共利益代表抽象意义上的价值，如正义、公平难以用具体客观实在的事物进行描述，哈耶克在其《法律、立法与自由》中将公共利益称为“普遍利益”，并且将普遍利益抽象地界定为“由法律规则的目的价值构成的整体抽象秩序。这种抽象秩序的目的并不在于实现已知且特定的结果，而是作为一种有助于人们追求各种个人目的的工具而存续下来”。[⑥] 综上对于公共利益的理解，中外学者见仁见智，上述观点或是认为公共利益是个人利益的总和，或是认为公共利益是公民的整体利益和普遍利益，或是认为公共

---

① ［英］卢克斯．个人主义［M］．阎克文译．江苏人民出版社，2001.

② 郑少华．社会法：团体社会之规则［EB］．http://www.cnki.net/index.htm，2012-09-08.

③ 张千帆．“公共利益”是什么［J］．法学论坛，2005（1）．

④ ［美］克鲁斯克等．公共政策词典［M］．唐理斌等译．上海远东出版社，1992.

⑤ 城仲模．行政法之一般法律原则［M］．台湾三民书局，1997.

⑥ ［英］哈耶克．经济、科学与政治［M］．冯克利译．江苏人民出版社，2000.

利益是社会大多数成员的共同利益，或是认为公共利益是一种抽象的目的价值。基于上述各方学者对公共利益的讨论，可以发现学界对公共利益范围的界定并没有取得一致观点。任何事物都不是绝对的，公共利益是指在一定社会条件下体现为不特定多数主体的一致利益，所谓的“不特定多数主体”不一定是全体社会成员，也可能是特定范围内的部分社会成员；“一致利益”的范围既包括经济利益，也包括正义、公平等价值追求。公共利益与个人利益不能分割，因为公共利益来源于个人利益又独立于个人利益，它具有相对独立的利益形式，表现为某一具体社会条件下或某一领域内的利益总和，如消费者利益、社会弱势群体权利等等。①

对于公共利益的保护是否应由行政公权干预给予保护呢？从行政权运行的起点上来看，行政权力介入私权领域的唯一“借口”是维护公共利益，这意味着，只有为公共利益的实现，行政公权力才能进入私权领域。波斯纳认为“政府作为公共利益的保证人，要弥补市场经济自律发展的不足，在公权干预下，使市场中的经济人所做决策的社会效应更高”。② 从实证分析的角度，认可公共利益的重要性，并以立法手段明确确认公共利益，是当代世界各国一致的做法。拉德布鲁赫教授将这种对公共利益进行立法确认的做法特点归纳为：首先，关注隐藏于表层平等的人格背后有差异的、基于不同社会地位而产生的殊别性，即社会中强者与弱者的差别；其次，对社会弱者的保护体现为对社会强者的限制与约束；再次，国家行政权无一例外地介入社会公共领域；最

① 余少祥．什么是公共利益——西方法哲学中公共利益概念解析［J］．江淮论坛，2010（4）．

② ［美］波斯纳．法律的经济分析［M］．蒋兆康译，中国大百科全书出版社，1997.

后，追求法律形式与现实的协调发展。[①] 实际上，上述特点可归纳为一点：对弱者的保护。事实上，对弱者的保护意味着对强者的约束和社会调和。在金融领域，基于严重的信息不对称，消费者与金融机构的力量对比极为悬殊，处于弱势地位。而从实证角度来看，造成美国次贷危机的罪魁祸首，正是政府疏忽了对消费者利益的保护，过度放纵金融机构捆绑销售金融产品，造成整个社会的公共利益受到侵蚀。通过行政法律规范保护金融消费者权益，是政府对公共利益保护在金融领域的体现。

第二节 金融消费者权益行政法保护的可能性分析

如前文所述，消费者与金融机构之间的合同关系被视为平等交易主体之间的意思自治，是一种典型的私法关系。缘于金融消费领域内的信息严重不对称以及交易双方经济实力相差悬殊，金融消费者的权益往往在关注形式公平的私法救济层面无法得到保障，这就要求行政主体通过公法体系加强对金融机构的监管，为金融消费者权益保驾护航。在庞大的公法体系中，行政法对于金融消费者权益的保护是否具有可能性呢？在本节，笔者将从行政法上权利（力）结构特点、行政法的制约与激励机制以及行政法对权利救济方式的多样性与实效性几方面来分析这个问题。

一、行政法上权利（力）结构特点

行政法上的权利（力）结构特点使得行政法能够成为金融消

① 竺效．“社会法”意义辨析［J］．法商研究，2004（2）．

费领域多方利益的平衡器。行政法上的权利（力）结构特点表现为：行政法主体权利与义务统一，总体平衡；行政法既调整行政关系，又调整监督行政关系；行政法既保障又监督行政主体依法行政，既制约公民违法行为，又保护公民的合法权益，行政法主体各方均受法律制约。[①] 金融消费者权益行政法保护是行政法平衡金融市场多方利益功能的体现。法律的一个主要功能是平衡各种社会利益。利益平衡原则是重要的法律原则。国家通过立法、行政以及司法等各种手段对各种利益诉求进行调整，最终目的是保障社会各方利益的平衡。就行政这方面而言，政府公权力机构负有化解社会冲突的基本职责，公权力机构通过行政立法行为确定市场中多方利益的分配，并通过国家强制力保证其实施。虽然行政法律制度与其他民事法律制度一样具有平衡社会各方利益的功能，但是行政法律制度平衡功能与其他部门法律的平衡功能是不同的：民事关系中，各方之间是平等的，民事权利义务在私法自治下由当事人自我实现，基本不依赖于政府；但在行政法律关系中，行政机关行使的行政权属于公权力的范畴，而行政相对人享有的权利私主体权利的范畴，行政权相对于公民权具有单方性、强制性和优越性等特点。[②] 在金融领域，行政规制涉及到公共利益、消费者利益、经营者利益以及政府利益的多边利益关系：公共利益往往和整个社会的金融安全相关，依照前述第三观点，金融领域政府对处于弱势地位的消费者的保护体现了对公共利益的维护；经营者利益多指被金融行政机构规制的金融机构的利益；而政府利益并非一定代表公共利益，政府利益主要有政府的权力及相关的物质利益，政府受拥护的程度和政局稳定性，地方利益、部门利益和其他集团利益以及政府官员的个人利益等。

① 罗豪才．现代行政法的平衡理论［M］．北京大学出版社，1997：4.

② 罗豪才．行政法学［M］．北京大学出版社，1996：5.

政府作为行政权的行使者，在规范金融市场主体时，可能不按照公共利益进行决策，发生寻租、创租、政企同盟问题，滥用行政权力、从而偏袒经营者利益、侵犯消费者利益，并妨碍公共利益，而此时行政法即成为多边利益的平衡器：行政法通过对金融行政机构规制职权的设定，规定了政府权力的范围，对金融行政职权的合法性范围进行了界定，从而实现对行政权的实现监督；通过对行政机构事实规制的行政程序的规定，规范了行政机构对市场主体的行政行为；通过行政复议以及行政诉讼制度威慑及惩戒行政机构权力的滥用。

二、行政法的制约与激励机制

在金融消费者权益保护领域，行政法的制约与激励机制可以双重制约并激励金融市场主体与金融行政主体。所谓制约机制是指行政法即制约行政主体滥用行政权、预防、制裁违法行政；又制约相对方滥用相对方权利，预防、制裁行政违法。行政法激励机制是指行政法激励行政主体积极行政，为公益与私益的增长创造更多机会，又激励向对方积极实践法定权利、依法广泛参与行政，监督行政权的行使，促成行政主体与相对方之间的互动与合作。[①] 在金融消费者权益的行政法保护中，制约与激励机制并举。由于“市场失灵”的客观存在，特别是在金融领域，如果任市场机制自发配置资源，将导致消费者的权益受到损害，甚至引发金融危机而使公共利益受到威胁。因此以公益为代表，政府不得不以行政法律制度对金融市场主体进行监管限制其在交易中的自主权，然而政府监管却可能导致腐败与寻租，造成“政府失灵”。对此，行政法提供了一种对行政主体和市场主体的双重制约机

① 罗豪才．现代行政法制的发展趋势［M］．法律出版社，2004：17.

制，在此制约机制下，行政法通过规定金融机构信息披露义务、公平对待消费者义务等行政法律制度对金融市场主体进行制约；同时行政法通过限制行政权的作用范围和程序将政府对金融机构监管方面的作用限定在合理的范围内，使政府不能直接干预金融市场主体的微观经营活动，并在适度原则下对金融消费者权益提供保护。另一方面，在行政主体与金融市场主体之间还存在合作性，行政权与市场主体权利具有统一性，公共利益与金融机构利益也具有一致性，因此在行政法激励机制下，政府通过行政指导、行政合同、行政奖励等方式指引社会力量作为社会公行政主体参与到对金融消费者权益的保护中，引导行业协会以及市场组织者（如证交所）完善市场自律机制，并鼓励金融市场主体发掘自身潜力，依法公平交易，依法定程序维护公共利益、积极参与到构建和谐金融市场秩序的社会自我管理中来。

三、行政法对权利救济方式的多样性与实效性

行政法对权利救济方式的多样性与实效性为金融消费者权益的实现提供了保障。没有救济的权利非权利，行政法制发展的趋势是强化对公民权利的保护，重视权利救济制度的完善，致力于权利救济的完整、正确、实效、经济与迅速。[①] 伴随着行政权在社会经济生活中的深入和扩张，在行政法上除行政复议、行政诉讼等传统的权利救济方式外，还出现了行政调解、行政裁判和督察专员制度（Ombudsman）。这三种新兴的行政法对权利的救济方式在金融消费者权益保护领域亦可发挥重要作用。行政调解是国家行政机关处理民事纠纷的一种方法。行政调解是指行政主体根据法律规定，对属于其职辖范围内的行政纠纷，通过说服教育

① 罗豪才．现代行政法制的发展趋势［M］．法律出版社，2004：362.

使纠纷的双方当事人在平等协商的基础上达成一致，从而解决纠纷。在处理金融消费者与金融机构纠纷时，行政主体可作为中立第三方对纠纷双方进行疏导、建议，对于轻微损害金融消费者权益的纠纷可以引导金融机构完善其自身对消费者的救济制度，对消费者予以合理赔偿。行政裁决是国家在一般法院之外建立的具有较强独立性的审判机构，由某一特定领域的法律和实务专家，对该领域的与公共政策相关的民事争议进行裁决。[①] 行政裁决机构同时具有法律和行业两方面的专业知识，在权利救济方面具有实效性。如美国证券交易委员会（SEC）设有行政法法官（ALJ）办公室，对于金融机构侵害消费者利益的案件，有权通过行政法法官主持的行政裁判程序，对金融机构施与行政制裁。不过这仅仅适用于在 SEC 注册的当事人，如各类受 SEC 监管的证券交易商、投资公司，或与 SEC 注册的当事人有关的个人或组织，如发行人及其股东、高管人员。[②] 督察专员（ombudsman）是一种独立于政府的、对某一领域行政活动进行监察的独立机构。在金融消费者保护领域，英国议会 2000 年出台的《金融服务与市场法案》授权金融服务局（FSA）成立金融督察员服务公司（Financial Ombudsman Service Ltd，FOS）专门负责消费者投诉。FOS 在处理消费者投诉的过程中凸显出其专业性、程序性、务实性的特点，作为一种替代性争端解决机制对维护金融领域消费者权益意义重大。

当然，除上述特点外，行政法在内容上的特点，包括行政主体上的优越性、[③] 公共利益上的优越性、内容上的广泛性、实体

① 广义上的行政裁决含义相当于行政决定，此处多指行政司法行为。

② 洪艳蓉．美国证券交易委员会行政执法机制研究："独立"、"高效"与"负责"[J]．比较法研究，2009（1）．

③ 如行政主体对行政相对人的支配权、承认行政行为公定力、承认行政的自行强制权、行政主体对行政事务处理的能动性等等。

性规范与程序性规范的一致性以及对现实问题的快速反应性都使得行政法在金融消费者权益保护上与其他部门法相比具有一定的优越性。

第三节 金融消费者权益行政法保护的基本原则

按照《布莱克法律词典》的定义，原则是指“法律的基本真理或准则，一种构成其他规则的基础或根源的总括性原理或准则”。[①] 金融消费者权益行政法保护的基本原则是贯穿于金融消费者权益行政法保护的实践的，作为金融消费者权益保护具体法律规范的指导思想。构成金融消费者权益行政法保护的基本原则应同时具备三方面要求：首先，在法律效果上应具有普遍性。金融消费者权益行政法保护的基本原则必须贯穿于金融消费者权益行政法保护的全部实践过程，能够指导金融消费者权益行政法保护立法、执法、司法等各个方面。其次，在形式上具有抽象性。金融消费者权益行政法保护的基本原则并不需要具备使用条件、行为模式以及法律后果等法律规范三要素，而仅仅提出对于金融消费者权益行政法保护行为的总体指导性要求。最后，内容上具有特定性。金融消费者权益行政法保护原则可以反映金融消费者权益行政法保护法律法规作为一类价值、内容以及性质趋同的法律规范的共同本质。综上，金融消费者权益行政法保护的基本原则能够适用金融消费者行政法保护领域内金融行政权运行的范围、

① See Black's Law Dictionary (9th ed. 2009), general principle of law: 1. A principle widely recognized by peoples whose legal order has attained a certain level of sophistication. 2. Int'l law. A principle that gives rise to international legal obligations.

力度、途径以及监督等方面问题的一般性、指导性准则。①

一、实质正义原则

伴随时代的发展，正义立场发生重大转变，从谋求最大多数人的利益到关注社会生活中的弱势方，这种转变合乎正义的内在实质要求。② 金融消费者权益行政法保护制度体现了这种正义立场的重大转变。与形式正义相比，实质正义要求法律不仅要关注形式上的正义，更要追求实质上的正义。罗尔斯主张的公平的社会正义观要求机会的不平等必须扩大具有较少机会的那些人的机会，这与实质正义观念的要求是一致的。在市场交易中，形式正义要求在各方面都平等对待交易双方，这种形式正义在市场经济的发展过程中发挥过重要的作用。然而伴随社会和经济的发展，形式正义也在某种程度加剧了社会矛盾，从而引发社会弱势方的不满，使社会冲突增多。在实质正义原则的指导下，金融消费者权益行政法保护制度关注的是在金融交易领域的弱势群体，通过公权力的介入解决金融消费者权益受侵害的问题。公权力介入的过程即是利用法律矫正失衡的社会关系以实现社会实质公平的过程，最终目标是实现实质正义。可以说，实质正义是金融消费者权益行政法保护制度所体现的法律价值。这种法律价值的核心是在社会基本制度赋予人们人权的基础上，强调金融交易领域实行“具有殊别性的公平”，从而对该领域的最少受惠者提供更多的机会，矫正失衡的交易关系，使弱势方不因其出身和禀赋而无法实

---

① 关于金融消费者权益行政法保护的基本原则的提出参考了盛学军教授金融监管原则的观点。参见盛学军．论金融监管法的基本原则［J］．中共四川省委省级机关党校学报，2012（3）．

② 邱本．自由竞争与秩序调控［M］．中国政法大学出版社，2001：158.

现原本属于他们的基本权利。[①] 在金融消费领域，金融产品经营者总得益于其天生的禀赋优势在交易中占据优势，这种优势在形式公平的价值观下似乎很正常，不需要对交易双方的差距过多关照。然而，在形式公平价值观下，如果法律就这种差距视而不见，将导致弱势方更为弱势。金融消费者权益行政法保护制度实际上追求的是一种承认交易双方殊别性基础上的实质正义。在实质正义原则下，金融消费者权益行政法保护制度努力做一种尝试，去矫正天生禀赋带来的失衡的交易关系，从而保障金融消费者的合法权益得以实现。

二、适度保护原则

现代市场经济条件下公权力对金融市场的监管，是一种在充分尊重私权基础之上的、在监管方式和监管范围上有所限制的公共机制，任何涉及对金融市场资源配置的干预都必须且只能从属于市场的自由调节，遵循市场的运行规律。[②] 在我国政府行政改革中，政府对市场监管的有限监管原则已经有所体现。比如国务院2004年颁布的《全面推进依法行政实施纲要》中明确规定，“凡是公民、法人和其他组织能够自主解决的，市场竞争机制能够调节的，行业组织或者中介机构通过自律能够解决的事项，除法律另有规定的外，行政机关不要通过行政管理去解决”；中国政府网2012年10月公布的《国务院关于第六批取消和调整行政审批项目的决定》中明确提出，“凡公民、法人或者其他组织能够自主决定，市场竞争机制能够有效调节，行业组织或者中介机构能够自律管理的事项，政府都要退出。凡可以采用事后监管和

① 李昌麒．经济法理念研究［M］．法律出版社，2009：133.

② 盛学军．论金融监管法的基本原则［J］．中共四川省委省级机关党校学报．2012（3）．

间接管理方式的事项，一律不设前置审批”。金融消费者权益行政法保护制度即是在公权力对市场有限监管的思路下建构其规范体系的，该制度对金融消费者提供的行政法保护应在适度保护原则下进行，顺应金融市场发展的内在规律和国家金融行政的发展趋势。行政法对金融消费者权益的适度保护体现的是在行政法上的比例原则。根据这一原则，金融领域消费者权益的行政法保护必须适应金融市场发展的规律；在行政主体必须介入时也要充分考虑行政权干预方法、范围、力度和手段，应该选择最符合市场运行规律的干预方式。[①]

此外，适度保护原则要求行政主体在充分尊重金融市场主体依法自治的基础上，对金融消费者权益进行一种有限和有效的保护，具体来说，适度保护原则包括有限保护和有效保护两个层面的要求：第一，有限保护要求金融行政主体不能过度干涉金融消费者与金融机构之间的交易行为，对金融消费者权益的行政法保护应该建立在“两个优先”的基础上，即市场主体依法自治优先、金融行业组织自律优先。凡是参与金融消费（投资）市场的公民、法人、其他组织能够自主决定的，市场竞争机制能够有效调节的，行业组织和市场组织者能够自律管理的，行政主体不应介入；只有当私权机制无法解决而出现违反实质正义、严重侵犯金融消费者权益时，行政公权方可介入对金融消费者权益提供行政法保护。基于有限保护原则，行政主体应确认一个比较明确的标准，借此判断哪些金融消费（投资）活动需要介入，哪些不需要介入。对于金融消费者权益的行政法保护应重点监督金融机构形成健全的内控机制和金融消费纠纷解决机制，并借力于金融业内相关社会组织的行业自律规则。有效的外部监管是以金融机构

---

① 杨海坤．经济危机的公法应对［M］．法学．2009（3）．

自身具备了与其业务规模和经营产品复杂程度相符合的内部风险控制机制为前提的，具体来说，金融机构应具备内部各部门信息防火墙、充分有效的信息披露机制、快捷的消费者投诉、反馈渠道等等。第二，适度保护原则下对金融消费者权益提供有效保护，要求对金融消费者权益行政法保护要突出效率性。效率性是指金融消费者权益应及时被保护，所谓“迟来的正义非正义”，对于金融消费者的投诉应及时解决，因而一套行之有效、便捷通畅的金融消费者纠纷解决机制是亟待建立的。

三、正当程序原则

正当程序原则是对金融消费者权益行政法保护行为的基本要求。用程序制约权力、正当运用权力是现代法治关注的重要问题。“一方面人民通过某种方式赋予政府以一定的权力——它是法律必须得到的支持；另一方面，权力又具有疯狂的冲动，任何一个不受限制和约束的国家权力，哪怕是人民主权，都可能导致最彻底的专制。”[①] 行政法的历史告诉我们，行政权的必要扩张除了需要合法的授权之外，还特别需要与此同时必要的控权。[②] 金融消费者权益行政法保护的正当程序原则提出了两个要求：权力的授予合法要求和程序制约权力运行要求。其一，权力的授予应该符合宪法和法律的规定。金融消费者权益行政法保护主体的设立应该符合权力确立和授予的法定要求。根据宪法关于公民基本权利的限制等专属立法的事项，必须由立法机关通过法律规定，行政机关不得代为规定，行政机关实施行政行为必须有法律授权。根据我国《立法法》第八条和第九条的规定，金融消费者权

① 王人博，程燎原．法治论［M］．山东人民出版社，1989.

② 同上．

益行政法保护制度并不属于专属立法事项，中央立法机关可以对国务院授权立法，国务院再基于授权而对金融消费者权益保护做行政立法。另外，在金融消费者权益行政保护中，法律应当为相关金融行政主体自由裁量权之行使建构一种限制性的行政法律框架，使自由裁量权的行使合乎正当程序。其二，金融消费者权益行政法保护应在法定程序下进行。韦德曾说过："程序并非次要的事情，政府权力持续的深入人们的生活，只有依靠程序公正，权力才有可能变得让人容忍。"金融消费者权益行政法保护中需要遵循正当程序原则，须做到公开信息、告知权利、说明理由、听证调查等程序。在金融消费者投诉或纠纷时，要明确金融消费者申诉事项的范围、提出申诉的条件以及方式、纠纷处理的具体流程、开展调查工作的法定程序、证据机制、案卷保留机制、消费者对于纠纷处理的知情权以及依法申请仲裁和诉讼的权利等等。另外，程序对权力运行的制约要求还包含着构建有效的权力制约机制以及权力问责监督程序。金融消费者权益行政法正当保护原则内在的要求有权必有责、用权受监督，在立法中应完善金融消费者权益保护立法中有关金融消费者权益行政法保护行为的责任规定，有权即有责，杜绝"责任真空"的现象存在。特别是在金融产品和服务混业经营趋势愈加突出的情况下，如何协调"一行三会"下各金融消费（投资）者保护局的保护职能，避免业务交叉领域各监管机构争权力、推责任的情况是亟需解决的。

第四节　金融消费者权益行政法保护路径

一、行政制规

制规的字面含义是制定规则（rule making），行政制规在美国是其行政程序法的一项重要组成部分。社会生活的复杂性与多边性使得议会立法凸显出滞后的特点，同时议会立法通常提供原则性框架，而法律得以实施的具体细节需要政府以行政立法在技术及内容上进行细化才能有效实施。在我国，行政制规行为被视为抽象行政行为，传统的法学观点认为包括行政立法行为和行政规范行为。行政立法行为是指法定行政机关依照准立法程序制定行政管理规范的行为，如国务院制定行政法规的行为、各部委及较大市以上的地方人民政府制定行政管理规范的行为。行政规范行为是指各级行政机关依法制定行政法规、规章之外的规范性文件的行为。[①] 本书所指的行政制规行为是指相关金融消费者保护行政主体制定行政规范的行为。在行政公共性的视域下，行政制规的主体不限于政府机构。行政制规行为既包括上述的行政立法行为和行政规范行为，也包括社会公行政主体制定相关规范的行为（如金融业行业协会制定自律规则）。行业自治组织以及其他自律组织对于金融业内部规则的制定，事实上在更大程度上影响着金融消费者权益的实现。

二、行政执法

行政执法行为是指行政主体依法实施的直接影响对方权利义务的行为，或者对个人、组织的权利义务的形式和履行情况进行监督检查的行为。具体包括行政许可、行政确认、行政奖励、行政处罚、行政强制、行政合同、行政监督检查等行为。[②] 在金融消费者权益行政法保护中的行政执法行为通常体现为：行政调查行为、行政处罚行为和行政指导行为。

---

① 应松年．行政法学新论［M］．中国法制出版社，1998：200。叶必丰，周佑勇．行政规范研究［M］．法律出版社，2002：30—33.

② 罗豪才，湛中乐．行政法学［M］．北京大学出版社，2006：124.

行政调查行为在金融消费者保护领域体现为，行政主体为解决消费者投诉收集相关信息的行为。以美国为例，美国金融消费者保护局对于信息获取颇为自由，体现为比较灵活的调查取证权：在监管过程中，为实现监管目标，金融消费者保护局可随时收集相关金融产品或服务、金融机构组织以及市场运作等方面的信息；可以指派调查专员进行现场调查；可以要求金融机构就特定调查在特定合理期限内递交书面报告等等。

相关行政主体对于金融机构侵犯金融消费者权利的，根据相关法律规范的规定，对金融机构进行行政处罚。由于各个国家金融监管系统和法律体系不同，对于金融监管机构的行政处罚权的规定不尽相同。可以说，行政处罚权是赋予金融消费者保护行政主体的一把利器，没有行政处罚权的制约机制是不完善的。以英国为例，英国监管当局严厉处罚损害金融消费者权益的行为。根据英国《金融时报》报道，仅2011年金融服务局（FSA）对金融机构的处罚总额就超过5700万英镑，其中包括对汇丰银行1050万英镑的历史最高处罚。[①] 对于金融消费者保护领域的行政处罚，处罚范围、处罚类别、处罚力度都应该遵循相关法律规范的规定，并按照法定程序进行。

此外，从域外国家金融消费者权益保护的实践来看，行政指导发挥了重要作用。行政指导行为较早地产生于日本二战后，推助了日本战后经济恢复。行政指导制度作为一项行政法制度，发展历史并不长，近年来在我国伴随市场经济的不断发展和政府职能的转变，行政指导制度得以发展。行政指导是指行政主体依照职权在其辖事范围内，基于法律立法精神、法律原则或政策而采取建议、劝告等非强制性的方式诱导行政相对人为或不为一定行

① 崔志瑞．基于真实处罚案例角度的英国金融消费者权益保护启示［J］．金融发展评论，2012（5）．

为，以实现特定行政目的的行政行为。自由主义奉行者认为，市场中的消费者是理性人，能够按照市场规律并根据相关信息作出符合自身利益的交易决定。然而基于市场中信息的不对称性，消费者并不能依靠自身力量获得可供其作出合理判断的完备信息。金融消费者在缺乏完备信息的情况下无法作出理性决定，当市场中的金融消费者普遍盲目决策时，整个市场的风险将越来越大，甚至引发金融危机的发生。因而，金融监管机构的任务是：一方面利用行政制规和行政指导等方式促使金融机构对金融产品进行信息披露，最大程度帮助金融消费者理解其所选择的产品和服务所承载的风险；另一方面，通过行政指导辅助金融消费者进行规划决策，通过充实金融消费者的专业知识来提升维权意识和技能。具体来说，主要是针对金融行业的概况、金融风险的高发领域，比如房贷、网银等进行风险提示，以及热点问题的解释说明，通过电子、纸质、专设办公点、展览、讲座等方式提高消费者整体的知识结构和维权能力。在金融交易过程中，行政主体所做的行政指导行为并不代替消费者做消费决定，金融产品和服务的消费主体仍然是金融消费者本身。在此方面，英国金融服务局的做法值得借鉴，英国金融服务局承其于2004年启动“公平对待消费者”（Treating Customer Fairly，TCF）项目，该项目的宗旨是使金融机构充分重视消费者的合法权益，引导金融机构公平对待消费者，并将此作为金融机构内部的行为准则。该项目主要是在金融零售业务领域开展，针对个体消费者提供保障，具体有如下规定：引导金融机构将公平对待消费者作为本机构企业文化的核心内容；倡导金融机构依照金融消费者的实际情况与客观条件推销金融业务；倡导金融机构在销售业务的全过程中为消费者提供完整、无误导的信息，以辅助消费者正确理解其所购买的金融商品和服务；建议金融机构向消费者提供符合消费者个性化需求的咨询服务，确保向消费者提供的金融产品和服务符合消费者的预期；禁止金融机构在金融产品和服务的售后阶段给消费者设置不合理的障碍以阻碍金融消费者维权。[①] 英国 TCF 项目的做法可以说是一种典型的行政指导行为，通过该项目引发金融机构对平等对待消费者的关注，以助力金融机构自律制度的完善。

三、行政司法

行政司法是指行政机关作为争议双方之外的第三者，按照准司法程序审理特定的民事争议和行政争议案件并作出裁决决定的行为，具体包括行政仲裁、行政调解、行政裁决、行政复议等行政行为。在金融领域，主要体现为行政调解和行政裁决行为。相关行政主体通过接受消费者的质询与投诉进而为消费者解决问题，具备专业性、及时性以及透明性的特点。在英国，金融服务局（Financial Service Authority，FSA）下设有信息管理处，其中的消费者服务中心负责处理来自于消费者的信件、电话和电邮，然后将类似投诉将转给金融监察员服务机构（FOS）处理。[②] FOS 根据既定的争议处理流程处理消费者的投诉，对整个争议处理过程和相应的裁定必须做完全的披露，让裁定过程和结果接受法律和公众的监督，确保自身的独立性和公正性，以维护公众的信心。最终裁决结果对金融机构方面具有单方强制力，也就是说如果消费者对最终裁决结果满意则裁决生效，金融机构没有异议权；如果消费者对裁决结果不满意，无论金融机构接受与否，消费者均可到法院起诉。这种中立、专业、迅捷的纠纷解决方式可

① 中国金融业“公平对待消费者”课题组．英国金融消费者保护与教育实践及对我国的启示［J］．中国金融，2012（12）．

② 郭丹．金融服务法研究：金融消费者保护的视角［M］．法律出版社，2010：169.

以为金融消费者提切实有效的保护与服务。[①]

另外，行政问责机制对于保护金融消费者权益也起到积极意义。问责机制是对权力运行的制衡机制，往往包括立法机关的问责、行政机关的问责以及司法机关的问责、内部问责、外部问责等等。本书此处的行政问责是指在对于金融消费者行政法保护中，针对行政主体的失职渎职追究其责任。无论何种形式的问责机制，都需要制度化、程序化、透明化。仍然以英国为例，《金融服务和市场法》（Financial Service and Market Act 2000）专门针对金融服务局或该局的工作人员怠于履行职责而设计了监察机制，在 FSA 内部成立了专门受理投诉的独立机构——投诉专员办公室（Office of the Complaints Commissioner，OCC）。这个投诉不是消费者对金融机构侵权的投诉，而是就行政主体提供的服务不满意的投诉。对于金融服务局的投诉分为两个步骤：第一个步骤是向 FSA 投诉，由 FSA 秘书处受理，并须在 20 个工作日内将调查结果和决定反馈给投诉人。如果 FSA 怠于开展调查，或投诉人对调查结果和决定不满意，投诉人可以在收到 FSA 的回复后 6 个月内再向 OCC 投诉，OCC 须在 20 个工作日内完成调查并同时向投诉人和 FSA 反馈调查结果，FSA 应作出回应，告知 OCC 和投诉人，可见 OCC 相当于 FSA 的复议机构。[②] 在整个过程我们可以清晰地发现，在针对金融监管者的问责机制中，问责程序是法定的、公开的、透明的，程序制约权力、问责制度明晰且可操作性强，只有这样才能切实保证消费者的诉求得到真正的解决，从而保护消费者的利益。

---

① 邢会强．处理金融消费纠纷的新思路［J］．现代法学，2009（9）．

② 周良．论英国金融消费者保护机制对我国的借鉴与启示［J］．上海金融，2008（1）．

四、行政诉讼

在我国，随着《行政诉讼法》的颁行，学界对行政诉讼的理解基本取得共识：行政诉讼是指公民、法人和其他组织认为行政机关的具体行政行为侵犯其合法权益依法向人民法院提起诉讼，由人民法院进行审理并作出判决的诉讼制度。[①] 在金融消费者权益行政法保护领域：一方面，行政诉讼可以平衡公共利益与金融机构合法权益。金融消费者权益代表着金融领域间接的公共利益，公共利益固然需要保护，在行政主体介入金融消费者保护中，金融机构的利益也需要保护，因而法院在对金融消费者权益保护行政主体的具体行政行为的合法性审查过程中要在两者间权衡，应遵循对金融消费者权益适度保护原则；另一方面，对于金融消费者权益保护行政主体在行使职权中，违法行政或怠于行使职权时，消费者可向法院提起诉讼，通过司法审查对行政公权的运行予以控制，以维护自身合法权益。

① 张尚鷟．走出低估的中国行政法学——中国行政法学综述与评价［M］．中国政法大学出版社，1991：377.

第三章

金融消费者权益行政法保护的基本制度

第一节 金融消费者权益行政法保护的制度结构

系统是指相互联系、相互作用的若干要素构成的有特定功能的统一整体。系统法学的研究路径，从单因素过渡到多因素变量，从横或纵的关系过渡到综合研究纵横交错的关系，从而打破法学界实际流行的把事物分割成单因素、单变量进行考察的方式。其从系统的整体与要素之间，不同层次之间，结构功能之间以及它们的相互联系方式、系统与外部环境的关系、发展趋向等方面进行综合的、全面的、精确的考察，以达到解决问题的效果。① 要素、结构、功能和环境是系统的四个基本要件，而从结构到功能是系统法学研究有别于传统研究方法的路径。本书着眼于金融消费者权益行政法保护这一系统问题，探讨在这一领域，由谁或何组织依据何规范对何类权益通过何等路径达成利益保护这一最终目标，逐一剖析金融消费者权益行政法保护制度结构的

① 熊继宁．系统法学导论［M］．知识产权出版社，2006：5.

组成要素：主体要素、规范要素、客体要素以及程序要素。

一、主体要素

金融消费者权益保护制度首先涉及到的就是由哪些机构或组织来提供保护，这些组织在法律性质上如何定性？相关组织之间又存在怎样的关系？是否需要整合众组织而构建专门组织对金融消费者权益进行保护？专门机构的职能、内部运行机制、监督机制等等问题，在行政法学上都与行政主体理论联系密切。故笔者欲从行政主体理论出发，考察金融消费者权益保护领域的行政主体。

（一）行政主体理论的提出

现代民主国家均对国民主权予以承认。随着民主国家的建立和个人以及团体在政治上独立地位的确立，主体的理念逐步被行政领域吸收。在西方社会，普遍出现了行政主体制度，其作为一项行政法律制度而存在。纵观大陆法系的法国、德国或日本以及普通法系的英国、美国，行政主体制度被以成文法或习惯法的形式固定下来。比照民事主体的本质特征——具有相应的民事能力包含权利能力、行为能力和责任能力，[①] 行政主体的本质特征也在于其具有行政权利能力。即行政主体依据法律规定或授权具有行为能力和责任能力，独立地执行公务，享有行政权利和负担行政义务；其本质特征是具有独立人格，通过其设立的组织，独立对内对外活动并承担相应法律后果。

在中国，王名扬教授在其1988年出版的《法国行政法》中最早提出“行政主体”的概念，以后国内陆续有学者对相关行政

① 张俊浩．民法学原理［M］．中国政法大学出版社，1997：71.

主体理论进行研究。关于行政主体的研究大体上可分为两个阶段：第一阶段的研究主要引进外国行政主体理论，如对法、德、日等国家的行政主体理论进行介绍，目的是向中国行政法学界引入行政主体这一概念；第二阶段才开始对行政主体理论展开真正的研究，逐步探索将外国行政主体理论与我国刚刚起步的行政主体理论进行比较，试图探寻我国现有的行政主体理论的不足之处。①

1989年《行政诉讼法》颁布后，为了解决行政诉讼被告确认的问题，以及弥补"行政组织"或"行政机关"等用语在法律实务界和学术界中的混乱使用情况，"行政主体"的概念被引用于中国法学界，并结合当时我国特殊国情构建了行政主体理论。伴随着市场经济的发展和非政府组织的不断发展壮大，政府对社会公共事务的管理权力逐渐转向社会组织，政府不再是行使公共权力的唯一主体，公共行政的发展、权力结构的调整引发行政主体

① 这一时期对行政主体理论展开反思的学者很多，比如：薛刚凌的《我国行政主体之检讨》以及《行政主体再思考》提出我国行政主体理论在本质上与西方行政主体理论不同，其本身存在重大缺陷，并认为原有的行政主体理论阻碍了对行政组织法的研究，延缓了行政组织的法治进程，需要检讨和反思；吕友臣在《行政主体理论评析》、李昕的《中外行政主体理论之比较分析》、杨解君的《行政主体及其类型的理论界定及探讨》有相当部分运用比较分析的方法，将我国的行政主体理论与其他国家、地区的行政主体理论对照，对比研究凸显我国行政主体理论的瑕疵，总体上这些研究对于理论的批评强于建构。作为回应，张树义在《论行政主体》以及《行政主体研究》阐明应注意理论的普适性与本土性之间的关系，以主体分化为特性的改革推助给行政主体理论的发展；沈岿在《重构行政主体范式的尝试》中提出在既有制度和学术发展的基础上，建构一种新的理论范式；苏尚云在《行政主体理论存在的问题探析》提出学界应当重新审视我国的行政主体理论，并重新全面研究行政法学理论、行政法律制度以真正推进行政法制化；章志远在《当代中国行政主体理论的生成与变迁中》提出应当在我国近来公共行政改革的社会背景之下，通盘考虑现行行政主体理论的重构，从而逐渐缩短其与现实生活之间的差距。

的多元化，行政主体理论突破了传统行政主体理论的框架。立足于解决社会发展实践中的问题，构建行政主体理论成为必要。

（二）行政主体理论发展的现实依据

任何理论的发展应反映社会生活的现实需要的不断变化，行政主体理论的发展离不开现实社会行政权在人类社会中的进化与扩张。在自由资本主义时期，人们反思封建专制的弊端，基于对自由的渴望，认为对社会生活管理最少的政府才是最好的政府；信奉自由市场是社会生活的主线，政府的行政干预应该越少越好，政府的职能是为自由市场保驾护航并维持自由市场所需的基本的社会秩序。韦德对当时情况的一个描述是："除了邮局和警察以外，一名具有守法意识的英国人可以度过他的一生却几乎没有意识到政府的存在。"① 希尔斯曼认为："除了授予建筑铁路用地、通过移民土地法、建立邮政系统和一些其他设施外，政府在经济领域几乎没有什么作用。"②

当西方国家由自由资本主义发展到垄断资本主义，伴随着垄断资本的贪婪扩张，贫穷、失业、教育等各种社会问题层出不穷，人们开始反思市场自律的严重缺陷，认为政府有必要干预市场的发展。政府的功能由消极行政向积极行政过渡，政府职能呈现扩大化和复杂化的趋势，政府从"守夜人"的角色向"救世主"的角色转变，积极跻身于社会"摇篮到坟墓"的各个领域。不限于传统的行政权运行领域，行政权的扩张是全面的，在立法和司法领域也有所体现；通过委任立法行政机关具备广泛的行政立法权，同时行政机关的行政裁判权所涉及的范围也愈加广泛。

---

① H. W. R. Wade. Administrative Law，Oxford，1989，pp. 3 – 4.

② ［美］希尔斯曼．美国是如何治理的［M］．曹大鹏译，商务印书馆，1990：500.

1970年以后，西方社会开始出现“滞胀”现象：经济增长缓慢、财政赤字、通货膨胀、失业率居高不下。人们之前所信奉的凯恩斯的国家干预主义的负面效应凸显，政府干预失灵使人们又开始怀疑行政国家全面干预社会生活的正当性和有效性。人们发现同市场失灵一样，市场自律解决不好的问题，政府的干预也未必能够解决，政府干预的失败可能会带来更大的负面影响。以英国首相撒切尔夫人1979年上台为标志，英国开始兴起大规模的社会公共行政改革，这股改革热潮迅速影响着世界其他国家和地区，形成全球范围内的改革热潮。与早期政府职能扩张和行政规模膨胀大不相同，此次的行政改革凸显了政府职能的优化和市场主权的重申。[①] 在改革中，政府重新审视其在市场发展中应有的地位和作用，着力优化行政职能，将原本由政府规制的社会事务归还给社会力量，尊重市场发展的规律并助力市场自律的完善。具体来说，当代政府公共行政改革体现为政府职能的优化、社会组织的发展、行政权运行方式的多样化。

首先，政府职能优化主要体现为国家行政的收缩。有效的政府监管是政府职能优化的目标，在政府提供公共产品和服务领域引入竞争机制的同时，有必要将回归给市场的公共产品和服务转给合适的社会组织；从而打破政府垄断以协调政府和市场的发展，合理配置行政资源。具体来说，政府职能优化要求：政府在社会经济事务的管理中把市场自律能够解决的事情返给市场，不干涉企业的生产经营权，政府的职能仅仅为宏观调控、产业政策的制定、基础设施的建设以及为市场发展提供必要的秩序维护，配合社会发展的需要。由此可见，政府要做的并不是大包大揽，而仅仅是在宏观上把持大局。1980年后，公共管理主义理论在英

① 周志忍．当代国外行政改革比较研究［M］．国家行政学院出版社，1999：4.

国和美国勃兴，奠定了当代公共行政改革的理论基础。公共管理主义提倡将社会行政管理权归还社会，倡导社会公共行政领域中行政主体的多元化；政府的职责回归到公共政策的制定及监督既定政策的执行，让社会力量参与公共管理，真正实现主权在民、民主行政。

其次，社会组织发展迅速。市场经济的高速发展使得人们的需求越来越多样化，囿于有限的资源和精力，政府无力提供所有的公共物品和公共服务；同时，过分强调政府在社会经济生活中的作用，也将抹杀社会组织和个体的创造力，限制市场机制的有效运行。在当今社会，管理社会公共事务的行政主体趋于多元化，政府不再是社会公共行政中的唯一行政主体；伴随市场经济的日趋成熟，社团组织、社区组织、公共事业单位等各种社会力量逐步成为公共行政领域的主体，承担着部分公共行政领域的行政管理职能。社会组织的发展弥补了政府官僚主义、程序僵化等不足，更为有效地满足社会成员对公共产品和服务的多元化需求。独立的社会公共组织开始越来越多地承担由政府管理的公共产品，彰显了现代行政社会化的趋势。

最后，行政权运行方式呈多样化。行政权的运行方式就是以行政权内容为基础的行政机关的行为。伴随着政府行政职能的转变，行政的公共服务性愈来愈明显，为适应复杂的社会需求，社会公共行政急剧扩张，而传统的行政行为方式逐渐不能够完全满足多元化的社会需求，各国政府开始调整行政行为方式，改进行政管理行为。比如在法国的公务法人作为某一领域的独立行政主体在社会经济管理中发挥了重要的作用；此外设立公有公司、特许私人管理、公私合营公司等组织在某一特定领域提供社会公共产品和服务也是重要的行政行为方式的创新。[①] 此外，除了传统的行政立法、行政命令、行政强制、行政处罚等典型行政行为外，行政主体使用的更多的还是行政双方协商性的行政行为，如行政指导行为、行政调解行为、行政给付行为、行政奖励行为等等。

伴随2007年国际金融危机的爆发和延续，行政权的扩张呈现出新的时代特点：[②] 其一，行政权在经济生活领域的行政权干涉更为深入。自金融危机爆发后，各国政府开始采取行动解救困境中的金融行业，比如向金融机构注资、金融机构国有化、无条件提供担保、推行宽松的货币政策等等，各种经济刺激计划纷纷出台，以稳定金融市场，恢复民众对市场的信心，与此同时还开始关注金融市场的实质公平，以国家行者力量加强对金融消费者权益的保护。其二，行政自由裁量权拓宽。相对于社会的发展，立法总是具有滞后性，而现代社会事务的复杂性和时效性赋予行政主体更大的空间来酌情处理。[③] 近代行政发展中，行政职务和行政权力急剧扩张，行政权力扩张的另一个明显表现是行政主体具有越来越多的自由裁量权。[④] 这种拓宽的自由裁量权体现为行政主体可以根据自身所掌握的信息和长期积累的行政管理经验，判断经济、社会形势，决定是否采取行政措施；如果决定采取行政措施，也可以在可采取的众多行动方案中进行选择，并在执行方案的方法、时间、地点、侧重点和力度诸多方面有自由选择权。比如，在经济危机后，各国央行可以调整货币政策，根据本国具

① 王名扬．法国行政法［M］．中国政法大学出版社，1989：497.

② 邓博．国际金融危机背景下扩张的行政权及其程序规制［J］，云南民族大学学报（哲学社会科学版），2011（6）．

③ 古德诺．政治与行政［M］．王元译，华夏出版社，1987：45.

④ 王名扬．美国行政法［M］．中国法制出版社，1996：545.

体经济形势进行预期和判断，而后自由决定是否调整法定准备金比率、调整幅度、调整周期等等。金融危机在某种程度上使得这种行政自由裁量权扩张具备正当性。

（三）西方行政主体理论的发展

基于行政权的不断发展以及运行方式的改变，无论在大陆法系的法国、德国，还是在普通法系的英国、美国，无一例外地都存在一种以行政分权为核心，以法律为规范的行政主体制度。在理论层面，行政主体制度是一种行政分权的法律技术；在实践层面，行政主体制度是为满足日趋多样化的社会需要而形成的。伴随国家行政职能的扩张，行政事务愈来愈复杂，由社会力量分担行政权成为时代发展的需要。另一方面，完备的法人制度为行政主体理论的产生奠定了基础。在19世纪的西方国家，法律技术已经发展成熟，法人制度逐步渗透到行政方面，公法人制度初露端倪。由于各国特定的历史渊源和法律传统，各国行政主体制度的内容不尽相同，以下分别从大陆法系和英美法系的典型国家的行政主体理论展开探讨。

1. 大陆法系模式的行政主体理论

大陆法系国家将法律分为公法和私法，行政法是规定并限制行政公权力的法律，故被划入公法的范畴。行政主体是行政法律关系的一方当事人，在公法上具有独立的法律人格。对于行政主体的组成结构、运行机制以及责任承担，大陆法系国家对此进行了细致、专门的研究，并形成了较为完备的行政主体理论。行政法学家将行政主体制度作为行政组织法律的制度核心进行深度剖析，并将行政主体制度视为行政分权以及行政自治的一种技术手段。行政法学者对行政主体的研究涵括行政主体的内涵、本质、类型、行政主体的行政行为等等。[①] 以下仅从大陆法系的代表国家法国为代表展开讨论。

在法国，行政主体制度是应行政分权的需要而产生的一种法律技术。行政法学家认为，行政主体是独立实施行政职权，并享有或承担由实施行政职权而产生的权利、义务以及责任的主体。可见，行政主体的法律价值在于其拥有行政权力，并且独立地承担实施行政的法律后果。行政主体依相关公法而成立，目的在于从事公共管理事务。依据地方分权原则和公务分权原则，法国行政法中的行政主体分为国家、地方团体以及公务法人。三类行政主体依法行使权利并负担义务，互不干涉，相对独立，独自承担法律责任。[②] 国家是最主要的行政主体，地方团体包括市镇、省和大区，是以地域划分为基础产生的独立行政主体，享有地方公务的自治权力，并承担与职权相对应的权利、义务和责任。[③] 颇具特色的是法国的公务法人制度，公务法人以公务分权为基础，是根据现实中的行政分权需要而产生的一种法律技术。

随着行政职能的扩张，当现实社会需要能够独立行使职权、承担责任的公法人执行某种行政职责时，由立法从国家和地方团体的行政职能中分离出来相对独立的行政职能，交由专门的公务组织来实施并由该组织承担由此而产生的权利、义务和责任，这种公务组织即公务法人。公务法人由法律创设，具有三个要素：首先，公务法人必须是一个法人。作为法人即具有法律上的独立人格，能够享受权利、承担义务。其次，公务法人是实施某种公

① 李昕．中外行政主体理论之比较分析［J］．行政法学研究，1999（03）．

② 王名扬．法国行政法［M］．中国政法大学出版社，1989：39—40.

③ 法国第五共和国宪法第72条规定：“共和国的地方团体是市镇、省和海外领地。其他地方团体由法律规定。这些地方团体按照法律规定的条件，由选举产生的议会自由地进行管理。”

务的法人。其活动范围限于国家或社会公务。最后，公务法人一定是一个公法人，是国家或地方团体依照法律规定为执行国家或地方公务而设立的，享有公共权力的特权，同时也受到公共权力的监控。[①] 由公务法人提供的服务具备两个主要特征：一则公务法人提供的是公共服务，这是公务法人与私法人最重要的区别所在；二则公务法人提供的服务具有专门性，区别于一般公共行政机构所提供的普通服务。[②]

公务法人制度这种法律技术之所以可以得到普遍运用的原因是：公务法人独立于国家和地方团体，因而可以避免官僚主义、程序僵化；公务法人来源于社会，和社会联系更为紧密，因而容易得到社会力量的认同和资助；公务法人没有国家和地方团体程式化的运行机制，因而具备相当的灵活性。[③] 根据处理公务的不同类型，公务法人分为四类：行政公务法人，通常这类公务法人需要一定的自治空间，因而需具备相当独立的地位以行使公务，但在组织和业务活动上这类公务法人受到创设该公务法人的行政主体的监督程度更高；地域公务法人，通常是由两个或两个以上的地方团体为了达成区域合作而专门设立，以实施某种公务的公法人，包括市镇联合会、城市共同体、省际办会等组织；科学文化和职业公务法人，是指管理高等教育公务的机关，如高等院校，这类公务法人的公务管理活动受教育部和财政部双重监督，即管理活动方面受教育部监督，而财政运行受财政部监督；工商业公务法人，目的在于管理某一特定的工商业公务，与上述三类不同的是，这类公务法人的权力运行受私法影响较大，但其公务

① 法国法律规定，公务法人类型的创设权属于法律，但对既有公务法人的设立、合并和废止由中央政府或地方政府以条例决定。

② 王名扬．美国行政法［M］．中国法制出版社，1996：127.

③ 王名扬．美国行政法［M］．中国法制出版社，1996：129—131.

管理权力的运行仍然受到国家或地方团体相关机构的监督。①

综上可见，法国的行政主体理论是对具体的行政主体的研究，而具体的行政主体制度又与地方分权、公务分权紧密相关。行政主体制度作为行政分权的法律技术，实现了宪政民主原则下的地方分权和公务分权。

2. 英美法系模式的行政主体理论

在英美法系国家中，由于没有严格的公法、私法的区别，无论是公权利义务还是私权利义务的主体，同样被视为普通法上的独立法律人格，即需要适用相同的法律，并遵循相同的原则，并无一例外地接受普通法院的管辖。尽管在英美法系国家行政法学中没有行政主体的概念，但各国在事实上都具备行政主体制度，以下将简要讨论英国行政主体制度的发展与特点。

行政分权在英国根深蒂固，其最早的行政分权可以追溯到中世纪的自治市制度，因而行政分权在英国是以传统被保留和遵守的。与法国行政主体制度存在的目的相同，行政主体制度在英国也是为行政分权需要而存在的一种制度性法律技术。早在1835年英国议会就通过了《市民组织法》，该法规定在城市设“自治团体”，即肯定地方团体的法人资格；以立法确认市议会是法人机关，负责管理地方事务，市议会的医院由纳税人通过民主投票选举产生。以此为标志，英国现代行政主体制度初露端倪。半个世纪之后，英国议会又通过《地方政府法》和《区及教区议会法》，将自治形式普及到农村地区，在全国范围内建立了行政主体制度。②

---

① 王名扬．法国行政法［M］．中国政法大学出版社，1997：499—500.

② 应松年，薛刚凌著．行政组织法研究［M］．北京：法律出版社，2002：21.

具体而言，英国的行政主体分为：国家、[①] 地方政府和公法人。国家和地方政府都属于政府制度的重要组成部分：国家设中央政府负责处理全国性的事务，英国的地方各级政府都是独立法人，享有法律规定的自治权，有权在法律规定的范围内自治并独立承担相应的责任。[②] 英国的公法人制度颇具特色，是指国家和地方各级政府外，具有独立法律人格、从事某种特定的公共事务，并享有相应权利义务的行政机构。[③] 早在 19 世纪，英国的法律技术已经较为成熟，法人概念深入扩展到行政领域，逐渐形成公法人的概念。第二次世界大战后，伴随社会公共行政领域的改革，为复兴经济的需要很多新兴公共事务不再适合由传统的行政方式处理，国家以公法人的形式设立新型机构负责社会福利事业的管理和重要国民企业的经营。

不同于法国公务法人严格由法律创设的特点，在英国，当政府认为需要给予某个行政机关独立地位和法律人格时，即可以组建公法人。相比于法国的公务法人，英国的公法人并无固定格式，是当代行政分权的制度性法律技术的应用。

3. 小结

通过对法国和英国的行政主体制度的讨论，我们可以发现西方国家行政主体制度与一国行政分权紧密相关。行政分权是行政主体理论产生的基础理论，所谓的“行政分权”指的是行政权在不同主体间的再次配置。通常情况下，行政分权包括地方分权和公务分权：地方政府是由地方分权形成的地方自治主体；公务分

---

① 在英国，国家层面的行政主体具体系指中央政府，英王、枢密院、内阁、首相、部长。

② 许崇德．各国地方制度［M］．中国检察出版社，1993：36.

③ 王名扬．英国行政法［M］．中国政法大学出版社，1987：86.

权即从国家和地方政府中将相对独立的行政公务分离出来，交由特定的组织来行使职权，并由其独立地承担相应法律责任，从而产生法国的公务法人、英国的公法人等另类行政主体。无论大陆法系国家还是英美法系国家，无论是否以法律的形式固定下来，都认可多种行政主体并存。西方国家行政主体理论以具体的行政主体为研究对象，强调行政主体的独立性。

行政主体的独立性是某一组织能够成为行政主体的内在要求。可以说，不存在缺乏独立性的行政主体。行政主体的这种独立性表现为：独立的意思表示能力、享有独立的权利和义务、承担独立的责任以及行政主体之间相对独立。首先，独立的意思表示能力是指行政主体在做行政决定时有能力进行独立的意思表示，而不受到其他组织或个人的干预。其次，行政主体具有独立的权利和义务，自成立之时即拥有独立于其组成人员、行政相对人、其他行政主体的利益，独立的利益派生出独立的权利义务，独立的权利义务将行政主体独立的利益以法律的方式固定下来。无论英美法律系还是大陆法系，行政主体依职权享有的独立权利义务的保障是独立的财政运行体系，行政主体能够在法律规定范围内自由支配或处置其独立财产时，其独立的权利和义务才有实现的可能性。再次，行政主体须承担独立的责任。有权即有责，狭义上的行政责任往往和赔偿义务联系。最后，行政主体之间相对独立。尽管各行政主体的权利能力范围不同，但独立的法律人格赋予行政主体具有平等的法律地位，行政主体之间各自独立，在法定范围内对其所管辖的事务有自主的决定权。

中国在国家形式上属于单一制的中央集权型国家，从实践来看没有出现成熟的行政分权现象。目前我国正在进行的行政体制改革实质上就是一个公务分权的过程，政府将一部分相对独立的社会事务管理权交给社会组织，调动社会中的有效资源和自我管理的积极性，充分利用社会力量以满足人们日益多元化的需求。在我国，这类社会组织往往被称为社会公共行政主体，负担特定社会公共行政职责，为社会提供特定的服务。社会公共行政主体提供服务的范围比较广泛，主要包括：文教医疗性公务法人，如公立大学、医院等；民俗性公务法人，各行业协会、中介组织等；营业性公务法人，如特许经营公司等。[1] 这类社会公共行政主体有以下特征：首先，这类组织是国家行政主体为了特定目的而设立的服务性机构，因特定的设立目的，担负相应的社会公共服务和产品的提供，相对独立于设立者母体行政机关，两者间存在着既独立又合作的关系。[2] 其次，这类组织因公共职责而享有一定公共管理权力，往往具有独立的管理机构及法律人格，并且能够依法独立承担法律责任，不同于受委托的组织和个人。最后，这类公共行政组织与其行政相对人不仅存在行政法律关系，也存在着普通的私法关系，如民商事法律关系等。

（四）行政主体理论在金融消费者保护领域的应用

基于前述对特定历史条件下行政权发展新特点的分析，在金融消费者保护领域，行政主体的发展呈现两条线索：非政府公共组织的发展以及专门行政主体的构建。

第一，政府与社会组织的有机结合构成了保障金融消费者权益的多元结构。行政机关不是保护金融消费者权益的唯一主体，社会组织甚至私人力量也开始享有部分金融消费者权益保护的公权力，从事金融消费者权益的保护活动。

在国家行政层面，2008 年金融危机前，世界各国都还没有专

① 郎佩娟，陈明．行政主体理论的现状、缺陷及其重构［J］，天津行政学院学报，2006（02）

② 翁岳生．行政法［M］，中国法制出版社，2002：273.

门的金融消费者保护机构，各国对金融领域消费者的保护往往是与对金融机构的监管紧密联系的，因而在各金融领域为消费者提供保护的机构即是相关领域的金融监管机构。基于各国不同的金融行政体系和监管模式，对于金融领域消费者保护的行政机构均有所不同。在美国，依据《金融服务现代化法案》（Financial Services Modernization Act 1999），形成了“双重多头”金融监管模式，既非分业监管，亦非统一监管，而是介于两者之间，具体表现为：联邦和州对金融机构都有监管权，其特点是多元化的双轨体制——联邦一级的监管机构是多元化的、联邦与各州实行两级监管。与此同时，每一级又有若干机构对金融机构共同行使监管职能。因而，对金融领域消费者的保护分散见于不同机构，如联储、证券交易管理委员会、联邦存款保险公司、联邦交易委员会、州保险监管署甚至联邦调查局。

在社会公行政方面，金融自律监管机构成为消费者保护的重要机构。如美国证券业自律机构——美国金融监管局（The Financial Industry Regulatory Authority，简称FINRA）负有保护证券投资者的职责。[①] 其核心目标是加强投资者保护和市场诚信建设，通过高效监管，实现此目标。如花旗银行证券业务部门——花旗全球金融市场公司就曾被金融监管局罚款，其在 2006 年 1 月至 2007 年 10 月期间在其网站上发布了有关抵押贷款资产状况的错误信息，而且一直到2012 年 5 月初才进行更正。美国金融监管局认为这些错误的信息可能误导投资者。因涉嫌在次级住房抵押贷

① 美国金融业监管局是美国最大的非政府的证券业自律监管机构，于 2007 年 7 月 30 日由美国证券商协会（NASD）与纽约证券交易所中有关会员监管、执行和仲裁的部门合并而成，它主要负责证券交易商于柜台交易市场的行为，以及投资银行的运作，监管对象主要包括 5100 家经纪公司、17.3 万家分公司和 66.5 万名注册证券代表。参见周密．美国金融业拥有全球竞争力［N］．国际商报，2010—02—08.

款证券化业务上提供错误信息、缺乏有效定价监督机制以及其他违规行为，美国花旗银行于2007年5月22日被美国金融监管局处以350万美元罚款。由此可见，虽然定位为非政府自律监管组织，其执行力和权威性是不容质疑的。

另外，以英国为代表的公法人模式也不乏代表性，英国的超级金融监管机构金融服务管理局（FSA）属于公法人四大类型之一。英国作为目前世界上金融服务最完善的国家之一，其金融业的自律监管是颇有特色的，特别是其金融监察专员服务公司（Financial Ombudsman Service Ltd，FOS）将在金融监管领域对私人力量的利用诠释到极致，FOS的专业性及其工作流程给消费者提供一种简便、快捷、非正式、易于使用的非诉讼的金融纠纷解决途径。

第二，各国在政府机构层面设立金融消费者权益保护的专门机构。美国次级抵押贷款危机爆发后，金融消费者保护引起了世界各国的广泛关注和思考。在深刻反思危机原因后，美国出台了《多德—弗兰克华尔街改革与消费者保护法案》，设立独立的金融消费者保护机构，实现了金融消费者的专门保护。与此同时，英国也颁布了金融监管改革新方案，于2012年前通过立法建立消费者保护与市场管理局，负责金融消费者保护和金融业务监管。在我国，中国人民银行以及证监会、保监会和银监会下也分别成立的金融消费者（投资者）保护局。金融消费者保护已经成为全球范围内金融行政和立法的重要内容，强化由专门行政机构集中承担金融消费者保护这一职能的新格局初见端倪。本书将在第四章域外金融消费者行政法保护中就金融危机后各国金融消费者保护专门机构对比研究，此处不再赘述。

（五）中国金融行政主体的主要类型

在我国，为回应社会的变迁与公共行政的发展，以及更好地解决非政府公共组织行使公权力所产生的法律问题，必须赋予行政主体新的内涵，发展行政主体理论。尽管我们仍可以将行政主体的概念表述为享有行政权，以自己的名义实施行政管理活动，并能独立承担自己行为所产生的法律责任的组织，但这里的“行政权”已不仅仅指国家行政权力，除了国家行政权力外，还包括社会公行政权力。这里的“行政管理活动”，不仅指国家行政管理活动，还包括社会公行政管理活动。[①] 在这此意义上，我国的金融行政主体涵盖国家行政机关、事业单位以及行业组织，体现了行政主体多元化的特点。

我国金融行政主体按照其行使的行政权性质（即国家行政权力还是社会共行政权力）的不同分为两类：一类是指在我国依法享有金融行政管理权，在管理金融活动的过程中能够以自己的名义代表国家实施金融管理行为，并能够产生直接法律后果的行政机关和法律法规授权组织，[②] 包括中国人民银行、国家外汇管理局、中国银行业监督管理委员会、中国证券监督管理委员会、中国保险监督管理委员会。另一类是伴随政府职能转变而产生的新型行政主体，即作为社会公行政主体的非政府公共组织，主要是指金融行业组织、证券交易所、期货交易所等自律型管理法人，其中行业组织包括行业协会和专业协会——行业协会职能在于表达同行企业的意愿，进行民主协调，建立行业自律机制，制定行业技术标准，维护行业内公平竞争，监督其成员履行行规、行约，并为成员提供服务；专业协会是指从事同一职业的人员与单位组成的社团法人，如金融分析师协会、会计师协会、精算师协会等，这些协会可以依据章程进行自主管理，包括行使对其成员予以惩戒的权力。

---

① 石佑启．论公共行政之发展与行政主体多元化［J］．法学评论，2003（4）．

② 吴建依，石绍斌．经济行政法［M］．浙江大学出版社，2011：221.

二、利益要素

金融消费者权益行政法保护制度结构下的利益要素，即为客体要素。行政法所保护的金融消费者的权益属性如何？受保护权益是否与其他利益发生冲突，如何达成利益的平衡？以下笔者将重点讨论这两个问题。

（一）金融消费者权益的人权属性

金融消费者权益作为一种特定范围内不特定多数主体的利益，在权利属性上是一种公法权益，确切地说，金融消费者权利属于宪法权利。根据学者对我国现行宪法基本权利的分类，我国公民享有平等权、政治权利、精神自由权、人身自由与人格尊严、社会经济权利以及获得权利救济的权利。[①] 其中社会经济权利是指通过国家对经济社会的积极介入而保障公民经济生活的权利，而金融消费者权益蕴涵国家对金融领域商品和服务的提供者进行监管，确保金融消费者进行正常的经济活动，从此意义来看，金融消费者权益是属于社会经济权利，从而属于宪法权利。

那么是否可以说金融消费者权益是人权在金融消费领域的体现，即金融消费者权利是人权吗？[②] 金融消费者的权利如第一章概念解析中所述，包含金融消费安全权、金融消费知情权、金融消费自主选择权、金融消费公平交易权、金融消费者隐私权、金

---

① 韩大元，林来梵，郑贤君．宪法学专题研究［M］．中国人民大学出版社，2008：304.

② 学者西奈·多伊奇在《消费者权利是人权吗》详细讨论了承认消费者权利是人权的实质性标准和程序性标准，并提及现有的国际法文件表明了国际法正式承认消费者权利是人权的发展趋势。事实上，无论在国内法中，还是在国际法上，承认消费者权利是人权的时机均已成熟。

融消费者受尊重权、金融消费损害赔偿权和金融消费者结社权。那么何为人权？有学者指出：（1）人权应与整个人类社会中的大多数人相关，是人权的普遍性；（2）人权是人作为人的权利，人权的首要目标是关怀个人，强调个人的尊严和发展，是人权的至关重要性；（3）人权是个人据以对抗强大政府的权利。① 作为回应，本书亦从上述三点展开论述：第一，从现实角度审视，随着金融服务者介入现代生活消费日益广泛，金融消费已经成为消费者生活消费行为不可或缺的部分，小到存款、取款、汇款、购买日用品使用信用卡结算款项，大到向银行贷款买车买房，金融消费已经成为现实上的存在。当代社会，放眼全球金融消费已经渗入人类生活的每一个细节，金融消费者权利具有普遍性。第二，仔细考察任何一件具体的金融领域消费者权利受到侵害的案例无论是消费者的隐私权、知情权、选择权、公平交易权还是财产安全权受到侵权都关乎到消费者作为个体、个人的尊严与发展。在当代社会，人权有社会权和自由权两类，其中社会权又称为经济、社会和文化权利。而社会权的目标是为了实现人类在社会经济生活中的实质自由、平等，以及可以要求国家积极介入保障的权利。② 它赋予公民要求以一种有尊严的方式维持基本生存及生活的权利，并要求国家积极建构各种保障制度，保障弱势群体的合法利益。在金融领域，基于严重的信息不对称性以及不平等的交易地位，消费者面对的是大大超出其所控能力范围的风险，而这当然需要公权力介入，以金融消费者保护为导向进行监管，合理分配与校正资源，对在资源占有方面处于劣势的金融消费者群

---

① 西奈·多伊奇，钟瑞华．消费者权利是人权吗？［J］．公法研究，2005（1）；管斌．论消费者权利的人权维度——兼评《中华人民共和国消费者权益保护法》的相关规定［J］．法商研究，2008（9）．

② 许庆雄．宪法入门与人权保障篇［M］，台湾元照出版公司，1998：13.

体予以救济，使其享有应有之权利。第三，金融消费者的对手是“公司帝国”。[①] 现代社会中，在消费者与公司的交易关系中，凭借着强大的经济实力和信息占有处于明显的优势地位，公司并不是与消费者处于平等关系的组织，在很多情况下，消费者与公司间的关系更像是社会个体与政府的关系。这一点并不难理解：在中国，尽管股份制商业银行日益壮大、中小金融机构有兴起之势，加之外资银行的进入门槛在一定程度上降低，这些事实使得我国国有商业银行一统天下的局面有了明显改观，但无法否认，国有商业银行的垄断地位却没有发生根本性改变。1973 年美国著名经济学家 Jacoby 在《公司权力与社会责任》（Corporate Power and Social Responsibility）一文中揭示了现代社会公司的巨大影响。比如该文提及美国被全球最大的 200 家公司控制，不是市场控制了大公司而是大公司控制了市场，不是政府控制大公司而是大公司在控制政府。[②] 大公司对政府、社会和经济的控制，已达到公司国家（Corporate State）的程度，公司已使所有的社会机构、政府、工会、消费者甚至教育制度成为达到其目的的工具。它已达到对某一社会目的之准独占，实际上掌握着不受拘束的政治与经济权力。[③] 在金融领域，这种特点更为突出，从国际金融危机后政府不计代价地接手即将面临倾倒的“金融大厦”即可窥见一斑。可以说，金融领域消费者权利乃是恢复人类合理之经济生活，及矫正经济交易中实质正义的缺失所不可或缺的权利。保

---

① ［美］查尔斯．德伯．公司帝国：公司对政府和个人权利的威胁［M］，闫正茂译，中信出版社 2004.

② Robert W. Hamilton，Cases and Materials on Corporations，W east Publishing Co.，1986：523. 管斌．论消费者权利的人权维度——兼评《中华人民共和国消费者权益保护法》的相关规定［M］．法商研究，2008（09）.

③ 梅慎实．现代公司机关权力构造论［M］，中国政法大学出版社，2000：399.

障金融消费者权益在维护经济人权及经济民主方面意义重大。[①]

（二）行政法对金融消费领域多边利益的平衡

作为“活生生的宪法”，“行政法是宪法的具体化”，行政法对人权的保护有着无可推卸的责任。基于上述金融消费者权利是人权在金融领域的体现的论证，故行政法应给予金融消费者权益适当保护。从另一个角度来看，利益平衡是行政法的重要目标，在金融行政领域，如何平衡市场、消费者以及政府之间的关系是一个重要的课题。金融消费者权益行政法保护所涉及的利益要素并不仅仅是消费者的权利。在金融消费者行政法保护领域，行政规制涉及到公共利益、消费者利益、经营者利益以及政府利益的多边利益关系：公共利益往往和整个社会的金融安全相关，政府对国家金融安全的维护也是基于对公共利益的保障；同时政府对金融领域处于弱势地位的消费者的保护体现了对公共利益的维护；市场主体利益多指被金融行政机构规制的金融机构的利益，这部分利益体现为对经济利益的无限追求；而政府利益并非一定代表公共利益，根据公共选择学派的理论，“经济人”的假设不仅适用于一般的市场主体，而且适用于那些以投票人或国家代理人的身份参与政治或公共选择的人们的行为。因此，代表政府的监管者也是“经济人”，同样具有自利性。所以，政府未必是公共利益的。[②] 政府利益主要有政府的权力及相关的物质利益，政府受拥护的程度和政局稳定性，地方利益、部门利益和其他集团

① 转引自李鸿禧．保护消费者权利之理论体系，载李鸿禧．宪法与人权，台湾元照出版公司，1985：503. 原文是“稽其含义，意指保障消费者权利乃是恢复人类合理之经济生活，及矫正经济上不公平不正义现象，所不可或缺的权利。在维护消费者之—经济人权及经济社会之—经济民主上更有极其深远之意义。”

② 文建东．公共选择学派［M］．武汉出版社，1996：83.

利益以及政府官员的个人利益等。通过对金融行政机构规制职权的设定，规定了政府权力的范围，对金融行政职权的合法性范围进行界定，从而实现对行政权的监督；通过对行政机构事实规制的行政程序的规定，规范了行政机构对市场主体的行政行为；通过行政复议以及行政诉讼制度威慑及惩戒行政机构权力的滥用。

三、规范要素

这里讨论的规范要素，即法律规范要素，指对金融领域消费者的行政法保护的法律依据或基础。此处的法律规范是从广义上界定的，是作为一种社会规范的“法律规范”。作为社会规范之一的法律规范，与道德规范、宗教规范等都属于各种具体社会规范之一。这种意义上的法律规范是从社会实证的角度看待和使用法律规范概念的。在此意义上法律规范即法律，在外延上包括制定法律总体意义上的法律规范、判例法、习惯法以及其他法律渊源；不仅包括硬法，也包括软法。金融消费者行政法保护的法律规范依据主要包括国际约束、宪法基础、议会立法、行政立法以及自律规范。

（一）国际约束

第二次世界大战以来，人们越来越感到有必要协调各国经济干预的外部效应，并处理许多只有通过国际合作才能很好解决的问题——这是因为这些问题的跨国性质，于是在国际货物贸易、服务、支付与货币问题、资本转让及国际人员流动等领域，越来越多的世界性与区域性国际经济组织建立起来了。[①]

---

① 关于大量国际经济组织及相关文献的考查，参见：E. - U. Petersmann，International Economic Organizations and Groups，in：R. Bernhardt，*Encyclopedia of Public International Law*，Instalment 8（1985），pp. 161 - 167. 转引自［德］E. - U. 彼德斯曼. 国际经济法的宪法功能与宪法问题［M］. 何志鹏译，高等教育出版社，2004：50.

各国（或成员方）的国内法制定，受到国际条约与惯例的有效约束。《金融服务贸易协定》（FSTA，1997年）等国际条约规定的涉及金融服务贸易方面的有关内容，都需要各国通过清理、修改和制定国内相关的金融监管法律、法规的形式加以反映，以便国际条约在国内法上能够予以落实。尽管人们对于《金融服务贸易协定》这类国际法框架能否真正有助于解决金融市场的监管问题，乃至国际间的金融服务业或者所有的金融交易能否纳入该规范体系加以调整等尚存疑问，但它们对于金融监管法律的影响、推动金融全球化的作用仍然是不容质疑的。1999年3月1日生效的《金融服务协议》（FSTA）就明确要求缔约国取消或减少对外国金融机构的各种管制，旨在消除各国长期存在的银行、保险和证券等金融业的贸易壁垒，确立多边的、统一开放的金融市场规制和政策。[①]

金融消费者行政法保护的国际约束首先表现为金融领域相关国际法规范中的条约与惯例。比如《国际货币基金协定》、《服务贸易总协定》（GATS）、《第五协定书》；有关审慎规制监管的巴塞尔银行业监管委员会制定的《有效银行监管的核心原则》以及《跨国银行业监管》等文件。其他国际组织如国际证券委员会组织（IOSCO）、国际保险监督官协会以及国际基金组织等机构发布的促进金融监管者合作和协调的最低标准的文件，以及世界银行的金融业评估项目（Financial Sector Assessment Program）均涉及了对金融领域消费者权益的保护要求。尤其是，二十国集团于2011年10月通过的《二十国集团金融消费者保护高层原则》列举了金融消费者保护应当涉及的基本领域和应当遵循的基本原则，该文件就金融消费者保护的法律和监管框架、监管机构的职

① 盛学军．全球化背景下的金融监管法律问题研究［M］．法律出版社，2008：26.

责、公平对待消费者、信息披露和透明度、金融教育和金融意识、负责任的经营行为、保护消费者资产免受欺诈和滥用、保护消费者数据和隐私、投诉处理和救济以及促进竞争等内容作出了原则性规定。[①] 当然这类国际约束规范主要以国际金融软法的形式出现并被世人接受。值得注意的是，一直以来，国家主权的平等性使国际金融硬法规范的建设道路相当漫长，已经建立的国际金融硬法规范存在大面积的调整真空。当传统的国际金融硬法难以达成，只能由国际金融软法来补充，并通过国际舆论、监督、检查等各种机制的运用，使其能最大限度地发挥作用。

（二）宪法基础

列宁曾这样概括宪法的本质作用："宪法是写着人民权利的纸。"[②] 宪法是各国根本大法，各国宪法无一例外地书写着国家对公民权利或人权的保障。而宪法对公民的基本权利和国家机构的权能的规定是金融消费者权益行政法保护的基础和依据。基于前述利益要素中的探讨，金融消费者权益是人权在金融消费领域的体现，金融消费者的行政法保护是在宪法指导下进行的。比如我国宪法第十三条规定公民的合法的私有财产不受侵犯；第三十五条规定中华人民共和国公民有言论、出版、集会、结社、游行、示威的自由；以及第三十八条规定中华人民共和国公民的人格尊严不受侵犯。这些规定为金融消费者金融消费安全权、金融消费知情权、金融消费自主选择权、金融消费公平交易权、金融消费者隐私权、金融消费者受尊重权、金融消

① G20 High. Level Principles on Financial Consumer Protection［EB/OL］, http: //www. oecd. org/dataoecd/58/26/48892010. pdf, 2012－05－23.

② 列宁全集（第9卷）［M］. 人民出版社，1959：448.

费损害赔偿权和金融消费者结社权的行政法保护提供了宪法基础。

（三）议会立法

各国立法机构通过的法律在法律效力上有着不可比拟的优越性。以美国为例，在不同时期国会的法案作为改革的先头炮打响，政府的改革因而循法开展，具备形式合法性。如1863年通过了《国民通货法》，次年修改为《国民银行法》以加强银行的合规性监管，直接保护存款人的资金安全；1913年大萧条时期通过的《联邦储备法》以减少银行挤兑保护存款人利益；1933年通过的《格拉斯斯蒂格尔法案》设立了联保存款保护公司，通过存款强制保险以确保存款人的资金安全。20世纪80年代储蓄和信贷危机后，1980年通过的《存款机构放松规制和货币控制法案》加强了联储对货币管理的宏观控制，以稳定币值保护消费者利益；1982年通过的《高恩—圣杰曼存款机构法》取消金融规制促进不同类型金融机构的竞争，进而稳定金融机构，减少金融震荡对消费者的不利影响；1989年通过的《金融机构改革、恢复与实施法案》调整美国储贷业监管结构，突破存款机构原有界限，该法主要在于防范不良贷款的发生，保护存款人利益；1991年通过的《联邦存款保险公司改进法》改进存款保险制度，强化资本金管理，提高存款人保护力度。2002年基于安然和世通倒闭，出台了《萨班斯法案——公众公司会计改革与投资者保护法案》，从披露转向实质性监管以保护消费者的知情权。在2008年次贷危机后，2010年通过《信用卡改革法》法案旨在通过禁止信用卡滥用行为，加强对金融消费者的保护；随后又通过《金融消费者保护机构法》成立专门的金融消费者保护机构以保护消费者免受不合理和欺诈性金融产品的侵害。[①]

（四）行政立法

在金融行政领域，相关金融监管机构制定行政法规、规章等法律规范。这些法律规范往往是为相关法案的实施制定细化规则或填补法律监管真空。以改革后的美国金融消费者保护机构——金融消费者保护局为例，该机构是美国唯一有权制定金融消费者保护法律实施规则的权力机构。在必要的时候，金融消费者保护局局长有权制定规则，发布命令或指导方针，对违反金融消费者权益保护实施规则的金融机构进行监管。金融消费者保护局在规则制定上有很大的自由裁量权。如为了实现金融监管和保护消费者的总体目标，金融消费者保护局有权制定有关不公平行为、欺诈性行为及滥用市场行为的认定标准，而无需拘泥于联邦及各州消费者保护立法中原有的规定和解释。[②] 当然，美国金融消费者保护局规则制定并非任意而为，该局在制定规则时须遵守美国的《行政程序法》，在其制定的规则生效前，还需要经过评论和审查的过程。美国金融消费者保护局的规则制定权在制度设计上有其必然性。在本书关于金融消费者权益行政法保护主体要素中，已经探讨了在行政分权国家，公务分权被作为一种分权技术广泛适用。这种分权技术在美国体现为独立监管机构有较大的独立性和灵活性，可制定相关规则，具备准立法、准司法以及相应执法的权力。相关金融行政主体具备规则制定权的特点是可以根据现实监管需要制定专业的监管细则，规则的制定程序远

① 施继元，陈文君．美国金融消费者保护立法的突破和妥协［J］．金融与经济，2010（9）．

② 涂永前：美国2009年《个人消费者金融保护署法案》及其对我国金融监管法制的启示［J］．法律科学，2010（3）．

没有法案的制定繁琐，有利于行政权的快速出击，及时回应现实问题。

（五）国内金融行政软法

软法的概念最先是在国际法领域出现的，通常国际法主体间达成不具有强制拘束力的国际协议被称为国际软法。逐渐地，软法的概念被引入国内法，主要是指未通过正式立法途径形成的不具有强制约束力的国内法律规则。

罗豪才教授认为，硬法与软法是现代法的两种基本表现形式，在公域治理法治化中二者具有互补功能，都从属于宪法，且应互相衔接。一则，硬法和软法是现代法的两种基本表现形式。其中，硬法（hardlaw）是指由国家创制的、依靠国家强制力保障实施的法规范体系；软法（softlaw）是指不能运用国家强制力保障实施的法规范体系。具体而言，软法是由国家制定或者认可的，行为模式未必十分明确，或者虽然行为模式明确，但是没有规定法律后果，或者虽然规定了法律后果，但主要为积极的法律后果的规则体系。这些规则只具有软拘束力，其实施不依赖国家强制力保障，而是主要依靠成员自觉、共同体的制度约束、社会舆论、利益驱动等机制。二则，硬法和软法在公域治理法治化中具有互补功能。众所周知，复杂多变的现代社会的法治化本身就是一项复杂的系统工程。法治化需要一定的确定性、可预期性等，需要确保社会的基本秩序和一些核心价值不被随意践踏，因此硬法不可或缺。但是，复杂多变的社会现实又必然使法治化具有复杂性、变动性、渐进性等特征，此时僵硬、整齐划一的硬法又有可能“失灵”，而软法由于其自身特点，刚好可以弥补这一缺陷。[①]

在金融领域，行政软法是调整纵向金融行政法律关系的行政法，所谓的纵向金融行政关系是指金融行政主体或金融行业自治主体与行政相对人之间的关系，这种纵向关系区别于调整平等主体关系的民事法律关系。然而这种软法并非完全由市场经营主体协商制定，往往依托于国家公权力而制定，其制定的过程、规则内容受到行政公权力的深刻影响。之所以称之为软法，此类法律规范不能明显体现法律的强制拘束力，而实际是以舆论、道德、指导等非强制性手段来实现对行政相对人的约束目的[②]，如各类金融业协会的章程与自律性规则、金融产品交易所的交易规则等。这类金融行政软法的优势是：（1）专业性，专业人才参与制定对与金融市场的交易更为熟悉和敏感，更能采取有效措施遏制违规行为保护金融消费者利益；（2）灵活性，相关规则的制定可以根据市场的变化，调整各种业务规则和相关风险控制，基于市场中的新情况对法律规定进行有针对性的补充。

四、程序要素

在汉语中“程序”这一名词是指事件的展开过程、节目的先后顺序、计算机的控制编码、实验的操作手续、诉讼的行为关系等等。从法律学的角度来看，主要体现为按照某种标准、程式进行决策，受决策影响的当事人可以参与到决策的制定中，决策程序应公开化，决策者应公平地听取各方意见，并说明决策理由。当然，程序不仅仅指决定过程，还包含着决定成立的前提，以及

---

① 罗豪才．公共治理的崛起呼唤软法之治［J］．法制日报，2013—07—04.

② 谭砚．经济金融领域行政“软法”的法律责任问题研究［J］．区域金融研究，2010（6）．

存有当事人对决策结果的意见表达，而且保留着客观评价决策并要求重新决策的可能性①。

“权力总是趋向于无限地扩张，而权力扩张的最大受害者是人权”②。正如昂格尔所说的，“权利不是社会的一套特殊安排而是一系列解决冲突的程序。”③ 因此公权的运行必定要遵循特定的法律程序。以消费者的金融隐私权保护为例，美国《金融隐私权法》要求政府在向金融机构获取客户的金融记录时必须遵守严格的程序，并规定公民可以合法对抗政府滥用金融记录的权力，可以通过诉讼的途径获得救济，以防止政府权力侵犯自身的信息保密权。金融消费者保护法规定金融消费者保护局在行使规制制定权时要严格遵守行政程序法律，在提案通过前须经过评论和审查的程序。通过上述描述，我们可窥见一个法治国家在以法定程序制约公权运行上的努力。以金融隐私权保护为例，在金融隐私权的特定场域，国家对于公民信息的知情权与个体的金融隐私权是对立的，在公权力需要获取公民个人信息时，必须遵循特定法律程序。个人针对政府获取其在金融机构中的秘密资料的行为，有权提出异议并可借助法院的判决对公权力侵犯其隐私权的行为进行惩罚。在金融消费者权利保护立法的执法中应该切实地赋予个人通过法定程序对抗公权力滥用信息的权利。④

---

① 季卫东．程序比较论［J］，比较法研究，1993（01）．

② 程燎原．从法制到法治［M］．法律出版社，1999.

③ ［美］昂格尔．现代社会中的法律［M］．中国政法大学出版社，1994.

④ 万玲．金融隐私权保护公权干预制度探析［J］．行政与法，2012（12）．

第二节　我国金融消费者权益行政法保护制度现状分析

一、我国金融消费者权益行政法保护主体视角

从某种意义上讲，可以将行政权简单地定义为行政主体对国家和社会公共事务管理的权力，公共性是现代国家行政的最基本特征。[①] 在行政公共性的视角下，我国的金融消费者保护行政主体涵盖国家行政机关、事业单位以及行业协会等社会组织，体现了行政主体多样化的趋势。总体上，其涉及两大类即政府监管部门和社会团体：前者主要包括中国人民银行、银监会、证监会以及保监会；后者主要是指行业协会、证券交易所、期货交易所等自律管理法人以及消费者保护协会。

（一）监管部门

1. “一行”

在我国现行法律框架下，中国人民银行是国务院的一个职能部门，是隶属于国务院的国家行政机关。[②] 人民银行保护金融消费者的方式主要是制定规章、在官方网站发布通告、提示风险、对违法行为的行政处罚并辅以宣传教育活动、征信管理局组织对信用评级机构的执业状况进行专项检查并公布监管动态和合格机

① 杨海坤，章志远．中国行政法基本理论研究［M］．北京大学出版社，2004：7.

② 《人民银行法》第二条规定：“中国人民银行在国务院领导下，制定和实施货币政策，对金融业实施监督管理。”

构名单、定期公布金融市场发展报告和数据等等。[①] 2012 年 3 月，人民银行获批设立金融消费者权益保护局，主要职责为：综合研究我国金融消费者保护工作的重大问题，会同有关方面研究拟定交叉性金融业务的标准规范；会同有关方面拟定金融消费者保护政策法规草案；对交叉性金融工具风险进行监测，协调促进消费者保护相关工作；依法开展人民银行职责范围内的消费者保护具体工作。[②] 人民银行各分行也相继开展了金融消费者权益保护试点工作，出台了金融消费者权益保护工作实施意见或实施细则，并成立了金融消费者权益保护中心，为保护金融消费者权益奠定了一定基础。央行要求以各分行的法律事务部为主，设立机构，公布统一的投诉电话，成立保护中心，加强与地方政府部门及各金融机构的沟通联系，做好投资者教育的宣传工作，形成消费者保护机制。[③] 各支行出台的法律文件以及设立的机构的名称不尽相同，但基本目标以及职能基本上都涉及维权中心受理、调处与人民银行职责有关业务领域的金融消费者申诉案件，对外公布联系方式，面向社会公众组织开展金融消费者权益保护的宣传教育

① 根据《中国人民银行法》第一条对立法目的的阐述，中国人民银行有维护金融稳定的职能，根据该法第四条对人民银行职责的规定以及第三十二条对监督检查权的规定，人民银行在人民币流通、征信、银行卡、外汇业务、反洗钱领域开展反假币活动、银行卡业务风险提示、外汇交易监管、个人征信体系建设、反洗钱等专项监管，可以认为在上述领域充当金融消费者的保护机构。

② 参见中国人民银行官方网站。

③ 央行西安分行制定了《金融消费者投诉管理办法（暂行）》，该办法界定了投诉人、被投诉人、投诉事项的范围，央行投诉部门的设置及其主要职责，金融消费者投诉的受理，投诉的调查，投诉的调解与处理等。2012 年 10 月，央行将“西安模式”推广到各分行。

工作。[①] 如中国人民银行天津分行制定发布了《天津市银行业金融消费者权益保护工作管理暂行办法》，设立了“中国人民银行天津分行金融消费者维权中心”。当金融消费者权益受到损害而与金融机构协商解决不了时，对属于人民银行管理的有关业务领域范围内的争议，可以到维权中心申请调处。维权中心受理和调处涉及人民币现金管理、支付清算、国债服务、个人征信、个人外汇、个人金融信息保护等与金融消费者利益紧密相关领域的申诉案件，同时还受理、解答利率等人民银行有关业务的政策咨询。南京分行在宁正式发布《江苏省金融消费者现金业务权益保护办法（暂行）》，自2012年3月15日起开始实施。《办法》共包括总则、金融消费者权利、银行业金融机构义务、人民银行职责、监督管理、附则等六个方面，在全国金融消费者现金权益保护领域属于首创。

各地央行分支行设立的消费者维权中心如雨后春笋般涌现出来，大有一种自上而下的“中国式运动战”的态势。这些监管主体能否切实履行金融消费者权益保护的行政职能，从其行政制规行为角度中考察，令人不能乐观。纵观人民银行各支行制定的“金融消费者权益保护工作实施细则（或管理办法）”，难免有形式主义之嫌，所谓的实施细则在消费者维权的某些重要方面却语焉不详。如有的地方人民银行支行指定的细则里规定“将金融机构的金融消费者保护水平和工作情况作为对其执行人民银行政策情况考核评价的重要指标，与综合执法检查紧密结合，根据各金

① 根据中国人民银行党委委员、纪委书记王华庆在2013年1月28日由中国人民银行金融消费权益保护局与世界银行东亚太平洋金融发展局共同在北京举办的“金融消费者保护：良好经验与立法框架”国际研讨会中的发言：截至2012年11月末，中国人民银行1256个分支机构开展了金融消费权益保护试点工作，设立了822个金融消费者维权中心，受理了1.1717万件投诉申诉，已处理完毕1.0499万件，投诉申诉处理结果满意度为98.29%。

融机构被投诉数量、实际侵权情况、投诉处理情况等进行计分和综合评价”，[①] 而对于评价细则和评价后果却没有任何展开，这样的“细则”的可操作性是令人担忧的。另外多数支行制定的实施办法中对维权中心的调查工作的程序性规定有所缺失；[②] 再有，对维权中心的问责机制规定含糊，有的细则中根本就没有提及问责办法这一部分。

2. “三会”

银监会、证监会以及保监会（以下简称三会）是国务院直属的正部级事业单位。[③] 国务院直属的正部级事业单位的定性表达

① 《中国人民银行锦州市中心支行保护金融消费者权益暂行办法》第十七条的规定。

② 笔者注意到在众多支行制定的金融消费者权益保护实施办法中，有个别支行的办法注意到程序正义：以鹰潭市金融消费者权益保护实施办法（试行）为例，该办法第二十九条规定了权益保护中心（分中心）向被申诉的金融机构进行电话询问、现场询问的，被申诉的金融机构受理申诉人员应当如实提供相关情况，询问人应制作询问笔录。向被申诉的金融机构进行书面询问的，权益保护中心（分中心）应当制作申诉查询函，并随函附上金融消费者申诉登记表，被询问金融机构应如实提交争议情况说明和相关证明材料，并于3个工作日内函复权益保护中心（分中心）。对被申诉的金融机构进行实地调查时，调查人员不得少于2人，并出示《中国人民银行执法证》和申诉调查函。调查人员可以查阅、复制与申诉事项有关资料、电子或音像等信息、文件和资料。确定需要调阅的有关资料应填制申诉资料清单，询问金融机构有关人员，要求其说明情况，应当制作询问笔录。在处理申诉的过程中，应当填写申诉调查表。第三十条规定：调查人员可以对可能被转移、隐藏、篡改或者毁损的文件、资料予以先行登记保存。调查人员先行登记保存文件、资料时，应当会同在场的金融机构工作人员查点清楚，当场开列《调查证据登记保存通知书》。

③ 第十届全国人大第一次会议通过的《全国人民代表大会〈关于国务院机构改革方案的决定〉》和同届人大二次会议通过的《全国人民代表大会常务委员会〈关于中国银行业监督管理委员会履行原由中国人民银行履行的监督管理职责的决定〉》都表明银监会是一个国务院直属的正部级事业单位。

了三层含义：[①] 第一，其属于国务院直属领导；其二，级别是正部级；其三，性质是事业单位。由国务院直属领导，而不是国务院组成部门，这种表述表明三会和国务院组成部门外交部、财政部等是有所区别的，暗含了一定的独立性；为了保障其监管权力的威慑力，将三会规定为正部级；而将三会定性为事业单位，是出于国务院精简机构改革的考虑。[②] 事实上，三会具有明显的政府行政部门特征，根据《银行业监督管理法》，银监会的运行机制和行政机关没有实质性区别，职权由法律法规授权和国务院委托，其人员任命程序与其他政府部门相同，预算和财务来源都直接受制于国务院，带有十分明显的政府行政部门特征。我国《银行业监督管理法》第二条第一款规定："国务院银行业监督管理委员会负责对全国银行业金融机构及其业务活动的监督管理工作，"银监会将"保护广大存款人和消费者的利益"作为监管工作的首要目的。《证券法》第七条规定："国务院证券监督管理机构依法对全国证券市场实行集中统一监督管理。"第一百七十八条规定："国务院证券监督管理机构依法对对证券市场实施监督管理，维护证券市场秩序，保障其合法运行。"《保险法》第一百三十四条规定："保险监督管理机构依照本法和国务院规定的职责……对保险业实施监督管理，维护保险市场秩序，保护投保人、被保险人和受益人的合法权益。"

近年来，金融机构的不规范操作侵害消费者利益的问题已经引起监管当局的注意。目前，"三会"都已设立相应的金融消费

① 同样的解释适用于证监会、保监会。

② 陈云良，陈婷．银监会法律性质研究［J］．法律科学，2012（1）．

者保护部门。2011年4月，保监会获批设立保险消费者权益保护局；[①] 2011年5月，证监会获批设立投资者保护局；[②] 2012年3月，银监会获批设立银行业消费者权益保护局。[③] 快速、有效地处理好消费者的投诉是保障金融消费者权益的关键。目前“三会”中只有保监会发布了消费者投诉管理办法：保监会2013年1月10日率先发布了《保险消费投诉处理管理办法（征求意见稿)》。征求意见稿将处理投诉时保监会、派出机构和保险机构的职责分工得非常明确，以此减少扯皮，减轻监管负担，提高投诉处理的效率。该征求意见稿对保险消费投诉的提出也有明确的规定的投诉渠道比较全面，“保险消费者提出保险消费投诉，可以采取邮寄、传真、电子邮件等方式，也可以采取电话、面谈等方式”。相应地，规定保险机构和保险中介机构应当公布本单位的

① 该局主要职责为：拟订保险消费者权益保护的规章制度及相关政策；研究保护保险消费者权益工作机制，会同有关部门研究协调保护保险消费者权益重大问题；接受保险消费者投诉和咨询，调查处理损害保险消费者权益事项；开展保险消费者教育及服务信息体系建设工作，发布消费者风险提示；指导开展行业诚信建设工作；督促保险机构加强对涉及保险消费者权益有关信息的披露等工作。参见保监会官方网站。

② 该局职能包括八方面：拟定证券期货投资者保护政策法规；负责对证券期货监管政策制定和执行中对投资者保护的充分性和有效性进行评估；对证券期货市场投资者教育与服务工作进行统筹规划、组织协调和检查评估；协调推动建立完善投资者服务、教育和保护机制；研究投资者投诉受理制度，推动完善处理流程和运行机制，组织有关部门办理投资者咨询服务事宜；推动建立完善投资者受侵害权益依法救济的制度；按规定监督投资者保护基金的管理和运用；组织和参与监管机构间投资者保护的国内国际交流与合作。参见证监会官方网站。

③ 主要职能包括：制定银行业金融机构消费者权益保护总体战略、政策法规；协调推动建立并完善银行业金融机构消费者服务、教育和保护机制，建立并完善投诉受理及相关处理的运行机制；组织开展银行业金融机构消费者权益保护实施情况的监督检查，依法纠正和处罚不当行为；统筹策划、组织开展银行业金融机构消费者宣传教育工作等。参见银监会官方网站。

保险消费投诉电话、传真、邮寄地址、接待场所地址和电子邮箱等信息，并在官方网站、营业场所展示保险消费投诉处理程序。保监会及其派出机构也建立并完善保险消费者投诉维权热线。另外，保险消费者提出保险消费投诉，应当提供投诉人的基本情况，被投诉人的基本情况，投诉请求、主要事实理由以及证明材料，投诉人的签名或者盖章。这样具体的规定使得投诉流程更加清晰，节省了投诉受理的时间。值得注意的是，征求意见稿中对受理时间的规定具体："保险消费投诉处理工作管理部门应当自收到完整投诉材料之日起 7 个工作日内，告知投诉人是否受理，""对于事实清楚、争议情况简单的保险消费投诉，应当自受理之日起 10 个工作日内作出处理决定，""应当自受理之日起 30 日内做出处理决定。"综上所述，保监会出台的征求意见稿对保险消费投诉处理职责的分工有着明确规定，对保险消费投诉渠道的设立全面，对消费者投诉提供材料的规定具体，对投诉处理受理时间的规定精确，为保护保险消费者权益作出有益的尝试。

在我国金融分业经营、分业监管的体制下，金融消费者权益保护机构的设置也相应地采取了分金融部门设立的模式。由于深受传统部门利益保护等因素影响，"一行三会"运行机制的有效性一直是人们所关心的问题，而现今四机构下分别设立消费者保护局，各机构对与金融消费者（投资者）保护职责限于各部门所负责金融行业，机构间缺乏跨部门协作的共同规定，这必然导致四机构间的沟通不畅、各自为政，跨行业交叉性金融消费领域的消费者维权将成为法律盲区；考虑到还有和地方金融办、工商管理、消协等地方部门间沟通协作的问题，整个金融消费者权益保护行政主体制度在实践中的到底能够发挥多大作用，实在令人担忧。在现有"一行三会"设立保护局的模式下，如何构建协调配合，实现信息共享，协调重大、普遍性的金融消费者权益保护问题是“四局”面临的重大问题。[①]

（二）社会团体

行业协会是一种独立于政府与企业的社会团体，是一种典型的非政府组织和非营利性组织，属自律性社团法人。行业协会的性质是行业自律组织，[②] 目前在金融消费者保护工作中主要承担公众教育职能，比如中国银行业协会曾主办“公平对待消费者项目”，督促金融机构积极采取措施保护消费者权益并加强金融消费者教育。另外，在各地银监局的指导下，行业协会愈来愈注重对金融消费者权利的维护，如上海市银行同业公会近期制定发布了《上海银行业金融消费者权益保护公约》，公会全体会员单位将共同遵守。《公约》从建立金融消费者权益保护日常工作机制、尊重金融消费者知情权和选择权、加强对金融消费者信息的安全管理、建立健全金融消费者投诉处理机制、为残疾人等弱势群体客户提供更加细致和人性化的服务等多方面进行了自律约定。证券业协会的官方网站上设有“投资者教育”专栏，也曾主办投资者教育与服务巡讲活动，推进公众教育的进展。[③] 中国保险业协会比较重视消费者的投诉处理，官方网站上设有“中国保险行业在线投诉系统”。

近年来，中央大力促进通过“社会管理”化解社会矛盾，

---

① 曹军新．（中国人民银行南昌中心支行）尽快出台统一的金融消费者保护法［J］．经济参考报，2012—11—07。

② 如证券法第八条就证券业协会作了原则性规定：“在国家对证券发行、交易活动实行集中统一监督管理的前提下，依法设立证券业协会，实行自律性管理。”将证券业协会定性为行业自律性组织，对政府的证券监管具辅助作用。

③ 参见中国银行业协会官方网站，http：//www.china-cba.net/beneondy.php?fjd=127&id=3921，最后登陆日期2012年9月29日。

积极推进矛盾纠纷大调解工作。中国证券业协会颁布了《证券纠纷调解工作管理办法（试行)》、《证券纠纷调解规则（试行)》、《调解员管理办法（试行)》等三项规则，成立了证券调解专业委员会和证券纠纷调解中心，拟定了调解规则和调解员管理等相关基本制度，目的是妥善处理证券业务纠纷，保护投资者合法权益，维护行业整体利益，发挥行业协会职能，化解证券领域社会矛盾。应当注意到，当事人就纠纷的解决达成一致意见签署的调解协议书并不是行政命令或行政指导，经各方当事人签字或者盖章后，仅仅具有民事合同性质。经调解中心处理后的纠纷并不排除司法管辖，《调解协议书》经调解员和调解中心签字盖章后，当事人可以申请有管辖权的人民法院确认其效力。

证券交易所、期货交易所等自律管理法人的日常运作中也涉及金融消费者权益保护。以证交所为例，作为自律管理的法人，上海证券交易所在中国证监会的直接管理下保护投资者权益，依据法律、法规和自律规则来组织和监督证券交易，履行自律管理职责。上海证券交易所、深圳证券交易所和中国证券投资者保护基金公司先后于2008年2月、3月和9月成立了投资者教育中心（部)，专门负责本单位的投资者教育工作。[①]同样，证交所等机构的主要职能是规范其会员，从而间接保护金融消费者。

另外，中国消费者协会是在中央政府的直接参与下，由国家工商管理总局、国家标准局和国家质监总局提出申请并经批准成立的、挂靠在国家工商总局、业务上受上述三个机构指导的社会组织，各地的消费者保护协会挂靠在地方各级工商行政管理局。

---

① 参见上海证券交易所官方网站，http：//www.sse.com.cn/sseportal/ps/zhs/sjs/sse_ info.shtml，最后登录日期2012年10月19日。

基于金融领域消费的特殊性，消费者保护协会尚未将金融消费者纳入保护范围，因而严格来说，消费者保护协会并非金融消费者保护行政主体。

二、我国金融消费者权益行政法保护内容视角

关于金融消费者的权利到底有哪些，学术界也进行过一定的深入研究。因为金融消费者是特殊的消费者，因此学术界普遍认为消费者享有的九项权利金融消费者也应该享有，同时金融消费者应该享有与金融领域相适应的特殊权利。有学者认为特殊权利包括财产安全权、知情权、隐私权[①]；有的认为信息权比较重要[②]；有已出台的地方行政规章[③]中规定了五项金融消费者五项权利，包括知悉权、自由选择权、保密权、享受金融服务权和投诉权。然而，金融消费者的具体权利内容不应该是一成不变的，它会随着金融产品的创新以及金融市场的发展不断得到充实。就像消费者的权利内容一样，从美国总统肯尼迪提出的消费者四项权利[④]到尼克松的五项权利，[⑤] 再到今天国际消费者组织联盟提出的

---

① 魏琼，赖元超．论我国金融消费者的概念及其特权［J］．金融理论与实践，2011（7）．

② 郭丹．论金融消费者信息权益的保护［J］．学习与探索．2009（4）．

③ 中国人民银行南京分行在宁正式发布《江苏省金融消费者现金业务权益保护办法（暂行）》，自2012年3月15日起开始实施。《办法》共包括总则、金融消费者权利、银行业金融机构义务、人民银行职责、监督管理、附则等六个方面，在全国金融消费者现金权益保护领域属于首创。

④ 1962年3月15日，美国前总统约翰·肯尼迪在美国国会发表了《关于保护消费者利益的总统特别咨文》，首次提出了著名的消费者的“四项权利”，即有权获得安全保障、有权获得正确资料、有权自由决定选择、有权提出消费意见。

⑤ 1969年，美国总统尼克松进而提出消费者的第五项权利：索赔的权利。

八项权利，[①] 这些都说明消费者的权利内容在随着社会的发展而不断发展。金融消费者享有的权利亦不是一个一成不变的范畴。随着金融业务发展水平的提高，金融产品和服务品种不断增加，其范围也应当不断调整，有些权利可能弱化，有些权利可能增强。基于金融消费者的弱势地位和在金融市场中比较突出的纠纷类别，笔者认为金融消费者的隐私权、知情权、受教育权以及求偿权更加强调行政权的介入保护。此处，本书就金融消费者上述四方面权益行政法律保护现状进行了探析。

（一）金融隐私权[②]

在数字时代，消费者在金融交易法律关系中其个人信息安全面临着极大的威胁。在金融领域，消费者的隐私权是一种财产权的延伸，是指个人对其金融信息所享有的不受他人知悉、收集、利用和公开非法侵扰的一种权利。这里的金融信息通常包括：（1）个人身份信息。一般包括姓名、性别、出生年月、身份证件名称及号码、联系电话、通讯地址、文化程度、职业等。（2）个人交易信息。主要指账务信息（如银行账户号码、密码、存贷款数额等）、信用信息（如持卡数量、透支记录等）、投资信息（如证券账户资产构成）和保险信息等。（3）个人主观信息。主要指

---

① 国际消费者联盟组织（International Organization of Consumers Unions，缩写为IOCU）设于1960年，总部原设在荷兰海牙，现迁到英国伦敦。它为独立、不以营利为目的、无任何政治倾向的全世界消费者的联合。国际消费者协会所维护的消费者权益共有八项：产品及服务能满足消费的基本需求的权利；产品及服务符合安全标准的权利；消费前有获得足够且正确的资讯的权利；消费时有选择的权利；对产品及服务表达意见的权利；对产品或服务不满时获得公正的赔偿的权利；接受消费者教育的权利；享有可持续发展及健康的环境的权利。

② 关于金融隐私权现状分析参见万玲．金融隐私权保护公权干预制度探析［J］．行政与法，2012（12）．

金融机构将与客户交往过程中所获取的衍生信息进行梳理分析后对客户形成的主观印象。如分析个人持卡购物信息，可了解其消费的时间、地点、数额、交易对象，甚至所购买的商品种类和品牌，从而判断出其交易习惯、消费偏好等。当下，金融隐私权往往不是在金融交易合同中直接规定，即便有所规定通常也是一种后合同义务。我国侵权责任法针对此也没有作出直接规定。民事责任的法律基础往往以违约或侵权为主，但无论是合同法还是侵权法都要求“谁主张，谁举证”，而金融领域的消费者与金融机构在信息上严重不对称使得消费者一方即便隐私权受到侵害也面临举证困难和败诉的风险。

我国对隐私权的保护尚无单独立法，即便在《宪法》中也没有就隐私权的保护作出明确规定。相关的，《宪法》第十三条规定：“公民的合法的私有财产不受侵犯。”第三十三条规定：“国家尊重和保障人权。”第三十八条规定：“中华人民共和国公民的人格尊严不受侵犯。”这些规定对隐私权的保护提供了间接的宪法依据。《商业银行法》的二十九条中规定：“商业银行办理个人储蓄存款业务，应遵循存款自愿、取款自由、存款有息、为存款人保密的原则。对个人储蓄存款，商业银行有权拒绝任何单位或个人查询、冻结、扣划，但法律另有规定的除外。”第三十条规定：“对单位存款，商业银行有权拒绝任何单位或者个人查询，但法律、行政法规另有规定的除外；有权拒绝任何单位或者个人冻结、扣划，但法律另有规定的除外。”《保险法》第三十二条明确规定：保险人或者再保险接受人对在办理保险业务中知道的投保人、被保险人或再保险分出人的业务和财产情况，负有保密的义务。2005 年新修订的《证券法》第四十四条规定：证券交易所、证券公司、证券登记结算机构必须依法为客户开立的账户保密。

行政立法中，最早规定银行保密义务的是 1992 年颁布的《储蓄管理条例》，其第五条规定“储蓄机构办理储蓄业务，必须遵循为储户保密的原则。”2006 年《电子银行业务管理办法》第三十八条规定：“金融机构应采用适当的加密技术和措施，保证电子交易数据传输的安全性与保密性，以及所传输交易数据的完整性、真实性和不可否认性。”第五十七条规定：“金融机构根据业务发展或管理的需要，可以与非银行业金融机构直接交换或转移部分电子银行业务数据。金融机构向非银行业金融机构交换或转移部分电子银行业务数据时，应签订数据交换用途与范围明确、管理职责清晰的书面协定，并明确各方的数据保密责任。”2006 年《证券登记结算管理办法》第十四条规定：“证券登记结算机构及其工作人员依法对与证券登记结算业务有关的数据和资料负有保密义务。”2007 年《信托公司管理办法》第二十七条规定：“信托公司对委托人、受益人以及所处理信托事务的情况和资料负有依法保密的义务，但法律法规另有规定或者信托文件另有约定的除外。”①

与金融隐私权保护密切相关的是个人征信领域的法律规定，信用是现代市场经济的基础，是金融业的根本。个人信用体系建设是指包括个人信用信息的采集、整理（即征信）、个人信用状况的评估、个人信用报告的提供、使用，个人信用服务的监管，以及相关的立法等方面的建设。为了规范个人征信业的发展，中国人民银行颁布了我国第一部全国性的规范个人征信业的规章——《个人信用信息基础数据库管理暂行办法》、《个人信用信息基础数据库金融机构用户管理办法》和《个人信用信息数据库异议处理规程》等法规，采取授权查询、限定用途、违规处罚等

① 叶颖．金融隐私权保护国际化法律问题研究［D］．厦门大学，2007.

措施保护个人隐私的安全。此外，地方政府规章在此领域也有所建树，如《上海市个人信用征信管理试行办法》规定信用报告使用者要获得信用报告须具有向被征信个人提供信贷、赊销、租赁、就业、保险、担保等意向或者其他正当理由，并经被征信个人授权。征信机构对于消费者进行征信活动应当征得消费者本人的同意，并且消费者作为信用资料的当事人有权知晓与其有关的数据处理、取得有关档案及资料来源的信息。如果消费者本人发现在信用信息中有不准确的信息，或者对于信用信息的处理不符合相关法律规定，如负面的信用信息经过一段时间未予以删除，以及资料不完整或不正确者，其本人有权请求更改或删除。再如，《长沙市信用征信管理办法》规定，征信机构采集个人信用信息，应当征得被征信当事人的同意，对涉及商业秘密的个人和企业及其他组织的信用信息予以保密。征信机构不得向任何单位或者个人提供或者披露个人和企业及其他组织信用信息。除了重点人群的从业、奖惩信息是公开的外，其他普通市民的个人信息报告都须本人授权才可查询。

综上所述，我国金融消费者隐私权保护的法律规范缺乏宪法和法律层面的直接依据，我国宪法并没有直接就公民隐私权的保护，也没有专门的《个人信息保护法》。现有的仅是笼统地提出原则性规定，如《商业银行法》中商业银行对储户信息的保护义务、《保险法》中保险人保密义务等。从行政立法的现状来看，现有的《储蓄管理条例》以及对证券业和信托业的管理办法中，针对金融隐私权的规定同样是简单且笼统的，金融隐私权的保护法律体系尚未形成。目前，我国金融消费者保护的法律基础是《中华人民共和国消费者权益保护法》，但基于金融消费者隐私作为财产权的一种延伸，有其特殊之处，该法对金融消费者保护的适用性并不强。而前文中列举各项法规对金融消费者的保护规范有局限性，对金融消费者保护只做原则规定，操作性不强。庆幸的是，在规章层面，近年来央行以国务院部门规章的形式以及地方政府陆续出台的个人信用征信管理办法，关注到个人隐私权在经济领域的保护，如《上海市个人信用征信管理试行办法》、《长沙市信用征信管理办法》等。伴随我国金融业的发展，各种金融消费者权益受损达到前所未有的程度，而我国尚无专门的金融消费者保护机构制定金融消费者权益保护的法律规范，明确承担和履行金融消费者保护职责并受理金融消费者投诉。所以说，尽快制定金融隐私权保护的专项法律规范、构建便捷的金融消费者纠纷解决机制，保护消费者金融隐私权迫在眉睫。

（二）金融知情权

保护金融消费者知情权最为重要的途径即是信息披露制度。在金融消费者购买金融商品或者或享有金融服务过程中，信息的汇集和传递起到关键作用。金融机构是否进行了及时、有效的信息披露将对消费者的知情权产生重大影响，从而对消费者的理性决策产生重大影响。另一方面，信息披露制度也是对金融机构监管的重要途径，但是金融商品本身的复杂性、专业性以及金融机构信息传递的低透明度已成为实现金融消费者知情权的天然障碍。[①] 当行业自律对信息披露的监督作用有限时，国家有必要通过金融规制强制金融机构实施及时、准确的信息披露制度。在我国目前金融业分业监规制度下，对信息披露制度的法律规定也零散于各个金融领域的监管法律文件中。

在银行领域，《银行业监督管理法》第三十六条的规定为金融机构信息披露提供了法律依据：银行业监督管理机构应当责令

① 陈文君．金融消费者保护监管研究［M］．上海财经大学出版社，2011：128.

银行业金融机构按照规定，如实向社会公众披露财务会计报告、风险管理状况、董事和高级管理人员变更以及其他重大事项等信息。此外，2002年央行颁布的《商业银行信息披露暂行办法》更加从细节上规定了商业银行的信息披露义务。该《办法》第五条规定商业银行须遵循真实性、准确性、完整性和可比性的原则，规范地披露信息；第八条规定信息披露的内容包括商业银行财务会计报告、各类风险管理状况、公司治理、年度重大事项等；第九条规定商业银行财务会计报告由会计报表、会计报表附注和财务情况说明书组成；第十条规定会计报表包括资产负债表、利润表（损益表）、所有者权益变动表及其他关附表；第十八条规定了财务情况说明书包括对本行经营的基本情况、利润实现和分配情况以及对本行财务状况、经营成果有重大影响的其他事项进行的说明。此外，第十九条规定商业银行需要披露的各类风险和风险管理情况包括信用风险状况、流动性风险状况、市场风险状况、操作风险状况以及其他风险状况。2011年8月银监会发布《商业银行个人理财业务管理办法》，第九条规定商业银行销售理财产品时，应当遵循风险匹配原则，禁止误导客户购买与其风险承受能力不相符合的理财产品。风险匹配原则是指商业银行只能向客户销售风险评级等于或低于其风险承受能力评级的理财产品。

在证券领域，《证券法》的相关规定为规范证券机构信息披露提供了法律依据：第六十六条规定上市公司和公司债券上市交易的公司，应当在每一会计年度结束之日起四个月内，向国务院证券监督管理机构和证券交易所报送年度报告，并予公告。年度报告内容包括：公司概况；公司财务会计报告和经营情况；董事、监事、高级管理人员简介及其持股情况；已发行的股票、公司债券情况，包括持有公司股份最多的前十名股东的名单和持股数额；公司的实际控制人；国务院证券监督管理机构规定的其他事项。第六十七条规定，发生可能对上市公司股票交易价格产生较大影响的重大事件，投资者尚未得知时，上市公司应当立即将有关该重大事件的情况向国务院证券监督管理机构和证券交易所报送临时报告，并予公告，说明事件的起因、目前的状态和可能产生的法律后果。第六十八条规定了信息披露的法定主体，规定上市公司董事、监事以及高级管理人员必须对公司定期报告签署书面确认意见；上市公司监事会应当对董事会编制的公司定期报告进行审核并提出书面审核意见；确保上市公司所披露的信息具有真实性、准确性、完整性。另外，证监会发布的《公开发行证券公司信息披露制度内容与格式准则》进一步细化了对于上市公司的信息披露义务的要求：应保证上市公司招股说明书的完整性，内容涵盖公司主要资料、发售新股的有关当事人、风险因素及对策、募集资金的使用、股利分配政策、验资报告、发行人情况、承销情况、发行人公司章程摘录、董事、监事、高级管理人员及重要职员的情况、公司经营业绩、公司股本情况、公司债项、财务会计资料、资产评估、盈利预测、公司发展规划、重要合同及重大诉讼事项、董事会成员及承销团成员的签署意见等等重要信息。在公司债券发行发面，公司法和证券法对发行人的信息披露义务也进行了规定。

在保险领域，《保险法》的相关规定是对保险金融机构信息披露的法律依据。第十七条规定保险人应当向投保人说明保险合同的条款内容，并可以就保险标的或者被保险人的有关情况提出询问，投保人应当如实告知。投保人故意隐瞒事实，不履行如实告知义务的，或者因过失未履行如实告知义务，足以影响保险人决定是否同意承保或者提高保险费率的，保险人有权解除保险合同。第八十六条规定保险公司应当按照保险监督管理机构的规定，报送有关报告、报表、文件和资料。保险公司的偿付能力报告、财务会计报告、精算报告、合规报告及其他有关报告、报表、文件和资料必须如实记录保险业务事项，不得有虚假记载、误导性陈述和重大遗漏。第一百一十条规定保险公司应当按照国务院保险监督管理机构的规定，真实、准确、完整地披露财务会计报告、风险管理状况、保险产品经营状况等重大事项。另外，保监会2004年颁布的《保险资产管理公司管理暂行规定》对保险理财产品的信息披露作出更为细致的规则。

虽然以上银行、证券和保险领域的法律法规对金融机构信息披露进行了较为全面的规定，但审视这些规定会发现：现有的关于信息披露的规定概括性、原则性强，操作性弱，比如众多规定都没有涉及到金融服务机构信息披露义务的标准和法律的实施细节，以及对具体金融产品和服务的微观层面的信息披露要求空洞。[①] 在这样的规则下，金融服务机构在交易中可以钻法律的漏洞使用晦涩的专业词汇或通过格式合同规避信息披露义务，在实践中，金融消费者的知情权无法得到切实保障。

（三）金融消费者受教育权

金融消费者的受教育权的保护目的在于提高金融消费者自主判断和选择金融产品及防范风险的能力。世界主要的国际金融强国均已建立比较完备的金融教育体系。金融素质已经成为国民综合素质的重要组成部分。经合组织（Organization for Economic Co-operation and Development，OECD）在其发布的《有关金融消费者教育问题的若干建议》（Recommendation on Principles and Good Practices for Financial Education and Awareness）中，对成员国和非

① 吕炳斌．金融消费者保护法律制度之构建［J］．金融与经济，2010（3）．

成员国的金融机构在金融消费者教育工作方面提出若干原则和具体建议。该原则强调金融教育应被纳入金融监管及政府管理框架，并成为机构监管及消费者保护的重要组成部分。发达国家全民金融教育的经验或做法可以概括为四个多元化、三个相结合与两个侧重点。即主体多元化、手段多元化、受众多元化、内容多元化，将金融教育与消费者权益保护相结合，与金融机构信息披露、金融公司社会责任相结合，与金融监管相结合。[①] 在我国，金融消费者受教育权的行政法保护依据是《消费者权益保护法》明确规定的消费者享有受教育权，即消费者享有获得有关消费和消费者权益保护方面的知识和权利。投资者的受教育权一直受到中国证监会的高度重视。中国证监会投资者保护局的八项主要职责中有两项与保障投资者的受教育权有关。银监会一方面针对个贷、理财、电子银行、银行卡等容易出现消费者纠纷的业务出台《商业银行金融创新指引》、《个人理财业务管理暂行办法》、《关于做好网上银行风险管理和服务的通知》、《关于进一步规范信用卡业务的通知》、《关于商业银行开展代理销售基金和保险产品相关业务风险提示的通知》等一系列规章；另一方面从内部制度建设、行为准则、信息披露等方面予以引导，指导中国银行业协会颁布《中国银行业公平对待消费者自律公约》、《中国银行业文明服务公约》、《银行业从业人员职业操守》、《中国银行业零售业务规范》、《中国银行业柜面服务规范》规范守则。同时，银监会在中央国家机关中首个设立“消费者公众服务教育区”和“公众教育服务网站”，先后通过官方网站发布《关于春节期间银行卡安全用卡的风险提示》、《关于防范以贷款名义骗取银行账户信息的风险提示》和《关于保障金融消费者银行卡资金安全的风险提

① 刘玫．推广普及金融教育提高公众金融素质［J］．金融经济（理论版）2010（6）．

示》等多个风险提示。[①] 先后在“两会”、上海世博会、广州亚运会和重要节假日期间，及时发布风险提示信息，维护金融稳定。中国金融教育发展基金会组织发动了名为“金惠”工程的农村金融教育培训项目。

从目前来看，我国相关领域的行政主体已经意识到金融消费者教育的重要性，公众接受金融知识的渠道和手段越来越多；然而在实际中，金融消费者接受金融知识最主要的路径是通过金融机构对金融产品和服务的介绍，令人感到遗憾的是，金融机构对知识传播与金融营销的结合致使消费者产生排斥心理，消费者往往只能通过“犯错误”被动地获得金融知识等等。除了要加强监管机构和行业组织对消费者的教育，也不能忽略规范金融机构的公司治理、信息披露与社会责任，而这一块正是保障我国金融消费者受教育权所缺少的。

（四）金融消费者求偿权

由于金融消费者缺乏专业的金融知识，对金融产品和服务的运行机制、风险、享有的权利等重要信息缺乏正确的理解，当其合法权益受到侵害时，缺乏维权意识，正当权益受到损害，金融消费者的求偿权即由此提出。对于消费者的求偿权，我国《消费者权益保护法》第十一条规定消费者因购买、使用商品或者接受服务受到人身、财产损害的，享有依法获得赔偿的权利。从现实角度来看，在保障求偿权中，尤其要重视金融消费者投诉权的实现。

我国目前的制度层面规定，金融消费者遇纠纷有多种途径投诉，如向金融机构投诉、向行业协会投诉、向消费者协会投诉、

① 参见银监会官方网站 http：//www.cbrc.gov.cn/.

向金融监管部门投诉、提交仲裁委员会仲裁以及向法院提起诉讼。尽管有上述若干投诉渠道，在实践中金融消费者的维权意识还是相当淡薄：一方面是受我国传统体制影响，金融机构特别是银行在我国一直有强烈的“官办”色彩，尽管经过了股份制和引入外资银行的改革，金融消费者仍然没有积极的投诉意识，认为“胳膊拧不过大腿”，投诉是徒劳；另一方面是专业因素，金融商品较普通商品而言更具复杂性、专业性，消费者囿于自身知识结构和理解能力，在信息的获取上不占优势，无力获取权益被侵害的证据，现实中即使倾注时间、精力和财力维权成功率仍相对较低，导致金融消费者不愿意行使其投诉权进行求偿。在行业协会层面，虽然个别行业协会设立了金融消费者纠纷调解中心，如中国证券业协会下设了证券调解专业委员会和证券纠纷调解中心，但行业协会仅仅起到调解员的作用，在行业协会调解下经各方当事人达成一致后签字的调解协议书具有民事合同性质，并没有行政约束力。

目前虽然“一行三会”都下设了金融消费者保护局，具有解决金融消费（投资）纠纷的功能，但是四机构中只有保监会发布了保险消费者投诉管理办法，为处理保险消费者投诉提供法律指引。在地方层面，目前只有央行在县级地方有派出机构，“三会”只有在省会城市或较大城市有派出机构，这也是地方层面金融消费者维权的一个障碍。另外，从目前已有的金融消费者投诉管理办法（保险领域）来看，并没有相关金融消费者对投诉受理机构处理投诉的过程和结果享有监督权和申诉权的规定，公权力的运行没有程序的制约令人感到担忧。

三、我国金融消费者权益行政法保护规范视角

在我国，《消费者权益保护法》为普通消费市场的消费者权

益提供了法律保障。“消费者为生活消费需要购买、使用商品或接受服务，其权益受本法保护”，然而金融消费者是否可以被纳入被保护范围呢？这个问题尚无定论。我国目前还没有专门的《金融消费者权益保护法》，尽管各地人民银行支行出台金融消费者保护实施细则，但仅限于银行领域，且法律层级较低，仅能作为司法审判的参考依据。如果金融消费者的权益与金融机构之间产生纠纷被诉至法院，法官也只能依据《民法通则》及《合同法》中有关诚实信用、公平交易等原则作为审判依据。尽管《银行业监督管理法》和《商业银行法》等法律均在原则层面规定保护客户的合法利益，但此等宽泛的原则性规定在实践中不足以为金融消费者维权提供法律保障。

在行政立法层面，涉及金融消费者权益保护的部门规章内容相对具体，但却存在下位法与上位法冲突，或者不同部门规章之间存在冲突的情况。我国实行分业监管的机构监管模式，这就导致了政出多门、宽严不一。各金融部门法律规范都涉及金融消费者权益的保护，这些法律规范以部门规章为主，而这些部门规章往往是对金融各领域法律法规的具体化，部门之间对同类性质的问题处理标准存在不一致的情况，在金融消费者权益保护方面的整体协调性有待提高。我国的中国人民银行、保监会、银监会和证监会等金融机构均有制定金融规章的权力，在金融消费者权益保护的问题上时有冲突，主要是因为创新金融产品突破传统分业监管部门的界划。在那些涉及两个或更多金融领域的产品和服务的监管中，会导致对不同领域金融消费者保护的尺度有所差异。以券商集合理财和信托公司的集合理财为例，这两类金融业务的运行机制几乎相同，然而却要接受证监会与银监会两个不同监管部门的监管，在法律规章适用上分别由《证券公司客户资产管理业务试行办法》和《信托公司资金信托业务管理办法》调整，按照代理关系和信托关系两种法律关系进行管理。[1] 伴随着金融产品日趋复杂化，这样的问题将愈来愈明显。

近年来我国立法、行政、司法各部门已经开始关注金融消费者权利保护问题，并开始着手进行相关政策措施的制定，2005 年《证券法》的修改增加了对虚假陈述、内幕交易、操纵市场、欺诈客户行为民事责任承担的规定，体现了对于金融消费者权益的关注，《消费者权益保护法》也在修订日程表当中。伴随金融业的日益繁荣与高速发展，金融市场监管部门采取多项措施加强市场监管，目的在于推进金融市场制度建设，同时也对金融消费者的权益给予了一定的关注。人民银行相继发布了《企业信用信息基础数据库管理暂行办法》、《中国人民银行执法检查程序规定》等重要规定；保监会出台了《商业银行代理保险业务监管指引》(2011 年 3 月)；银监会发布了《商业银行信用卡业务监督管理办法》(2011 年 1 月)、《商业银行理财产品销售管理办法》(2011 年 8 月)、《整治银行业金融机构不规范经营通知》(2012 年 2 月，以纠正部分银行业金融机构金融服务中附加不合理条件和收费管理不规范等问题)、《关于完善银行业金融机构客户投诉处理机制切实做好金融消费者保护工作的通知》(2012 年 3 月) 等等。自律部门的作用进一步发挥，中国银行间市场交易商协会相继发布了《银行间债券市场债券交易自律规则》、《银行间债券市场非金融企业债务融资工具承销人员行为守则》等制度，强化了市场自律。

相关规定的完善有利于保障我国金融市场的平稳规范运行，

---

① 顾肖荣，陈玲：试论金融消费者保护标准和程序的基本法律问题 [J]. 经济法律最新动态. 2012 (77、78)。刘迎霜. 我国金融消费者权益保护路径探析——兼论对美国金融监管改革中金融消费者保护的借鉴 [J]. 现代法学. 2011 (3)。

此外对于金融消费者权益的保护也提供了零散的法规支持。我国相关行政部门愈来愈加重视金融消费者的保护，在此事项上的法律规范愈来愈全面，但仍然缺乏系统和深入的规范建设，完善金融消费者权益行政法保护规范体系势在必行。

四、我国金融消费者权益行政法保护程序视角

权力必须要限制，否则必将走向腐败。美国法学家威廉·道格拉斯指出："权利法案的大多数规定都是程序性条款，这一事实决不是无意义的。正是程序决定了法治与恣意的人治之间的基本区别。"[①] 传统法治着眼于控制授予政府的权力的范围，而现代法治则更注重于规范政府权力的行使。[②] 随着现代政府职能的扩张，公权力成为一只"万能之手"，可以操纵一切与人们生存和发展密切相关的事和物。行政权变得异常强大，唯有在法定行政程序的限制下，让行政主体在法定权限内行使职权，才能保障行政相对方的合法权益。中国近20多年来先后出台了多个单行行政程序法律如《行政处罚法》、《行政复议法》、《政府信息公开条例》等等，但是还没有一部《行政程序法》在科学合理的信息公开制度、听取意见制度、说明理由制度、管辖制度、告知制度、回避制度、证据制度、救济制度等方面作出明确而细致的程序规定。而在具体的部门行政法中，对于行政程序的规定往往只有只言片语，对于违反行政程序的法律责任更是鲜有规定，在金融消费者行政法保护领域亦是如此。

当然，现代公法程序制度的全部意义还应该内在地包含有对公法行为相对人一方以下功能的发挥：规范相对人的行为，并为

---

① 王学辉．行政程序法精要［M］．群众出版社．2001.

② 姜明安．行政程序研究［M］．北京大学出版社．2006.

相对人正确行使权利提供具体化、可操作化的行为准则。程序制度应该将实体法中所规定的相对人的一般权利具体化、可操作化，从而为相对人合法地获取权利利益提供明确、具体、实际可操作的行为导向。在一般情况下，相对人只要依照程序制度所设定的步骤、方式，并在合理的时间内完成自己的行为，那么其行为就会被法律所认可，并给予便利，直至提供支持和保护。① 在这一点，金融消费者权益行政法保护领域的法律规范更多地通过对金融机构的法律义务列举式规定，为消费者提供明确的法律保护，如《商业银行理财产品销售管理办法》明确要求理财产品销售文件应当包含专页客户权益须知，具体含有：客户办理理财产品的流程；客户风险承受能力评估流程；评级具体含义以及适合购买的理财产品等相关内容；商业银行向客户进行信息披露的方式、渠道和频率；客户向商业银行投诉的方式和程序；商业银行联络方式及其他需要向客户说明的内容。另外，中国银监会 2012 年第 13 号文件《关于完善银行业金融机构客户投诉处理机制，切实做好金融消费者保护工作的通知》（以下简称《通知》）要求：银行业金融机构应当设立或指定投诉处理部门，完善客户投诉处理、金融消费者保护机制，及时妥善解决客户投诉事项；要规范营业网点现场投诉处理程序，明确投诉处理工作人员的岗位职责，严格执行首问负责制；在投诉处理中发现有关金融产品或服务确有问题的，应立即采取措施予以补救或纠正，给金融消费者造成损失的，应根据有关法律规定或合同约定向金融消费者进行赔偿或补偿，投诉处理时限原则上不得超过十五个工作日等规定。同时银监会将加强对银行业金融机构客户投诉处理工作的监督检查，并有权要求金融机构在指定期限内采取预防或纠正措

① 黄学贤．中国行政程序法的理论与实践：专题研究述评［M］．中国政法大学出版社，2007：2.

施；发现违法违规行为的，依法予以查处。该《通知》对金融机构义务的明确列举，将对化解社会矛盾，推进我国金融消费者保护工作起到积极作用，但是囿于法律位阶较低，是否能够充分发挥其应有作用令人担忧。

在金融消费者行政法保护中，行政程序的科学、合理与否是消费者利益能否得以有效保障的重要问题，由于金融消费者者处弱者地位，其权利和利益的保障更和行政程序的好坏有直接关联。我国目前对于金融消费者行政法保护零散见于层级较低的法律文件中，如保监会出台的《保险消费投诉处理管理办法（征求意见稿)》、央行地方分支行制定的《金融消费者投诉管理办法》以及部分地方政府出台的《金融消费者权益保护实施细则》等。这些法律文件基本上均在实体法上对金融消费者权益的保护予以强调，对于程序性规定多见于对金融消费者投诉的处理期限以及处理结果告知；对于典型的程序性规定如申诉制度、听证制度、调查笔录制度、卷宗管理保存制度等却未被包含在内。另外，对于违法行政程序的法律责任更是鲜有规定，然而“没有法律责任的法至多只能引起空气的颤动，而且最终会使人民失望”。①

五、我国金融消费者权益行政法保护制度中的主要问题

分析前述金融消费者权益行政法保护制度主体、客体、规范以及程序四个方面的现状，本书就我国金融消费者权益行政法保护现行制度中存在的主要问题归纳如下：

从我国金融消费者权益行政法保护的法律体系来看，近年来我国立法、行政、司法各部门已经开始关注金融消费者权利保护

① 杨海坤．中国行政程序法典化——从比较法角度研究［M］．法律出版社，1999：2.

问题，并进行了相关法律规范的制定，然而我国目前尚无金融消费者权益保护的专项立法，《消费者权益保护法》为普通消费市场的消费者权益提供了法律保障，是否适用于金融消费者在实践中尚无定论。在行政制规方面，我国实行分业监管的机构监管模式，这就导致了政出多门、宽严不一。各金融部门法律规范都有涉及金融消费者权益的保护，这些法律规范以部门规章为主，这些部门规章往往是对金融各领域法律法规的具体化，部门之间对同类性质的问题处理标准存在不一致的情况，在金融消费者权益保护方面的整体协调性有待提高。综上所述，现有的法律规范层级较低，对于金融消费者权益的保护仅提供了零散的法规支持，缺乏系统和深入的规范建设。

我国金融消费者权益行政法保护主体方面的主要问题有三个方面：第一，多方监管部门间缺失协调合作机制。在我国金融分业经营、分业监管的体制下，金融消费者权益保护机构的设置也相应地采取了分金融部门设立的模式：中国人民银行下设金融消费者权益保护局；证券监督管理委员会下设投资者保护局；保险监督管理委员会下设保险消费者权益保护局以及银行业监督管理委员会下设立银行业消费者权益保护局。在这种格局下，各机构对与金融消费者（投资者）保护职责限于各部门所负责金融行业，机构间缺乏上位法对跨部门协作的共同规定，机构间的协调合作面临挑战。第二，金融市场的自律组织在金融消费者权益保护中尚未发挥应有的作用。金融市场组织者往往依附于行政机构，对金融机构缺乏有效的指引机制；同时在相关市场自律组织运行中缺乏有效的金融纠纷调节机制，当金融消费者向行业协会等市场组织机构提出投诉或求助时，没有相应的金融消费者保护行业调解规则可以依据，在调解纠纷范围、调解方式、时限等问题上模糊不清，从而导致消费者无法理性维权。第三，我国金融消费者权益行政法保护行政主体不具备相应的独立性。在法律层面，主体是指具有独立意志、可以独立行动并独立承担责任的人。作为法律上的主体，最基本的条件是其要有意思表示能力，且能独立决策。主体的关键是独立性，因而行政主体的关键也是独立性。以证监会、保监会以及银监会为例，事业单位的定性使得其行政主体的地位颇为尴尬，无论是行政组织上、职能上及经济上的独立性质均需提升；行业组织与自律管理法人（如证交所）同样依附于政府的扶持及强烈干预，如证券监管机构一直严格监控证交所的人事任免、职权指责以及业务规制的制定等等。这种模式使得交易所难以发挥自律功能，极易造成政府管理代替自律管理，使交易难以发挥自律功能。①

在我国，金融消费者权益行政法保护的客体，即受保护的金融消费者权益方面，现行法律制度并未对金融消费者隐私权、知情权、受教育权以及求偿权等权益提供明确、有效的保护。现行制度尚无专门立法确认受法律保护的金融消费者权益，制定金融消费者权益保护的专项立法、强化金融机构对金融消费者的信息披露义务、拓宽金融消费者受教育渠道以及构建快速有效的金融消费者纠纷解决机制是完善我国金融消费者权益行政法保护制度中急需解决的问题。

就金融消费者权益行政法律保护程序方面，在两个层面存在问题：第一，在行政权运行的正当程序的层面，我国目前还没有一部《行政程序法》在科学合理的信息公开制度、听取意见制度、说明理由制度、管辖制度、告知制度、回避制度、证据制度、救济制度等方面作出明确而细致的程序规定。具体在金融消费者权益保护行政法律规范中，对于行政程序的规定只有只言片

① 于绪刚．交易所非互助化及其对自律的影响［M］．北京大学出版社，2001：196.

语，对于违反行政程序的法律责任更是鲜有规定。第二，在现代公法程序制度的层面上，程序制度应该将实体法中所规定的相对人的一般权利具体化、可操作化，从而为相对人合法地获取权利利益提供明确、具体、实际可操作的行为导向。我国金融消费者权益行政法保护现有制度中所缺乏的正是针对金融机构和金融消费者的明确的、具体、实际可操作的行为导向。科学设计金融消费者权益保护的程序制度，明确设定金融消费者权益实现的步骤、方式、时限等问题，是完善现行制度的重要任务。

第四章

金融消费者权益行政法保护之域外经验

发达国家，尤其是英美法系的国家（英国、美国等）在过去金融业发展的历史进程中摸索和积累了贴切市场特点的消费者法律保护制度和司法实践，完成了发展初期金融市场消费者保护由市场主导型向晚近政府主导型法律制度的转变，较好地实现了市场、政府和消费者的良性互动。本章将具体考察美国、英国的金融消费者行政法保护制度。

第一节 美国制度

一、美国金融消费者权益行政法保护法律体系

1960年以来，消费信贷等金融服务在美国高速发展，对于金融消费者权益的保护成为一种社会需求。始于1968年，美国国会颁布了一系列法案，包括：《诚实信贷法》（Truth in Lending Act 1968）、《公平住房法》（1968年）、《公平信贷报告法》（Fair Credit Reporting Act 1970）、《信贷机会公平法》（Equal Credit Opportunity Act 1961）、《房屋抵押披露法》（Home Mortgage Disclosure Act 1975）、《社区再投资法》（1977年）、《金融隐私权法》

（The Right to Financial Privacy Act 1978）、《金融服务现代法》（Financial Services Modernization Act 1999）等，这些立法均以保护金融市场中的消费者利益为目标，涉及从信息揭露到金融消费者隐私权保护等领域。实施这些立法的细化规则通常由美联储和相关领域的监管机构来制定，如《金融服务现代法》第五章隐私权部分规定国会可以授权美联储和联邦贸易委员等机构制定相应条例，并适用于各自管辖的金融机构。[①]

上述国会立法虽然在不同程度涉及了保护消费者权益的保护，但是从具体法律规定来看还是以对金融机构的审慎监管为主，对金融消费者权益保护力度有限。然而，金融危机暴露了金融产品信息不透明，消费者的知情权、公平交易权、求偿权等权益保护存在严重缺陷，相关金融监管和消费者保护的法律法规并未发挥作用等问题，导致消费者利益被严重损害，最终引发经济社会危机。反思美国国内的金融消费者保护相关法律法规，其实际上存在明显漏洞。以对金融机构信息披露义务的规定为例，尽管《诚实信贷法》等法律对贷款机构规定了相应的信息披露义务，但是并没有考虑到金融消费者缺乏相应的知识结构去理解那些专业词汇，没有设身处地地从消费者的理解水平出发来规定信息披露的标准。此外，《公平住宅法》等立法规定贷款机构违规行为的举证责任由借款人来承担，而这对于无法了解内部放贷标准的借款人来说是艰难的。再如，《房屋所有权保护法》等法律规定了严格限制贷款利率标准，但却要求借款人通过自己判断贷款机构违反规定索取高额费率的情形，这对于那些没有相关专业

① 人民银行西安分行课题组．美国金融消费者保护的经验教训［J］．金融研究，2010（01）．

知识、不了解相关立法规定的借款人来说是不现实的。[①] 综上，如果不切实考虑金融领域消费者在经济实力、专业知识、信息获取等方面的明显劣势，而对消费者提供倾斜保护的的话，上述法律在实践中是无法充分发挥作用的。因而，立法者需要更加关注金融消费者的弱势地位，在立法中对金融消费的特殊性进行科学分析，涉及适用性较强的法律制度对金融消费者应予以倾斜保护，适当提高对金融机构的要求，有效缓解金融消费者的困境。

金融危机后，美国政府关注到对金融消费者权益的法律保护上的漏洞，开始了新一轮加强金融消费者权益保护的立法，通过立法促进金融机构提供产品和服务的透明度和可得性，同时重构金融消费者保护的行政机构。以《信用卡改革法案》为例，该法案是美国议会 2009 年通过，加强了对对经营信用卡业务的金融机构监管，促进了信用卡行业的信息公开和透明度。另外，《多德—弗兰克华尔街改革与消费者保护法案》是美国危机后出台的力度最大的金融改革法案，目的在于加强对金融消费者的权益保护，加强金融机构的信息披露，保护消费者权益免受不法侵害，从而稳固消费者对金融市场和国家经济的信心。

二、美国金融消费者权益行政法保护主体

（一）美国独立规制主体制度

美国金融消费者行政法保护的行政主体制度与美国的独立规制行政主体制度的发展密不可分。在美国联邦政府中，除部是主要的行政机关以外，还存在很多独立规制机构（IRB），它们存在于部以外，或者虽然存在于部以内，但在活动上有很大的独立

① 于春敏．消费者保护及金融监管首要基础价值——美国金融消费者保护困局之反思［J］．财经科学，2010（6）．

性，是独立的行政主体。在金融监管领域，行政主体的独立性正是根源于美国历史上独立规制机构的法律传统。因而，要讨论美国金融消费者行政法保护的行政主体制度不可不联系其独立规制机构的发展及特点。

1. 美国独立规制机构的产生和演变

美国的独立规制机构源于早期各州对垄断行业的监控。美国州政府最早介入监管的垄断行业是铁路行业。19 世纪开始，铁路运输的经营逐渐成为垄断行业，由于铁路公司对农产品以及生产资料收取较高的运输费，农民的利润收入降低。为反对铁路运输的价格垄断，农民联合起来发动运动要求政府干涉铁路行业，这场运动史称格兰其农民运动，从此美国政府开始了对垄断行业的干预。最早以立法形式确认独立规制机构对垄断行业监管的州是伊利诺斯州，该州于 1870 年出台法案，设立州铁路和仓库规制专业委员会作为独立规制机构，对铁路运输以及仓库保管等垄断行业的价格进行控制。此后，美国联邦政府设立了州际商务委员会（Interstate Commerce Commission，ICC）以监管铁路公司。其作为美国的第一个独立规制机构，目的是使铁路公司的经营符合公共利益。

20 世纪 30 年代是美国经济大萧条时期，罗斯福总统实行“新政”并创设了如联邦通信委员会、联邦存款保险机构、联邦证券委员会、民用航空委员会等独立规制机构。这些机构的创设目的是为预防、避免垄断行业，信息不对称等因素对公共利益造成侵害。

20 世纪 70—80 年代，美国经济出现滞涨，通货膨胀率、高失业率和低经济增长并存。新经济自由主义开始了复兴运动。新自由主义创始人哈耶克重视个人自由，但是他同时认为“真正的个人主义不否认强制力量的必要性”。[①] 即主张个人主义与自由最大化并不等于政府无所作为。他认为经济自由是法治下的自由，经济领域中的政策也应由法治来支配。因此，在经济政策合法且有利于自由制度实现的前提下，政府可以并且应该积极地参与市场经济活动。在这一时期，消费者抱怨虚假广告、产品安全等社会问题，并要求物美价廉的商品、燃料和药物。基于此，美国成立的独立规制机构的对象从经济领域转向社会领域，主要目标为保护消费者，提高职业安全和提高大众生活质量。

2007 年美国次贷危机引发金融危机爆发，在民众对新政的热切期待下，奥巴马政府再度强调发挥政府的积极作用，在金融市场监管领域作出调整，加强了金融领域独立规制机构对金融机构的监管力度，从而保护金融领域的投资人和消费者。基于上述，经济危机常被视为建立规制的讯号，呼吁行政权力介入市场，克服市场运行中存在的问题。

2. 美国独立规制机构的职权

有人批判地称美国独立规制机构是联邦政府中无头的第四部门，即立法、行政、司法以外的部门，然而这些美国独立规制机构却具备广泛的权力，包括制定规制领域政策的准立法权、执行该政策的行政权、裁决该领域争端的准司法权。

随着社会经济事务日趋复杂化、专业化，立法机关没有足够的精力和专业人才就社会实践中出现的新问题、新现象一一进行立法，于是立法机关通过法律授权把对某些专业领域的立法权委任于行政机关。美国法院则在遵守法律保留和法律优先原则的前提下，有条件地承认立法授权的合宪性：（1）国会虽然可以将其

① 哈耶克．个人主义与经济秩序［M］．北京：北京经济学院出版社，1989：17.

权力委任给行政机关，使其制定行政法规，但是不能放弃立法权；（2）依据宪法专为国会保留的权限，不得委任；（3）授权法中应明确规定指导行政立法机关的政策或准则；（4）委任立法的主体应由国会以法律规定。① 对于独立规制委员会而言，这种准立法权主要包括三类：第一类是根据授权制定法规，第二类是制定规制专业领域的行业准则，第三类则是依据规制的事项向国会提出相应的立法建议。由此，独立规制委员会获得了比较自主的立法方面的权力，为其更好地实施规制奠定了基础。

行政执法权是独立规制机构的主要权能，规制机构负责执行有关法律，或依据法律授权进行行政管理活动。具体而言，独立规制机构通过发布行政命令和决定、行政制裁、行政强制等方式进行规制，具体手段有：通过限定最高或最低价格进行价格规制，对垄断性行业进行利润控制，公开市场信息，颁发特许权证，设立产品质量标准、生产安全标准等。②

独立规制机构享有准司法权，即行政裁判权。美国《联邦行政程序法》以立法确立了独立规制机构的行政裁判权，规定规制机构对其规制的向对方的违规行为具有裁决的权力。根据《联邦行政程序法》的规定，独立规制机构对于规制相对人一般的违规行为可以直接作出裁决。针对涉及到公共利益的案件的裁判，独立规制机构应举行听证会，保证当事方的知情权以及申辩权。所做裁决如若不被起诉至司法机关，将成为独立规制机构的命令。一般来说，行政案件不经过独立规制机构的行政裁判，不得向法院提起诉讼，因此独立规制机构的裁判在实践中往往被视为特定领域内行政诉讼的前置程序。

---

① 马英娟．政府监管机构研究［M］．北京大学出版社，2007：83.

② 钟速成．美国独立规制机构研究［D］：湖南师范大学，2009.

3. 独立规制机构的独立性

据统计，独立规制机构采取委员会编制的有37个，大部分是对总统独立的机构。在这些独立规制机构中，有的是临时性质的，如美国宪法二百周年委员会是为庆祝美国宪法二百周年庆而设立，至1991年被撤销。独立委员会中如州际商务委员会、联邦贸易委员会、证券交易委员会、国家劳动关系委员会、核控制委员会等控制了美国重要的经济部门，如交通、能源、投资、劳动关系等，对美国的经济发展意义重大。

独立规制机构的独立性是指规制机构与其他行政主体之间相互独立，独立规制机构在规制领域可以单独决策，甚至不对总统负责。独立规制机构的独立地位是由专门的法案直接设立的，职权与职责直接来源于法律规定。相比其他行政主体，独立规制机构在人事任免上具有很强的独立性，与其他行政主体不存在隶属关系，其规制职责的履行不受其他行政主体的干涉，从而保证独立规制机构具有专业、高效的特点。

当然，上述独立性也不是绝对的。英国历史学家约翰·阿克顿认为："一切权力必然导致腐化，绝对权力必致绝对腐化。"独立规制机构仍然要受到立法、司法、行政的制约。首先，在立法制约方面，独立规制机构通过立法机构而建立，并根据立法机构的授权行使其权力；立法机构能够对独立规制机构的财务拨款和预算进行控制，并通过其年报、调查及听证了解独立规制机构的运作绩效。立法机构可以在授权法案当中对独立规制机构的行为做严格的界定，甚至还可以根据独立规制机构的行为决定是否继续授权。[①] 其次，在行政控制上，在法定事由下，总统仍享有遵照法律程序任命或者撤换独立规制机构负责人及委员的权力；根

① 余晖．美国：政府规制的法律体系［J］．中国工业经济研究，1994（12）．

据美国权力制约的机制，总统可能通过对国会施加影响，从而间接地影响规制机构的决策；在国会同意下，总统可以改组独立规制机构，改变行政机构间的权力分配。最后，在司法控制上，法院对独立规制机构制定的规则、作出的决定具有司法审查权：法院有权对规制性政策和规则进行司法解释，并有权对独立规制机构所做的法律规则搁置或宣布无效。法院在司法审查中采取严格的审查标准，要求独立规制机构的制裁必须有法律明确授权，并且作出决定的程序应当符合正当程序的要求。由此可见，所谓独立规制机构的独立性仅是相对的，任何权力都需要监督和制约，否则公民的权利就危在旦夕。

（二）金融监管改革前金融消费者权益行政法保护主体

次贷危机爆发前，美国政府还未对金融消费者保护产生足够重视，没有专门的金融消费者保护机构。金融监管机构同时也承担着对金融消费者保护的职能。美国的金融监管机构分两个行政级别：联邦级别和州级别。从传统上来看，对消费者的保护是州金融监管者的职责，但随着金融市场的发展，金融监管权逐步联邦化。无论在州的层面还是在联邦层面，均由多个机构共同实施监管，这种监管体制被称为“双线多头监管体制”。具体在联邦一级的监管机构主要包括：（1）美联储，作为美国的中央银行，美联储负责规范美国货币体系以及监管金融机构，包括传统银行控股公司和银行集团。总的来说，其目的是为了保持市场价格稳定和促进经济增长。（2）美国财政部，最初是专门管理政府收入（而联邦储备管理支出）。它建议和影响财政政策；调节美国进口和出口；收集所有美国收入，包括税金；设计和铸造美国货币。（3）证券交易委员会（SEC），作为独立的政府机构，其职责是监管美国证券市场，并执行《证券法》，监管股票、期权以及其他有价证券的交易。委员会还负责公司的收购。其首要任务是促进证券市场的透明度，从而保护投资者，往往是通过审查公司季度、年度财务报告以防止机构欺诈或公司渎职。（4）联邦存款保险公司，其目的是确保美国大众储存在银行里的钱不会蒸发。该机构负责其会员金融机构中的储蓄账户监控，目前对其会员银行中储户的保额达到近 10 万美元，退休金账户则达到 25 万美元。（5）商品期货交易委员会成立于 1974 年，系一个独立机构，监管日益复杂的市场中的期货合约。在建立初期，绝大多数商品期货交易涉及农业部门。同时，该组织监管期货合约等金融衍生品交易活动，实际上通过监督买家和卖家确保金融消费者免受欺诈。（6）国家信贷联盟局，负责授权和监管美国信贷互助会。以国家信用保险基金为支持，确保联邦和各州储蓄的安全性。①

这种多头监管有助于各监管机构相互制约，然而由于监管机构众多，不同监管机构之间出现职能重叠现象，使监管效率过低，出现监管真空。比如在次贷危机前，住房按揭贷款、信用卡等业务由多家监管机构共同监管，但各监管机构无一不从各自部门利益出发而忽视了消费者的权益，从而导致住房抵押贷款逐步演变为风险巨高的产品，而与此相关的众多中间利益群体却游离于监管外，形成监管真空。② 另外，多头监管结构导致了金融机构监管套利的情况。针对同一金融业务，多方监管机构为了争取更多的特许费从而获得更多财政预算展开竞争，这将必然导致消费者权益受到忽视，因为强调消费者权益的严格保护必将影响到

---

① see Hudson Teslik，The US Financial Regulatory System，http：//www.cfr.org/publication/17417/us_ financial_ regulatory_ system.html，转引自万玲．系统法学视域下的金融消费者法律保护——以结构要素分析中美制度［J］．行政与法，2011（12）。

② Brandy Dennis and Alberto Cuadra，Reinventing financialregulation，The Washington Post，2010 - 5 - 21.

一些金融业务的收紧，从而降低了监管机构对金融机构收取特许费的机会。①

（三）金融监管改革后金融消费者权益行政法保护主体

次贷危机后，为了恢复金融市场秩序，降低金融系统风险，奥巴马政府展开了力度空前的金融监管改革。2010 年 3 月 2 日由国会提出《重建美国金融稳定法案》（Restoring American Financial Stability Act 2010），积极筹建金融消费者保护委员会，同年 7 月国会最终通过《多德—弗兰克华尔街改革与消费者保护法案》（以下简称多弗法）。该法案以防范金融风险和金融消费者保护为目标，设立了金融稳定监管委员会（Financial Stability Oversight Council，FSOC）和金融消费者保护局（Consumer Financial Protection Bureau，CFPB）。法案规定消费者金融保护局应加强与联邦储备局、储蓄机构监理局、联邦存款保险公司、国家信贷联盟署以及联邦贸易委员会等监管机构的合作。金融消费者保护局有权独立制定条例并享有强大的监督检查权和执行权，监管所有向消费者提供金融产品或服务的金融机构。

根据多弗法第 1011 条，金融消费者保护局设依照联邦相关法律监管金融产品的供应，局长在参议院批准后由总统任命。在金融消费者保护局内部有诸多部门：研究部从市场收集数据，为制定政策提供依据；投诉处理部设立多种渠道接受消费者的投诉并作出回应，也可将相关投诉转给各州金融监管机关；社区事务部为金融服务水平低下的社区消费者提供指导和帮助；② 金融教育

① 王波．美国金融消费者专门保护之学理辨正及其启示［J］．求索，2012（03）．

② See Dodd-Frank Wall Street Reform and Consumer Financial Protection Act SEC. 1013（b）．

办公室主要负责制定方案以提高消费者的知情权以及合理决策的能力。[①] 此外，美国老年公民金融保护办公室，专门向年龄在62岁以上的老年人提供信息，防止老年人在购买金融商品中权益受到损害。[②]

次贷危机后，美国对金融消费者的保护采取专门机构保护的模式，通过专门立法明确金融消费者保护局保护金融领域消费者的职权和责任。消费者金融保护局的创建缓解了金融消费者保护从前多头监管造成的监管真空现象，体现了对消费者的倾斜保护以及对金融市场实质公平的追求。

三、美国金融消费者权益行政法保护措施

美国金融消费者权益的行政法保护更多体现为对金融机构的规制。根据多弗法规定，金融消费者保护局定期检查金融机构消费者合规状况，与相关监管机构及时就检查结果进行协商合作。为解决该局与其他监管机构在法律规范层面出现不一致的规定，法案设立了中立的冲突解决机制。倘若被审查的金融机构认为金融消费者保护局与其他相关金融监管机构的指令或规定发生冲突，可向中立监管小组上诉，由该中立小组展开调查并答复金融机构。

此外，法案禁止欺骗性行为与商业惯例损害金融消费者权益。金融消费者保护局应采取行政执法行为阻止金融机构从事不公平的、欺诈性的行为。此外，金融消费者保护局应制定适当的信息披露规则，提高信息的公开透明度。依据多弗法，金融消费者保护局有权划定金融产品以及服务的信息披露模式和范围，如

① See Dodd-Frank Wall Street Reform and Consumer Protection Act SEC. 1013 (d).

② See Dodd-Frank Wall Street Reform and Consumer Protection Act SEC. 1013 (g).

消费者金融产品的成本、收益和风险系数等等，以此等途径规范金融机构的信息披露，从而方便消费者获得相关产品和服务的更多信息，而不被过多虚假或无用信息干扰。在行政执法中，金融消费者保护局为取证和调查金融机构，有权收集材料、发出传票，但须遵循保密原则；金融消费者保护局还有权召集金融机构、金融消费者等相关主体进行听证，并作出裁定；同时，发布停止令、临时禁令也是金融消费者保护局的重要行政执行权。另外，该法案要求重视金融消费者教育，强调监管机构制定计划以提高消费者的知情权及合理决策的能力，增强消费者对风险的识别能力。

四、制度评析与经验借鉴

根据《多德—弗兰克华尔街改革与消费者保护法案》的授权，金融消费者保护局作为金融消费者保护领域的独立行政主体，其性质类似于特定领域内的独立规制结构，法案赋予该机构空前的独立性，体现在资金来源、人事安排、机构设置三方面。①

独立的财政预算是行政主体独立行使其职权的重要条件和保障，在资金方面，依据多弗法，金融消费者保护局享有极大的独立性：美联储理事会应从美联储系统收益中拨款给金融消费者保护局，具体拨款多少由金融消费者保护局局长亲自确定，拨款金额应该能够满足该局执行其法定权责的合理需求。②

在人事安排方面，依据多弗法规定，由总统提名金融消费者保护局局长，国会同意后任命，金融消费者保护局局长拥有五年

① 冯博．美国金融消费者保护机构的独立性及对中国的启示［J］，河南大学学报，2012（7）．

② See Dodd-Frank Act of 2010，Pub. L. No. 111－203，§1011（a）（1），124 Stat. 1977（2010）．

任期，[①] 并在任命期满后由金融消费者保护局局长指定继任者。[②]

在机构设置形式上，金融消费者保护局虽然隶属于美联储，但其独立运行，不受来自美联储的任何干预。具体来说：除法律规定外，美联储不得干预金融消费者保护局的决策和决策程序，不得干预金融消费者保护局的任何行政执法行动；美联储没有对金融消费者保护局官员或工作人员的任命或罢免权；美联储无权改变或建议改变金融消费者保护局的职责；由金融消费者保护局作出的规则和决定无需美联储的批准；在问责制度上，金融消费者保护局与美联储是绝对独立的，即“金融消费者保护局不应就美联储的失职行为承担任何法律责任，而美联储理事会也不应就金融消费者保护局的任何失职行为承担任何法律责任”。[③] 综上，金融消费者保护局在各方面均凸显出其空前的独立性，在消费者保护领域不受任何组织和个人的干预。[④]

金融消费者权益保护局作为金融领域的独立规制机构，被《多德—弗兰克华尔街改革与消费者保护法案》赋予极大的独立性。这种法律制度的安排得益于美国自身的独立规制机构的法律传统，在资金来源、人事安排、机构设置等多方面体现出极大的自由性和灵活性；金融消费者保护局作为独立的行政主体享有广泛的制规权、执行权以及裁决权，独立行使职权并独立承担责任。我国政府正在进行以公务分权、职能优化为目标的机构改革，美国金融消费者保护行政主体的独立运行机制值得借鉴。

---

① See Dodd-Frank Act of 2010, Pub. L. No. 111 – 203, §1011 (b) (2), 124 Stat. 1964 (2010).

② See Dodd-Frank Act of 2010, Pub. L. No. 111 – 203, §1011 (c), 124 Stat. 1966 (2010).

③ See Dodd-Frank Act of 2010, Pub. L. No. 111 – 203, §1012 (c) (2) (A), 124 Stat. 1965 (2010).

④ Cf. Sierra Club v. Costle, 657F. 2d298, 400n. 502 (D. C. Cir. 1981).

第二节 英国制度

一、英国金融消费者权益行政法保护法律体系

（一）分业监管时期

英国的金融监管体系无论是早期还是现代都极具代表性，伴随2008年世界金融危机的蔓延，英国政府愈加重视对金融领域消费者的保护，英国金融消费者保护监管法律体系开始形成。此前基于英国金融业分业监管的体系，对各金融领域消费者的法律保护融于对金融机构的监管之中。具体来说，在1997年以前，英国金融市场实行的是分业监管，监管机构包括证券投资局、证券期货协会、个人投资协会、投资管理监管组织、注册互助委员会、住房合作委员会、互助合作委员会、伦敦交易所等。那时，“英国有着世界上最复杂的监管体系”。①“这样的监管架构并非有意为之，也难以从逻辑上解释清楚，而是在解决问题的过程中自然形成的。”②

在英国，金融消费者保护中自律监管意义重大，自律监管的主体是独立监督公法人。自律监管中体现出民主性、专业性和独立性的特点：金融行业自律规则的产生和执行，是行业成员或业内人士通过多数决而形成共识的基础上进行的，体现出自律监管的民主性；同时行业内的自律监管是基于对专业领域内具体问题的处理和管理，具有较强的专业性；在各自领域，自律机构根据法律规定或授权独立行使监督职权，不受其他行政主体的干预或制约。自律监管公法人是在金融市场的不断发展中金融市场发展

① 江时学．论英国的金融监管［J］．欧洲研究，2009（6）．

② 安德鲁·贝利．危机后的英国金融监管改革［J］．中国金融，2010（18）．

现实需要的产物，具有民主、效率、专业、独立等优势，在各领域的监管方面享有较大的自主权。

（二）混业监管时期

伴随着金融业的发展，金融混业经营和金融产品创新发展迅猛，金融消费风险急剧上升。巴林银行因其新加坡分行投资业务失控，出现数亿英镑的损失而宣告破产，各方舆论指责英国监管机构监管不力，作为负责监管的中央银行英格兰银行也饱受垢病。① 此外，伴随欧洲经济一体化的进程，欧盟的许多指令都是建立在设立一个统一的欧洲银行的设想之上的。而英国众多监管者的存在实在难以保证他们对统一指令的执行会产生相同的效果。②

1997 年英国大选后新组建的政府立即对金融监管体制作出了重大改革，将银行监管和投资服务监管合并到证券和投资委员会，同年 10 月正式改名为金融服务局（Financial Services Authority，FSA），并作为英国金融服务业的唯一监管者。2001 年 12 月 1 日正式实施《金融服务与市场法》，（Financial Services and Markets Act 2000，以下简称 FSMA）。依据该法，金融服务局接管了房屋互助会委员会、互助会委员会、投资管理监管组织、私人投资局、互助协会注册所以及证券和期货局等几个机构的责任，并首次以法律形式确定了四大监管目标，即稳固市场信心、提高公众认知、保护消费者、减少金融犯罪。法案详细规定了受监管的业务活动、金融机构的资格认证、发行上市、规章和准则、金融服务赔偿计划等重要问题。

---

① 谢伏瞻．金融监管与金融改革［M］．中国发展出版社，2002：143.

② 〔英〕霍华德·戴维斯，大卫·格林．全球金融监管［M］．中国金融出版社，2009：92.

在规范依据上，除了《金融服务与市场法》之外的其他法律方面，金融服务局可以依据1965年的《工业和节俭互助会法》、1974年的《互助会法》、1986年的《房屋互助协会法》、1999年的《消费合同中不公平条款法规》、2002年的《企业法》、2004年的《远程销售法规》、2007年的《洗钱法规》、2008年的《被监管担保债券法规》、2009年的《支付服务法规》和《银行法》行使监管权。同时，作为欧盟成员国，金融服务局的监管活动也受到欧盟指令的规范。

二、英国金融消费者权益行政法保护主体

（一）英国公法人行政主体制度

英国的公法人制度作为一类相对独立的行政主体制度，其发展对金融消费者权益行政法保护主体制度产生了重要的影响。如前文在行政主体的讨论中所提及的，在大陆法系国家，一般将法人分为公法人和私法人。公法人依公法规定成立，以公共事务为目的；私法人依据私法规定成立，以私人事务为目的。公法人是权力型国家向服务型国家发展的产物。从本质上说，公法人建立在政府职能分离的基础之上；从法律技术上说，公法人是行政公共分权的制度性技术。伴随着社会经济的发展，人们对政府提供的公共产品和服务的需求激增，然而政府的规模与精力有限，于是设立公法人，并将原本由政府承担的公共事务交给公法人去处理，从而实现政府职能的优化。

本书第三章对英国行政主体进行的探讨中已经提及公法人制度，公法人是在中央政府和地方政府之外，享有独立法律人格，独立从事某种特定的公共事务的机构。王名扬教授认为英国的公法人具有以下特征：首先具有独立的法律人格，这种独立的法律人格一般由成文法或特许状给予，体现为拥有独立财产，在法定

职权内独立行动，享有独立的权利和义务并能够独立承担相应的法律责任；其次公法人所执行的事务一定是公共事务，并由法律或特许状所授权。[①]

早在19世纪，英国就出现了公法人制度，如1834年成立的济贫法委员会、1857年成立的默西港口和码头委员会、1908年成立的伦敦港务局、1926年以英王特许状设立的英国广播公司等。到20世纪70年代末，公法人的规模与数量发展到顶峰。英国的公法人没有固定的格式，按照功能不同一般分为四类：[②]

第一类，工商企业公法人，第二次世界大战后政府加强了对经济的干预，由于铁路、能源等行业涉及国家重大利益，必须由国家垄断；同时有些行业风险较大，在短期内无法获得利润，私人不愿投资，政府为了经营这类工商企创设了一系列公法人，如全国煤炭委员会、钢铁公司、煤气公司、英国广播公司、独立广播事业局等。

第二类，行政事务公法人，类似政府执行机构，其以自己的名义负责某项经济或社会领域的政策和职务，如全国海港委员会负责制订全国海港发展与改进计划。

第三类，独立监督公法人，主要是负责为某一具体行业制定和实施一些行为标准，监督议会通过的有关法律的执行情况，进而展开对该行业的监督管理，如质量监管委员会、物价监管委员会等。

第四类，咨询及和解性质公法人，如种族平等委员会、就业机会委员会、仲裁及和解委员会。

独立性是公法人制度运行的重要特点，政府行政主体通过授权某个独立的机构对某一具体行业的公共事务进行管理，这种机

---

① 王名扬．英国行政法［M］．北京大学出版社，2007：67.

② 同上。

制可以最大程度地减少政府公权力对该领域管理实务的控制与干预。“在法律的视域下，公法人是自己的主人，并且和其他个人、公司法人一样独立承担完全责任；它并非英王政府，也不享有英王政府的特权与豁免权；其工作人员并非公务员，其财产也非政府财产……不能否认，公法人是为公共目的而设的公共机构，但它并非政府部门，其权力不属于政府权力。”①

（二）英国金融消费者权益行政法保护主体

英国金融服务局（以下简称 FSA）就其性质而言，属于金融监管独立公法人。② 根据《金融服务和市场法》的授权，FSA 具有准立法权、行政执行权以及准司法权：FSA 有权制定并公布宏观的、适用于整个金融市场所有被监管机构的法令；核准在银行、投资事业和保险三部门内运营的公司、审批在上述部门以不同方式运营的个人；此外，对被监管金融机构违法案件直接进行调查、听证、金融处罚或作出裁决。FSA 作为金融监管领域的独立公法人，集立法、行政、司法权于一身，具有混合性权力。独立监督公法人的定位，保证了 FSA 独立实施法律所授予的职责而不受其他行政主体的干涉，凸显出其专业性和效率性。

在消费者保护方面，《金融服务与市场法》规定 FSA 负有促进英国公众对金融体系全面了解的法定职责，为消费者提供法律服务，包括提供丰富的相关金融知识、提高消费者理财技能、提高金融消费风险意识，并促进消费者对自身权利与责任的了解。

FSA 具体工作包括：提供各种咨询服务；直接向消费者提供信息和帮助，FSA 内部设有消费者项目组，负责与消费者组织、

---

① ［英］A. W 布拉德利．宪法与行政法［M］．程洁译，商务印书馆，2008：572.

② 陈婷．银行业监督管理委员会的法律地位研究［D］．中南大学，2010.

研究机构等沟通；确认消费者在金融服务和产品中面临的风险；确认其他部门是否遵守 FSA 保护消费者的规定，必要时提出建议或质询；另外，FSA 内部设有消费者服务投诉中心，负责处理消费者的来信、电话和电子邮件，将投诉将转给金融机构或金融巡视员服务公司（Financial Ombudsman Service Ltd. 以下简称 FOS）处理；[①] 监督投资者赔偿基金的管理，制定相关规章和任命该基金管理机构的管理层，以间接监督该基金的运行。[②]

三、英国金融消费者权益行政法保护措施

20 世纪中期以后，英国金融业高速发展，在金融产品不断创新下，消费者面临琳琅满目的金融产品和服务，却缺乏专业知识和风险意识，这导致消费者权益愈来愈多地受到来自金融机构的侵害，仅仅靠金融市场自律难以保障金融消费者的权益，社会强烈要求政府加强对金融机构的监管。在此背景下，英国议会于 1986 年颁布了《金融服务法案》，在该法案的授权下，英国成立金融业监察机构，对各类金融产品和服务的提供予以监管。起初，金融监察机构分别成立于各个不同的金融部门，如在银行领域有银行监察员组织，在房产交易领域有房屋互助协会监察员组织，在证券、基金等投资领域有投资监察员组织，在保险领域有保险业监察员组织等，分别处理不同金融部的消费者与金融机构的争议。在金融混业经营模式盛行的趋势下，为了加强对消费者的保护，减少金融犯罪以维护大众对金融市场的信心，英国议会于 2000 年出台了《金融服务与市场法案》，此后于 2001 专门成立了对金融业统一监管的机构——金融服务局。根据新法案的规

---

① 周良．论英国金融消费者保护机制对我国的借鉴与启示［J］．上海金融，2008（1）．

② 马险峰．英国金融监管模式［J］．银行家，2004（5）．

定，金融服务局整合了以前各金融部门下的监察员组织，成立了金融监察员服务公司（Financial Ombudsman Service Ltd. 以下简称FOS），该公司的设立为解决金融领域消费者纠纷提供了一个替代性的争议解决机制。

FOS 的设立旨在保持监察员的独立性，快速、低成本地处理消费者对金融机构的投诉。FOS 的管辖对象有两种：强制性管辖和自愿性管辖。强制管辖适用于那些《金融服务与市场法案》明确规定的必须接受监管的公司；自愿性管辖涉及的金融机构，没有被《金融服务与市场法案》明确规定一定要接受监管，但为了增强其公信力与美誉度而自愿接受 FOS 管辖。从其运行本质来看，FOS 是一种替代法院诉讼的争端解决机制。与其他替代诉讼争端解决机制相比，FOS 凸显出其独特性：首先，FOS 仅仅覆盖所有英国境内的金融领域消费纠纷，范围广阔，包含各银行、证券、期货、保险等领域中具体金融产品与服务业务中出现的消费纠纷；其次，FOS 仅仅具有单向约束力，而这种单向约束力是指 FOS 的裁决对消费者不具有约束力，而仅仅对金融机构具有约束力，对于 FOS 的裁定金融机构必须执行，除非消费者对该裁定不满意继续向法院提出了诉讼；再次，FOS 纠纷处理程序安排科学，整个处理纠纷的过程是透明的。FSA 要求 FOS 对纠纷解决的过程和相应做及时、完整、正确的披露，使裁定过程和结果接受当事人和社会大众的监督，从而保证 FOS 制度的公正性。

在由美国 2007 次贷危机引起的全球金融风暴下，作为国际金融中心之一的英国未能幸免，其金融业受到了强烈的冲击，这成为该国金融监管改革的强大动力。2009 年 7 月，英国政府公布了《改革金融市场》白皮书，提出加强金融消费者权益的法律保护：金融机构要确保消费者能够公平获得金融服务；提高金融产品和服务的信息透明度，加强信息披露。次年 4 月，英国议会正式通过《金融服务法》(Financial Service Act 2010), 该法案强调加强FSA对金融消费者权益的法律保护，同时对2000年《金融服务和市场法》（FSMA 2000）进行较多的修改和补充。在新规则下，FSA具备了更强大的规则制定权：在法案修改前，FSA只能制定有利于保护消费者利益的规则；改革后，FSA有权制定任何有助于“实现其任何监管目标”的规则。在新法案的授权下，FSA的调查取证权也相应提升：FSA可以要求不受其监管的组织和个人提供信息，只要这种要求有助于实现其监管目标。同时FSA对于拒绝进行信息披露的机构采取的处罚权也大大加强：为确保金融秩序，维护市场信心，FSA可以强行获得金融机构的相关重要信息，对不配合的金融机构可处以行政处罚，如一年内禁止金融机构的任何经营活动、对金融机构责任人进行罚款、2年内禁止专业人士的从业资格等严厉手段。[①] 新法案授予FSA强大的金融教育职能，授权在FSA下创建一个独立的消费者教育机构（Consumer Financial Education Body, CFEB), 在新法案附件一中详细列举了该机构的设立、运行机制以及职责。[②]

随后英国政府又出台了一系列改革方案，同年7月公布了《金融监管新举措：判断、焦点和稳定》、2010年12月《2011金融法案》、2011年2月《金融监管新方案：建立更稳定的体系》、2011年4月独立银行委员会（Independent Commission on Banking, ICB)《中期报告》、2011年6月《金融监管新方案：改革蓝图》、2011年9月ICB《最终报告》。

根据《最终报告》，FSA的金融监管职能将分别由金融政策

① 廖凡，张怡．英国金融监管体制改革的最新发展及其启示金融监管研究，金融监管研究．2012（2）

② 李扬、胡滨主编．金融危机背景下的全球金融监管改革［M］，社会科学文献出版社，2011：55—59.

委员会（Financial Policy Committee，FPC）、审慎监管局以及金融行为局承担。金融政策委员会作为宏观审慎监管机构，是英格兰银行理事会的下属委员会，其主要职能包括：负责监督控制整个金融系统的稳定性；向审慎监管局和金融行为监管局发出指示(instructions)；向英格兰银行、财政部、审慎监管局、金融行为监管局或其他金融监管机构提出宏观建议。审慎监管局的主要职责有两类：宏观职责是负责促进金融机构的安全性，微观目标是负责确保保险领域保单持有人或潜在保单持有人的权益受到合理保护。金融行为局的主要职责是确保消费者受到适当程度的保护和增强英国金融体系的健全性，并致力于促进市场竞争。除此之外，由FSA作为英国上市主管机关行使的职权也将由FCA行使。根据改革方案，FCA将采取更为主动和强硬的监管方法，对金融服务进行干预；FCA将更注重事先预防，注重在专业领域由专业人士对消费者可能受到的损害予以判断或预测，并基于这种前瞻性分析提出对策。对此，改革方案赋予FCA较强的市场干预权力，如限制或禁止被许可金融机构签订特定类型的协议，要求金融机构更正或删除误导性的产品信息（misleading information），并告知公众监管机构已经介入的事实或对外公布监管机构已经对其发出警告通知等。

四、制度评析与经验借鉴

英国是一个典型的倚重传统的国家，注重传统的延续，既宽容又保守成为英国人的标签。即便没有成文宪法，英国的宪政仍能够平稳、渐进地发展。在金融消费者保护领域，英国的法律体系在很大程度上是市场发展与自律监管的结果，即便是政府进行干预也充分地利用了社会公行政手段，国家行政、社会公行政的有机结合和对私人力量的利用构成了维护和发展金融消费者权益的多元力量结构。金融领域消费者保护领域的制度安排体现出如下特点：

首先，独立监督公法人制度为金融消费者保护行政主体制度奠定了基础。这类行政主体具有独立的法律人格，不仅在人事、预算与财务上有较大独立性，在监管方面享有较大的自主权，无论在早期分业监管下的多头监管机构还是FSA专一监管时期或者金融危机改革后的委员会制下都发挥着效率、专业、较少政治干扰的优势。

其次，在金融监管法律规范方面，英国的法律法规并不多，但就已生效的法律均有较强的操作性，在金融消费者保护领域亦是如此。以处理消费者与金融机构的纠纷为例，其金融监管机构构建了事前控制、事中解决、事后补救的法律体系。在争议出现之前，行业自律规则以及相关法律法规有防止争议发生的作用，如《金融服务与市场法》授权FSA设立消费者金融教育机构（CFEB）为弱势消费者提供专业知识教育等等。在FOS为消费者解决纠纷后，有金融服务赔偿计划（Financial Service Compensatory Scheme，FSCS)，代替破产金融机构向消费者进行赔偿。这样的金融消费者保护机制体系化、科学化，操作性强，颇为务实，为金融领域消费者提供了有力保障。①

再次，在对消费者的权利救济程序方面有着较为成熟完善的机制。英国的金融监察服务（FOS）制度为金融领域消费者与金融机构的纠纷解决提供一套科学、务实的机制。在FOS制度下，金融消费者充分知晓其程序性权利，金融监察服务公司将纠纷解决过程以及决策过程予以公开，并告知当事人在此过程中所享有的权利。在纠纷由FOS处理之前，应首先经过金融机构内部争议

① 徐慧娟．浅述英国金融巡视员制度与消费者权益保护——兼论对我国金融监管的借鉴［J］．金融论坛，2005（01）．

处理程序处理，金融机构在接到消费者投诉后的 5 个工作日内出具书面确认书；在一个月内给予答复或暂缓处理决定；在两个月内向消费者提供“最终答复书”，一并告知消费者有权在收到最终答复半年内向 FOS 投诉。正如欧陆的法学一贯注意确定每个人的权利与义务，英国法学则集中于程序问题，程序高于权利在金融消费者维权中得到充分体现。

从英国制度来看，其监管体制没有“普适经验”，必须从本国的具体国情出发加以构建。起初 FSA 的成立是缘于新上台工党面对政治压力而推动金融监管改革所作出的决定；同样，2010 保守党和自由党联袂执政后依然是基于政治考虑而改编当时工党成立的 FSA。因而，英国监管模式的特殊性也许远远多于它的普适性。[①] 对于我国来说，英国金融监管改革借鉴价值主要不在于其监管模式等方面的改变，而在于改变所体现的方法与理念，如对社会组织和私人力量的运用、强化纠纷解决的程序正义等等。

① 约瑟夫·诺顿．全球金融改革视角下的单一监管者模式：对英国 FSA 经验的评判性重估［J］．廖凡译，北大法律评论，2006（06）．

第五章

我国金融消费者权益行政法保护制度的完善

第一节 金融消费者权益行政法保护法律体系的完善

建立完善、系统的法律体系是实现金融消费者权益行政法保护的基础与保障，至于如何建立完整、系统的法律制度，笔者建议从两个层面入手：

一、尽快制定《金融消费者权益保护法》

根据世界银行《金融可获性报告 2010》中对各国（地区）金融消费者保护的评估，全世界超过 80% 的经济体（即 118 个）有金融消费者保护相关的法律法规，其中 67 个经济体走得更远，出台了专门涉及金融服务的消费者保护规定。[①] 制定特别法保护金融消费者权益是世界范围内金融监管改革的趋势，考虑到金融领域消费的特点和交叉性金融业务的复杂性，将金融消费者从普

① 中国人民银行西安分行课题组．消费者保护：理论研究与实践探索［M］．经济科学出版社，2011：211.

通消费者群体中分离出来，使之成为独立的群体并对其合法权益加以全面保护，这样更有针对性和可行性，可以更为直接地为金融消费者权益的保护提供法律依据。

一个有效的金融消费者保护框架中应包括三个维度：一是保护消费者免受金融机构不公正的侵害；二是要求披露完整、清晰、充分的信息；三是建立救助机制，使申述和正义解决得更加快捷、便宜。① 故此，《金融消费者权益保护法》中应该明确金融消费者的各项权利、金融机构的信息披露义务、金融消费纠纷的解决机制、金融机构以及金融监管者的法律责任等重要问题。在金融消费者权利方面，该法可以个体金融消费者和单位金融消费者的不同保护为中心，在规定金融消费者权利的类型的同时，明确每一项基本权利的具体内容。在金融机构的义务方面，应当明确金融机构对金融产品、信息、服务以及风险的说明、披露义务。在金融消费纠纷解决与救济机制方面，明确规定纠纷的解决途径、解决程序、救济机制的组成、国家为金融消费者提供的救济机构以及运行程序、金融消费者的自力救济机构以及程序等等。在相关方的法律责任方面，应详细规定金融机构的法律责任、金融消费者保护机构的法律责任、相关监管机构的法律责任等内容。

二、理顺法律法规，避免法律适用冲突

如本书第三章中对我国金融消费者权益行政法保护规范现状分析中提到的，在行政立法层面，不同部门制定的规章之间存在冲突的情况。分业监管导致不同金融监管部门在金融消费者权益

① 出自世界银行《金融可获性报告2010》中对各国（地区）金融消费者保护的评估。转引于中国人民银行西安分行课题组．消费者保护：理论研究与实践探索［M］．济科学出版社，2011：211.

保护的制规上时有冲突，在跨金融领域的产品和服务的监管中对金融消费者保护的标准有所差异。对此，应理顺对跨领域同质金融产品和服务的法律规定，统一监管标准，以券商集合理财和信托公司的集合理财为例，这两类金融业务的运行机制几乎相同，可以整合或调整《证券公司客户资产管理业务试行办法》与《信托公司资金信托业务管理办法》中的相关规定，统一对购买同质金融服务的消费者的保护标准。

第二节　金融消费者权益行政法保护主体制度的完善

一、社会公行政视阈下的多元化金融消费者权益行政法保护主体

伴随我国市场经济和国家民主的日渐完善，社会公共组织在社会自我管理中扮演着愈来愈重要的角色。政府不再是唯一的社会管理行政主体，社会公共行政的发展必将导致行政主体的多元化。在我国金融消费者权益保护领域，应着力构建一个由金融机构自律、行业组织（协会）和市场组织者（如证交所）评估监督、政府机构规制的格局以保护金融消费者权益。

我国目前存在的对金融领域消费者权益侵害的问题并非完善立法就能完全解决的，金融机构的自律（self-regulation）是金融消费者保护链条上关键的一环。所谓“自律”是指金融市场主体或行业组织制定自我约束规则并执行这些规则。一个成熟发展的金融市场一方面要有完善的金融监管体系，同时也要具备完善的行业自律体系，在这两套体系之间，政府规制与市场自律相辅相成，各种社会力量得到有效的动员，并发挥中介组织的作用，促

进市场公平竞争、公共利益与行业利益以及个体利益的协调发展。[①] 而金融消费者权益受到侵害的直接原因即金融机构以及金融行业内部自律机制的缺失，在我国完善金融消费者权益保护制度应首先强调市场自律功能，本书具体有以下方面的建议：

首先，应该建立统一的行业评价标准来规范金融机构的行为。行业标准可以表现为直观的金融行业服务等级，按照是否达到行业标准以及达标程度将金融机构分为若干等级，根据金融机构的评级，消费者就可以判断该机构是否值得信任并作出消费决定。这种通过信用评级给予消费者风险提示的做法在其他金融发达国家是比较普遍的。世界著名的信用评级机构在作出信用等级后要通知受评公司，结果一旦向社会公布，评级机构须在信用等级的有效期内对受评公司的经营状况和财务状况进行跟踪监督，并根据情况变化随时对信用等级作出调整，以使投资者及时了解到受评公司的最新信用质量状况，从而确保评级结果的权威性和适用性。[②] 由社会中介组织对金融机构进行评级可向消费者提示风险，从而减少金融纠纷的发生，同时可以培养金融机构的社会责任感。

其次，规定金融行业协会在金融消费者权益保护方面的基本职责，以充分发挥行业协会的能动性。英国的金融行业自律机制发展成熟，《银行业守则》对英国银行业自律起到关键作用。守则并不强制银行遵照守则进行自律，但却会将遵守规则的银行向社会公布，基于社会效应，英国所有的银行都自觉遵守该守则规定。在银行业协会下设立银行业守则标准委员会，消费者可以向

① 万瑶华．英国资本市场自律监管经验及对我国的启示［J］．前沿．2010（6）．

② 胡鹏翔．资产证券化投资利益保护机制研究［M］．法律出版社，2007：202.

标准委员会指控金融的违规行为。接到指控后，委员会将立即转交给金融机构，并要求其作出答复。一旦确认金融机构构成违规行为，委员会可以灵活采取措施：警戒，建议采取补救措施，暂停或取消该金融机构作为《银行业守则》的遵守者资格并公示给社会，通过年报向社会公布该金融机构名称及违规情况，借助传媒力量公开谴责金融机构。在我国，由银行业协会牵头制定了《中国银行业自律公约》以及《中国银行业自律公约实施细则》规定了银行业公平竞争、信息披露、诚信服务、自律管理等准则。相比之下，中国的行业协会并没有足够的“权威”来贯彻执行公约的内容，这根源于行业协会独立性差，往往依附于行政机构。而中国的银行尽管经过商业化改革还是属于垄断性行业，特别是在地方层面，各大银行与地方政府的关系千丝万缕，行业协会无法客观评价并作出反应。因而，要治根治本，必须加强行业协会的独立性，给予行业协会更多的自主权，建立行业协会在金融机构间的权威。

此外，行业协会还应加强与消费者的联系，为消费者投诉和咨询提供建议。可以向英国行业协会学习，灵活处理消费者的投诉，并运用社会效应对违规金融机构予以制裁。建立一套透明、容易操作的投诉解决机制，当金融消费者权益受到侵害时就可以向行业协会求助，在行业协会的指导下了解自身应享有的权益；在行业协会下成立消费者与金融机构的纠纷调解机制，引导金融机构对权益受到损害的消费者作出赔偿，化解双方矛盾。

最后，加强立法推动金融机构自律规则的建设。金融消费者权益之所以受到来自金融机构的侵害，最为直接的原因是金融机构内部自律程序的确实。建议通过立法明确规定金融机构必须在内部制定并实施消费者投诉以及纠纷处理程序，同时由行业协会或特定组织对金融机构进行考核，如果没有依法制定并执行纠纷处理程序，可采取法定的制裁措施。

综上，社会中介组织监督以及市场主体的自律在金融消费者权益行政法保护中意义重大，应该利用我国现有的金融行业组织体系，引导行业协会树立权威、有所作为，使行业协会从业内同行合作与协调的层面上升为金融消费者权益保护的一个有效平台；通过制度规范、有效监管积极促进金融机构自律规则的制定和执行，培养金融机构的社会责任感，从源头上保证金融消费者权益少受侵害。

二、“一行三会”格局下的金融消费者权益行政法保护机构

金融危机的爆发证明市场自律不能代替政府监管。金融危机前，很多国家过度依赖市场自控机制，相信市场纪律可以使效益最大化而忽视了政府对市场的监管。实践证明，市场自律与政府监管相辅相成，互为促进关系。在我国，市场的自律机制发展得并不成熟，仍然有较大的提升空间，但这并不意味着只要充分发展社会力量加强市场自律就能够解决金融市场中出现的所有问题，政府监管在金融市场的发展中是不可缺失的。由于受分业监管的金融体制影响，我国金融消费者保护机构的设置也相应地采取了分业监管模式：人民银行设立金融消费权益保护局、保监会设立保险消费者权益保护局、证监会设立投资者保护局、银监会设立银行业消费者权益保护局。四机构分别设立消费者保护局的职责局限于各自主管部门履职范围，各部门内设机构间的分工协调问题，以及与地方金融办公室、工商管理、消协等地方部门间分工协调问题，令人担忧。在现有“一行三会”设立保护局的模式下，构建协调配合、实现信息共享、权责清晰的共同监管机制应明确划分四个部门职权职责，切实建立权益保护联席会议

制度。

目前“一行三会”下设的金融消费者保护局的职权均已对外公布，一行统筹、三会分管的模式看上去很美。央行的官方网站上已经公布了其下设金融消费者保护局的职责，包括：综合研究我国金融消费者保护工作的重大问题，会同有关方面拟定金融消费者保护政策法规草案；会同有关方面研究拟定交叉性金融业务的标准规范；对交叉性金融工具风险进行监测，协调促进消费者保护相关工作等等。然而，就该机构的工作方式、工作流程与细则至今尚未对社会公开，不免让人质疑该机构行政行为的透明性和程序性。尽管分业监管基础上的联席会议机制早已确立，然而事实上该机制并没有切实保证各监管部门的协调合作。

联席会议是行政机构之间进行事务性协调的一种重要方式。为适应混业经营趋势，早在 2000 年中国人民银行、证监会和保监会三个重要的金融监管部门之间就设立了联席会议机制，在该联席会议机制下共同研究银行、证券和保险监管中的重大问题，协调银行、证券、保险业务创新及其监管问题等等。然而该联席会议并没有真正发挥作用，三机构没有根据联席会议的精神定期碰头商讨共同的监管问题；即便三机构在碰头的时候，其会议信息以及决议也没有向社会公开，这种不定期且不透明的操作背离了联席会议设立之初的美好愿景，所谓的加强共同协作的联席会议机制仅是徒有其名。此后，证监会、保监会以及银监会在 2004 年又共同发布了《中国银行业监督管理委员会、中国证券监督管理委员会、中国保险监督管理委员会在金融监管方面分工合作的备忘录指导原则》（《备忘录》），再次提出联席会议机制。该《备忘录》明确规定会议由三大监管机构的主席组成，联席会议有定期和不定期两类：定期会议是季度例会，即三部门负责人每季度固定碰头一次共同协商重要问题；不定期会议是指三机构中任一机构均可在其认为有必要讨论紧急问题时提议开会。同时，三机构须分别建立联席会议日常联络机构，处理联席会议的日常实务。联席会议记录须备案，并报国务院审批后执行。联席会议机制在一定程度上有助于不同金融行业监管部门的协同合作，然而这种机制在我国分业监管的格局下存在合法性缺陷。如何界定《备忘录》的法律性质，《备忘录》是否可为三部门设定权利与义务？《备忘录》是三个隶属于国务院正部级单位共同出台的法律文件，根据《中华人民共和国立法法》，《备忘录》是一种部门联合规章。然而，银监会、证监会、保监会在行政级别上是平行关系，三者之间没有行政隶属关系，根据《中华人民共和国国务院组织法》的规定，以《备忘录》的形式为本部门和其他部门设置权利和义务没有任何法律依据。因此金融监管部门联系会议机制应该由国务院以行政法规的形式固定下来，赋予该制度以合法性、约束性和执行性。[①] 2008 年国务院出台的《中国人民银行主要职责内设机构和人员编制规定》似乎解决了《备忘录》的缺陷，规定了央行、与三会建立金融监管协调机制，以部际联系会议制度的形式加强货币政策与监管政篑、法规之间的协调，建立金融信息共享制度。令人遗憾的是，就如何构建金融监管协调机制的细则内容至今仍无任何规定，在金融分业监管的体系下，完善的金融协调机制有待构建。

在金融消费者权益行政法保护领域，同样面临金融混业经营的挑战，交叉性金融业务侵犯消费者权益的情况应得到相关监管部门共同重视，以共同协商，确定对消费者的救济方案。笔者建议尽快出台《金融消费者保护法》，授权“一行三会”下设的金融消费者保护局之间构建联席会议，并授权国务院就该联席会议

① 张钢．我国金融联席会议制度研究［J］．海南金融，2005（6）．

具体运行机制予以详细规定。该联席会议应由中国人民银行、银监会、证监会、保监会金融消费者保护局的负责人构成，讨论并确定交叉性金融业务领域消费者保护的标准和保护主体，拟定跨行业金融消费领域消费者权益保护方案等等。联席会议决议应以国务院公告形式公开，以确保联席会议决议的公开性。

目前，在我国现有的分业监管体制下，金融消费者保护分属不同的行业和不同的监管机构，这与我国的实际情况是契合的。“一行三会”体制下，各部门在金融消费者保护方面如何减少博弈、提高效率、加强分工协调运作，是现今学界与实务界共同面对的重大课题。

第三节　金融消费者权益行政法保护实体内容的完善

基于金融消费者的弱势地位和在金融市场中比较突出的纠纷类别，笔者认为金融消费者的隐私权、知情权、受教育权以及求偿权更加强调行政权的介入保护。笔者在第三章就金融消费者上述四方面权益行政法律保护现状进行了分析，作为回应，此处将重点关注金融消费者的隐私权、知情权、受教育权以及求偿权的行政法保护制度完善提出建议。

一、金融消费者隐私权

金融隐私权实际上是个人就其金融信息所享有的不受他人知悉、收集、利用和公开非法侵扰的一种权利，其上位权是个人信息受保护权，从权利保护体系来看，对于个人信息权的综合保护立法是不可或缺的。在此问题上，欧盟对于个人数据保护的立法相当值得借鉴。而事实上，我国立法机构从2003年就开始起草《个人信息保护法》，并于2005年完成，但至今尚未出台。个人信息保护涉及的公权部门之多、行业之广乃是掣肘所在。协调电信、工商、银行、司法、公安、民政等众多部门，使个人信息保护的立法规范系统化，是亟待解决的。在法律迟迟不出台的情况下，可以考虑以国务院行政法规的形式出台，待条件成熟后再颁布法律。专注于金融隐私权的保护，参考欧美的立法路径，立足于我国目前个人金融隐私权保护问题日益突出的状况，专项立法有其明显优势，建议由"一行三会"下四金融消费者保护局通过联席会议进行金融隐私权的专项立法。这种制度设计主要是考虑到我国尚无相关个人信息保护的专项法律或条例，如直接由人大制定金融隐私权的法律显得根基不牢、名不正言不顺。

此外，金融隐私权的保护离不开法律程序的制约。"权力总是趋向于无限的扩张，而权力扩张的最大受害者是人权。"正如昂格尔所说的："权利不是社会的一套特殊安排，而是一系列解决冲突的程序。因此公权的运行必定要遵循特定的法律程序。"美国《金融隐私权法》要求政府在向金融机构获取客户的金融记录时必须遵守严格的程序，并规定公民可以合法对抗政府滥用金融记录的权利，可以通过诉讼的途径获得救济，以防止政府权力侵犯自身的信息保密权。《金融消费者保护法案》规定金融消费者保护局在行使规制制定权时要严格遵守《行政程序法》，在提案通过前须经过评论和审查的程序。通过上述，我们可窥见一个法治国家在以法定程序制约公权运行上的努力。在金融隐私权的特定场域，国家对于公民信息的知情权与个体的金融隐私权是对立的，在公权力需要获取公民个人信息时，必须遵循特定的法律程序。个人针对政府获取其在金融机构中的秘密资料的行为，有权提出异议并可借助法院的判决对公权力滥用侵犯其隐私权的行为予以矫正。在个人信息保护立法以及金融隐私权的专项立法中应该切实地赋予个人通过法定程序对抗公权力滥用信息的权利。

二、金融消费者知情权

金融消费者知情权的保护是众多权益中最为重要的一项，金融消费者在交易中处于的劣势地位通常是由其知情权被侵害造成的。就金融消费者知情权的立法保护有两种可能：第一种路径是通过修订《消费者权益保护法》以明确金融消费者的知情权，这样的好处是有效降低立法成本。《消费者权益保护法》中已存在较为完善的消费者保护制度，其中含有较为完备的消费者的权利体系，将金融消费者享有和普通消费者相同的权利也纳入该法，包括金融消费者的知情权，这样无疑可以减少立法资源的浪费。第二种路径是单独制定一部《金融消费者保护法》，在该法中明确规定金融消费者的知情权。以修订《消费者权益保护法》的形式确定金融消费者的知情权，虽然能够降低立法成本，但该法毕竟只是一部综合性的消费者权益保护法律规范，基于金融消费的特殊性和专业性，《消费者权益保护法》对金融消费者的保护是有限的。金融消费涉及股票交易、金融理财、保险、基金、期货、期权及其他金融衍生品等专业性较强的金融产品和服务，因而除传统消费者所面临的一般市场风险外，金融市场领域还存在更多的内幕交易、虚假陈述等违法行为带来的风险。因而金融消费者对获取金融产品和服务的信息有更为强烈的诉求，从此种角度来看，对于金融消费者知情权的保护选择专项立法明确金融消费者的知情权更为合适。

完善信息披露制度是金融消费者的根本途径，我国现行法律体系中关于金融机构信息披露的规定或过于抽象或过于笼统，从而缺乏具体的标准、范围、方式的规定。完善信息披露制度应从几个方面作出努力：应规定金融机构信息披露内容的量化标准，规范金融机构信息披露的内容、范围；要求金融机构披露的信息必须详细且为一般消费者所能理解，确保金融消费者对金融产品和服务有足够的认知以便作出合理的消费决定；规定金融机构信息披露的信息必须满足真实性、准确性、及时性、完整性的要求；明确金融机构怠于信息披露的责任制度。

三、金融消费者受教育权

从近年来我国相关组织和机构对金融消费者开展教育的实践来看，相关领域的行政主体已经意识到金融消费者教育的重要性，公众接受金融知识的渠道和手段越来越多。然而与国外诸多国家相比，我国对金融消费者教育的活动和措施还远远不够。笔者建议在我国“一行三会”下四局（央行下的金融消费权益保护局、保监会下的保险消费者权益保护局、证监会下的投资者保护局、银监会下的银行业消费者权益保护局）整合各自现有的金融消费者教育资源，设立专职的消费者教育部门开展活动，如设立专门的互联网站、创新互动教育方式、加强与其他部门的合作，向消费者提供免费、简洁明确的金融资讯、法律法规的宣传、金融投资风险的提示等等。

另外，金融消费者的受教育权是与金融机构的公司治理、信息披露与社会责任密不可分的。在强调各方行政主体开展教育的同时，应尽快完善和细化相关办法或指引，要求金融机构在公司治理、信息披露等方面以及产品设计、营销和售后服务等各个环节切实保护消费者权益，并主动履行消费者教育的社会责任。

四、金融消费者求偿权

金融消费者求偿权的实现是与维权成本的降低和法律障碍的

排除紧紧相联系的。虽然我国“一行三会”下设的消费者保护局都有接受金融消费者投诉的功能，但却缺乏相应的处理纠纷的行政程序规定，导致金融消费领域的许多纠纷不能及时、有效地解决。一套包括投诉的受理、调查、评估、裁决、赔偿及违规处罚等纠纷解决流程是当下中国所缺失的，建议各金融消费者保护局加强联系，通过联席会议等方式充分沟通，互通有无，完善各领域金融消费者投诉管理办法，并规定消费者在投诉受理机构处理投诉的过程和结果中享有监督权和申诉权，以法定程序保证金融消费者的投诉能够在行政层面上得到有效、快速的解决，确保金融消费者的求偿权得以实现。借鉴域外金融消费者纠纷解决机制，各国的金融监察服务中均设立了易得且公平的替代性争议解决机制。构建高效、多元化的争议解决程序是实现金融消费者求偿权的有效保障，笔者将在以下金融消费者权益行政法保护程序制度的完善中阐释通过机构自主、同业调解、监管介入、金融仲裁、司法审查等若干环节，以实现金融消费者求偿权，切实维护金融消费者权益。

第四节　金融消费者权益行政法保护程序制度的完善

在本节，笔者无意从行政程序法的角度分别就金融消费者权益行政法保护中的行政制规程序、行政执法程序以及行政司法程序一一评析，主要是基于两方面的考虑：一方面，行政程序法在不同行政部门的运行机制是同一的，具有普适性：不论在金融行政领域还是在环境保护行政领域均会涉及到行政命令、行政监督检查、行政处罚、行政强制、行政裁决等具体行政行为，这缘于行政法在内容上是实体性规范与程序性规范通常交织在一起的，因而针对上述具体行政行为有诸多单行行政程序法律《行政处罚法》、《行政复议法》、《政府信息公开条例》等进行规范，在金融消费者行政法保护领域亦是如此，并未体现出行政程序适用上的特殊性。如果说在金融消费者行政法保护制度中存在程序法上的不足之处，如相关法律法规中没有详尽作出科学合理的信息公开制度、听取意见制度、说明理由制度、管辖制度、告知制度、回避制度、证据制度、救济制度等程序规定，事实上在其他部门行政法中也存在类似的问题，有朝一日中国出台一部《行政程序法》似乎可以同时解决各不同部门行政法中程序法缺失的问题。另一方面，本书探讨的金融消费者权益行政法保护这一论题是从现代公法对公民权利保护的角度展开的。而现代公法程序制度的全部意义不仅在于规范行政行为，还内在地包括规范行政相对人的行为，并为相对人正确行使权利提供具体化、可操作化的行为准则。因而，相对人只要依照程序制度所设定的步骤、方式，并在合理的时间内完成自己的行为，那么其行为就会被法律所认可、支持和保护。[①] 在此意义上，本书尝试在更为宏观的层面，系统却又务实地探讨金融消费者权益行政法保护程序制度，这种程序制度在实践中体现为消费者争议解决程序机制。

域外经验在金融消费者争议解决程序机制上提供了一种思路，市场自律与政府监管相结合，对社会资源加以充分利用。基于此，笔者建议构建一种多元化的金融消费者争议解决程序，具体包括机构自主、同业调解、监管介入、金融仲裁、司法审查等若干环节。

① 黄学贤．中国行政程序法的理论与实践：专题研究述评［M］．中国政法大学出版社，2007：2.

一、机构自主：完善内部纠纷解决前置程序

金融机构对消费者争议的内部处理程序可以最大限度地节约社会资源，完善的内部处理程序凸显出该金融机构的社会责任感。内部处理程序往往和金融教育、信息披露紧密联系。在《金融消费者权益保护法》中可以规定金融机构内部处理消费者投诉的义务，并由相关行政主体对其执行状况进行监督和评估。

二、同业调解：完善金融行业组织调解机制

我国相关金融行政机构对消费者纠纷的调解工作起步较晚，尚未形成成熟的运行机制，在短期内不具备成立类似英国 FOS 的一站式纠纷调解机构的条件（当然本书也不否认个别地区借鉴 FOS 工作机制进行试点）。本书建议应该利用我国现有机制下金融行业组织优势，在实践中探索高效、便利、低成本的金融消费纠纷调解机制。实践中，各金融行业组织正在探索同业调解模式。比如中国银行业协会制定了《关于建立金融纠纷调解机制的若干意见（试行）》，2012 年北京市建立了首个银行业金融纠纷调解工作站；保险纠纷调处机构经多年试行，中国保监会要求年内各保监局所在地均应建立保险纠纷调解机构，并逐步在所辖地级地区建立保险纠纷调解机构，有条件、有需求的县级地区亦要探索建立保险纠纷调解机构。基于我国金融分业监管的现实，完善行业调解机制，建议制定金融消费者保护行业调解办法，细化行业调解主体、调解纠纷范围、调解方式、时限等问题；确保行业调解的中立性，基于金融消费者的弱势地位，调解人员应由金融消费者一方选任；增强调解协议的执行力，虽然调解具有高效、简便、便宜的优点，但调解达成一致后各方签署的调解协议是民事合同性质，并没有行政强制力，可参考借鉴我国台湾地区

通过法院赋予调解强制执行力的做法，在现行制度下，通过公证机构或法院确认证券纠纷调解协调效力。

三、监管介入：探索创新金融行政司法行为

在中央层面，基于金融分业监管的国情，我国在“一行三会”下分别设立了金融消费者保护局，在各自领域均有处理消费者纠纷的职权。金融消费者保护局对消费者投诉的解决机制和以往的信访方式所差无几，并未形成纠纷处理法定化机制，建议尽快出台细致的纠纷处理办法。四机构就金融消费者权益保护的权力制衡以及纵向的权力划分是需要上位法确认的，可以考虑由《金融消费者权益保护法》或国务院制定部门规章予以确认。在地方层面，人民银行网点较多，分支机构进行了有益探索，如人民银行南京分行在江苏部分地区试行了涵盖指导、劝告、调解、协商、评价和检查等措施的金融消费者保护制度；人民银行西安分行在部分地区试行由人民银行主导的纠纷调解制度等等。央行的分支机构较多覆盖县地级地方，然而对于保险业务、证券业务以及复杂理财产品方面的金融消费纠纷，人民银行的分支机构却无力处理。除“一行三会”外，各地政府大多成立了金融办(局)，属于地方政府的金融职能部门，从地方政府层面维护地方金融稳定，其服务范围包括银行、证券、保险、期货、信托、担保、小额贷款公司等整个金融行业。另外，司法局管辖公证处、仲裁委等机构，承担人民调解、法律援助、法制宣传等职责，建议在地方层面运用金融办（局）的金融服务职责和司法局的法律服务职责的平台，利用双方的专业优势，探索覆盖银行、保险、证券、期货等整个金融行业的纠纷“行政调解”机制，调解金融消费纠纷。

四、金融仲裁：完善金融消费争端仲裁机制

金融仲裁院实行专家裁决、不公开进行，有专业、保密等优势。我国金融领域仲裁实践最早见于证券领域：1993 年《股票发行与交易管理暂行条例》正式确立了证券仲裁的法律地位。在银行方面，《银行结算办法》及《全国银行间债券市场债券借贷业务管理暂行规定》等实体规均对仲裁做了规定。保险方面，保监会《关于在保险条款中设立仲裁条款的通知》，要求各保险公司重视运用仲裁方式解决保险纠纷，保险行业协会也纷纷与仲裁机构合作设立保险仲裁中心。2007 年上海成立了上海金融仲裁院，作为独立的金融仲裁机构。[①] 在金融消费者争议解决中，金融仲裁院可发挥其专业优势，建议设立试点，探索在金融仲裁院设立专门的金融消费纠纷庭，积累金融消费纠纷仲裁经验。出于对弱势消费者一方的倾斜保护，建议创新金融仲裁制度，仲裁结果仅具有单方约束力，即如果消费者一方对仲裁决定不满意还可以向法院提起诉讼。

五、司法审查：金融消费者保障的最后防线

若消费者对上述若干纠纷解决机构的处理方案不满意，可以直接起诉至法院，但需要承担相应的时间成本和诉讼费用。建议法院从实质公平原则出发，减轻消费者一方的举证责任。对于相关行政机构怠于行使或违法行使其职责对金融消费者权益造成损害的，消费者一方可以提起行政诉讼，维护自身合法权益。

---

① 王莹丽．试析我国金融仲裁机制的发展与完善［J］．上海金融，2011—09—25.

结 语

金融全球化趋势下，全球金融市场相互依赖程度日益提高，金融全球化不仅是金融活动超越国家的过程，也是风险发生机制相互关联的过程，同时更是一个在范围上不断扩展、在程度上不断深化的过程。[①] 2007 年美国次贷危机引发的全球金融风暴即是金融全球化的典型事例。在金融消费者权益保护的问题上，金融危机的爆发暴露出金融行政制度中的漏洞，如何完善金融消费者权益行政法保护制度已经在全球范围内成为理论界与实务界共同关注的热点问题。

在行政法的视阈下，对金融消费者权益提供怎样的保护才符合良法之治呢？本书提出了金融消费者权益行政法保护的三个基本原则：实质正义原则、正当程序原则和适度保护原则。实质正义原则要求行政权对金融消费者提供倾斜保护；正当程序原则要求对金融消费者权益行政法保护中行政权的授予与运行受法定程序的制约；适度保护原则要求行政主体对金融领域消费者利益提供行政法保护要适应市场经济运行的规律。行政权天生的主动性与扩张性决定了适度保护原则是最难践行的。

伴随着 2008 年开始国际金融危机的爆发与延续，国家行政权

① 黄金老．金融全球化与中国的战略对策［J］．国际经济研究，2000（07）．

愈加获得更大的扩张空间。这体现为国家行政权对经济社会生活的干预愈加深刻，同时自由裁量权被运用的时间、空间、频率激增。以美国金融消费者保护局为例，该局被赋予前所未有的独立性，享有强大的规章制定权、监督检查权和执行权。从另一方面来看，伴随着社会多元化和国家民主化进程的推进，政府不是公共行政的唯一主体，各种社会力量成为公共行政的主体，承担对公共事务的管理职能。公共服务从政府的直接管理转变为由独立的非政府公共组织承担，英国的金融监察员制度（FOS）即是社会公行政与对私人力量利用的完美结合。如何平衡国家行政权与社会公共行政主体的权力是政府应该认真思考的，而正是各国的法律传统和市场的发展阶段的差异性在左右着这个平衡支点的位置。

在我国现阶段，正如十八大报告中所讲的那样，改革的方向是处理好政府与市场的关系。经济领域要更多地发挥市场配置资源的基础性作用，社会领域要更好地利用社会的力量，包括社会组织的力量，把应该由市场和社会发挥作用的交给市场和社会。对金融消费者权益的行政法保护应该建立在个人自治优先、市场优先、自律优先的基本规则上。凡是参与金融消费（投资）市场的公民、法人、其他组织及专业的金融机构能够自主决定的，市场竞争机制能够有效调节的，行业组织和市场组织者能够自律管理的，行政主体不应介入；只有当私权机制无法解决或违反实质正义时，行政公权方可介入对金融消费者权益提供行政法保护。故此，笔者提出从机构自主、同业调解、监管介入、金融仲裁以及司法审查等重要环节着手，尽快建立多元化的金融消费者纠纷解决机制，充分发挥社会力量，高效且低成本地保护金融消费者权益。

在国家行政层面，在金融分业监管的金融格局下，我国金融消费者保护机构的设置也相应地采取了分业监管模式，在过去的两年内“一行三会”下纷纷设立各自领域内的消费者（投资者）保护局。然而深受传统部门利益保护等因素的影响，如和实现各部门内设机构间的分工协调问题，以及与地方金融办公室、工商管理、消协等地方部门间分工协调的问题，是一个重要的研究课题，不仅涉及到中央层面横向金融行政权的分配，还涉及到中央与地方纵向金融行政权的分配与协调，本书在此方面的探索是有限的，此等层面的理论还有待于进一步的研究。

正如耶林所言，法律的目的是平衡个人利益和社会利益。[①]金融消费者权益行政法中规则的制定和实施最终目的是为了金融市场中的利益平衡，为金融消费者权益提供适当保护。在此进程中，一国的市场发育程度、法治发展水平、法律秩序条件等因素均对金融行政权力的分配和运行起到关键影响。孟德斯鸠说过：“为某一国人民而制定的法律，应该是非常适合该国人民的，所以一个国家的法律竟能适合另一个国家的话，那只是非常的凑巧。”[②] 在政治体制、经济体制、金融业发展水平、社会文化传统、法制建设等各方面，我国都有自己的国情，很难在金融领域照搬任何一个国家现成模式。我们不能盲目地去效仿别国的改革措施，在金融消费者权益行政法保护领域，如何立足于我国分业监管的实际情况，兼顾金融业务混业经营的发展趋势，在充分发挥市场自律的前提下，构建一个适合我国金融市场发展阶段的金融消费者权益行政法保护制度框架尚需理论界和监管当局进行反思。总而言之，我国金融消费者行政法保护制度的完善还有很长一段路要走。

① 何勤华．西方法学史．中国政法大学出版社，1996：215.

② 孟德斯鸠．论法的精神（上册）．商务印书馆，2004：6.

附录一

多弗（多德·弗兰克）法案创造了消费者金融保护机构

哈佛法律评论，2011 年 6 月

钟姝琦译　万玲校译

传统上来说，消费者金融保护由 7 个机构[①]分散（管理）并且最少通过 18 部不同的法律[②]实现。最近关于《多德·弗兰克华尔街改革和消费者金融保护法案》[③]（多弗法案）的文章声称：通过授权最近新创设的消费者金融保护机构（CFPB，简称“保护机构”）实施现存的消费者金融保护法律并创造新的规则，以统一和强化消费者金融保护。在立法辩论过程中的关键性争议不是消费者保护的价值，而是权力分配。[④]最终这个机构的架构与传统的独立机构在两个重要的方面存在不同：第一，独立机构从传统上来说都是与政府[⑤]无关，但是仍隶属于国会，但是保护机构却同时独立于政府和国会。第二，独立机构通过分散的条款典型地塑造了平衡委员会（multimember boards），而保护机构则塑造了一种单独的引导者。因此，保护机构将为联邦保留委员会做出非政治性决定而保留的高度的独立性引入到一般规制机构的范围中，而这表明一个机构在制定政策时存在前所未有的责任感的缺失。

在2010年7月21日，奥巴马总统签署了多弗法案，该法案对消费者保护法和银行法规进行“大量、长远而又复杂”的改革。[⑥]尽管该法案对诸多金融部门具有显著的影响，保护机构却可以说是其中最富争议的构成部分[⑦]。

由伊丽莎白·沃伦教授在2007年一篇论文中建构，[⑧]2009年奥巴马政府提出建立一个由政府拨款，通过委员会主导的方式运行的独立的消费者金融保护机构。[⑨]其后，在2009年7月8日，巴尼·弗兰克代表提交了消费者金融保护机构法案（2009）。[⑩]之后，该法案被并入一个更广大的金融改革法案之中，即H. R. 4173，[⑪]此改革法案由众议院以223：202的投票通过，其中没有共和党人投赞成票。[⑫]众议院的建议与政府的建议相似，它包括建议成立一个由委员会主导的独立机构，但是增加了一个独立的收入来源。[⑬]之后，参议员克里斯多夫·多德在2010年4月15日提交了一份关于重塑美国金融稳定性的法案（2010）[⑭]。[⑮]参议院用H. R. 4173替代了该法案的一些内容，并且在2010年5月20日以59：39的选票通过了该法案，有53个民主党人、4个共和党人和两个独立人士投同意票。[⑯]会议委员会将这些法案[⑰]的内容进行整合并且很大程度上吸收了参议院的（制度）设计：有一个独立领导者和独立收入来源的独立机构。[⑱]

消费者保护机构的权力是彻底的。它拥有超越“受保障者”的权力，这些受保障者包括个人或者是任何“致力于提供消费者金融产品或者服务”[⑲]的隶属机构，但是同时存在一些显著的例外，包括大多数商人和零售商。[⑳]保护机构在遵循列举的18部消费者金融保护法[21]律的前提下拥有立法权，以防止“不公平的、欺骗的、滥用的（消费者金融）法案和实践”。[22]此外，保护机构对“无储蓄保障的人”（nondepository covered persons）“超大规模的银行，储蓄联合社和信用合作社”和“其他银行，储蓄联合和信用合作社”拥有不同层次的监督权和执行权。[23]最后，保护机构可以出台一部民法性质的法律来制裁违反了联邦消费者金融法的“任何主体”。[24]

三个基本的机制将保护机构从国会和行政控制中解脱出来：第一，机构的领导者[25]有五年的任期，并且只能因为特定原因[26]调动。第二，尽管保护机构在美国联邦储备系统中，但是与独立机构却是等同的，因为联邦储备系统对于它的控制极少。[27]第三，法案赋予保护机构以独立的财政来源：每年，消费者金融保护机构的领导者有权在法定限额内要求，而联邦储备系统应当从其收入中将“合理和必须”的金额拨付给保护机构。[28]

法案还包括了三个基本的控制机构：第一，保护机构必须在制定规则之前咨询“适当的审慎的规制者或者其与其他有权优先提出立法建议联邦机构”。[29]保护机构必须允许对其立法发表意见，如果保护机构拒绝该反对意见，必须陈述拒绝的理由。[30]第二，保护机构必须在半年度的国会听证[31]上，向国会相关委员会和总统提交的半年度报告中提供要求的信息[32]。第三，也是最有力的，金融稳定监督委员会[33]能够通过“该立法可能将美国银行系统或者美国金融系统的安全和稳定置于危机中”的理由，否决保护机构的立法。[34]

保护机构的独立程度不像独立机构的认定标准，因为它在很大程度上摆脱了立法与行政的控制，特别是由于它有独立的资金来源。控制机制不太可能显著地限制保护机构，并且与通常的想法相反，唯一的领导者给了保护机构更多实践其独立性的能力。

这类独立与联邦保留系统将某些权利保留给金融机构的独立性相似，并且因此保护机构对于其决策拥有了一种前所未见的独立性——这被公众视为是基于其政治偏好的。

从传统上来说，为了使独立机构能够限制行政机关对机构的影响，要求除了“有某些理由”以外，行政机构不得罢免行政机构的首脑，[35]国会一般会保留一定程度的限制。[36]然而，多弗法案很少有措施使得保护机构能从最有力的国会的控制力量——拨款——中解脱出来。[37]此种豁免，为对金融机构进行审查的机构而非诸如消费者金融保护机构这类政策制定者，提供了显著的独立性。[38]国会不能使用检查权作为“提供限制”（以控制整体的活动水平）或者作为信号机制，[39]它也不会有能力去指导某些特殊的行为。不能以预算作为“威胁”也意味着着国会的一般监督权[40]将会被削弱。[41]尽管国会也能经常限制立法，立法成本和否决权的威胁使得这种可能性变得不太可能，缺少严格和一致的反对。[42]

缺少多数成员委员会的保护机构强调了它的独立性。很多独立机构有多数人构成的委员会，并且习惯性的智慧之处在于委员会增加了它的独立性，因为诸如交叉任期和代表两党利益的要求等典型特点限制了个人约见（individual appointment）的影响。[43]因此，当总统实践他每五年一次的约见权的时候，比之保护机构有一个多数人组成的委员会，将对塑造机构产生更有利的影响。然而，考虑到保护机构有独立于行政和立法的一般独立性（general independence），唯一的领导者的设计导致了缺乏另一种结构性的控制：多数人组成的委员会通过“在协商决定的过程中调整不同的或者极端的观点”来对机构施加影响。[44]此种限制因为来自不同机构的参与者的出席来减少政治的多样性并通过聚合以提高准确性。[45]此外，反对者的出现提供了新的信息并且使得支持者去清晰地阐述其固有的基本原理，因此成为了一种限制性力量。[46]消费者金融保护机构因此缺少实质性的行政的、国会的或者内部机构的控制。

除了这些绝缘机制，控制机制的弱化提高了消费者金融保护机构的独立性。尽管保护机构必须向其他审慎的规制者咨询，但是却可以无视他们的建议。[47]此外，尽管法案还要求，金融稳定监察委员会对保护机构的立法能以 2/3 的多数的方式否决，[48]这并没有赋予国会以强大的监察权，其原因有二：[49]第一，对立法行为高标准的否决要求——那些可能“将美国银行系统的安全和稳定性或者美国金融系统的稳定性置于危机中”的立法[50]——将会很难成立。[51]第二，国会对这种分离的、多个机构团体几乎没有控制。比如，“上帝使团”，[52]就是一个对美国濒危动物法的实施要求予以监督的类似的团体，由于对多个机构产生刺激性的影响非常困难，而且成本难以估量，因此，（此种多机构组成的团体）使得国会对由不同机构首脑组成的委员会进行监督的行为有了有限的控制能力。[53]

尽管消费者金融保护机构提高了消费者的保护，它的设计（权力分配）可能甚至会使它的支持者陷入困境，因为，最少从文件上看来，消费者金融保护机构拥有从前为机构保留的绝缘性，这种保留是非政治性的，甚至包括机构能够监督金融机构。事实上，消费者金融保护机构的独立性代表了联邦保留系统的独立性——它们二者都有罕见的经济上的独立性并且除了某些重要官员受指派外，很少受到行政和立法监督的管制。[54]然而，不像联邦保留委员会的主席，消费者金融保护机构的领导者甚至不受一群人组成的委员会的限制。[55]

消费者金融保护机构唯一的机构设置很难实现专家意见和问责制之间的平衡，这使得其他政策制定机构感到震惊。与联邦贸易委员会和消费者产品安全委员会通过政治辩论产生并且仍旧通过预算过程和政治性的解释相反，消费者金融保护机构在很大程度上是不负解释责任的。[56]这种不解释的责任对一个制定政策的机构来说，比其做非政治性决策的机构更受关注，因为它提高了被公众认为是属于政治范围内的国会监督决策的成本。[57]除了对机构权力的其他标准印象之外，消费者金融保护机构的设计（权力分配）也因为它史无前例的特性而陷入困境。绝缘的程度和对行政或者立法部门缺乏解释义务，已经被负有监督职责的联邦保留系统和金融机构所接受。然而消费者金融保护机构缺乏一种类似非政治化的统一，并且很难同受到高度控制的规制机构相区分。此种权力分配方式是否应该成为国会经常适用的，将会在一个自治的行政国家开启一个新的篇章。

注释：

①参见多德·弗兰克华尔街改革和消费者保护法案（多弗法案），Pub. L. No. 111－203，§ 1061（a）（2）（A），124 Stat. 1376，2036（2010）（被编纂于 12 U. S. C. § 5581）（机构名单）. 这些分散的机构是改革的关键，在众议院，（Keith Ellison）代表阐述“我们需要一个新的细分的机构来进行消费者金融保护……一个能够为消费者着想并且把他们置于首位（的机构）”155 CONG. REC. H14，430（daily ed. Dec. 9，2009）（statement of Rep. Ellison）.

②参见多弗法案 § 1002（12），（14），124 Stat. 1955. 要求这些法律统一的呼声最早可以追溯到 20 世纪 70 年代。参见 Carey Alexander，Abusive：多弗法案 1031 部分以及长久的保护消费者的斗争（*Dodd-Frank Section 1031 and the Continuing Struggle to Protect Consumers*）2 & n. 12（St. John's Univ. Sch. of Law，法律学习调查报告系列（Legal Studies Research Paper Series，Paper No. 10－193，2010））（引自 H. R. REP. NO. 95－347（1977），建立设立专门保护消费者的机构 which proposed an Agency for Consumer Protection）.

③Pub. L. No. 111－203，124 Stat. 1376.

④参见 156 CONG. REC. S2773（daily ed. Apr. 29，2010）（statement of Sen. Dodd）（发现“普遍同意有一个消费者保护机构……是有意义的”）；Rachel E. Barkow，绝缘机构：通过机构设计避免受控制（*Insulating Agencies：Avoiding Capture Through In-*

stitutional Design, *89 TEX. L REV. 15*, *72* (*2010*))(将机构的框架视为"亟需同意的问题").

⑤对机构领导有理由的罢免限制条款是对独立机构的定义。参见 Jacob E. Gersen，机构设计，在关于公共选择和公法的查找手册中（见于关于公共选择和公法的调查手册 in RESEARCH HANDBOOK ON PUBLIC CHOICE AND PUBLIC LAW 333，347（Daniel A. Farber & Anne Joseph O'Connell eds.，2010）.)

⑥Linda Singer et al.，打破金融改革：对多得·弗兰克华尔街改革和消费者保护法案中主要消费者保护内容的总结 14 J. CONSUMER & COM. L. 2，3（2010）；也见于 Satish M. Kini et al.，多弗法案带来的对金融保险机构和它们的控股公司规制的变化，BANKING & FIN. SERVICES POL'Y REP.，Nov. 2010，at 11，11（"多弗法案代表对银行规制……思维模式的转变"）.

⑦参见 Michael Hamburger，多弗法案和联邦对州的消费者保护法的取代，128 BANKING L. J. 9，9（2011）　（将保护机构视为"该长远立法最具争议的一个方面"）.

⑧伊丽莎白·沃伦，任何比例都是不安全的，DEMOCRACY J.，Summer 2007，at 8，16－18. 奥巴马总统要求沃伦教授建构这个保护机构，并且因此授予她总统助理和财政部长的特别法律顾问一职，而不是将她任命为这个保护机构的领导者。参见 Press Release，White House，Office of the Press Sec'y，奥巴马总统为消费者金融保护机构而任命伊丽莎白·沃伦为总统助理和财政部长特别法律顾问（Sept. 17，2010）(在哈佛大学法学院图书馆文件中).

⑨参见 generally DAVID H. CARPENTER & MARK JICKLING，CONG. RESEARCH SERV.，R40696，金融规制改革：消费者金融保护建议书（2010）；DAVID H. CARPENTER & MARK JICKLING，CONG. RESEARCH SERV.，R40696，金融规制改革：对奥巴马政府倡导的消费者金融保护机构的分析 AND H. R. 3126（2009）（概述奥巴马政府的建议）；环保局的财政部，金融规制改革：一个新的基础（2009）.

⑩H. R. 3126，111th Cong.（2009）. 弗兰克代表，之后是主席和众议院金融服务委员会的高级官员，也支持众议院能源和商业委员会。参见 H. R. REP. NO. 111－367，at 1（2009）

⑪华尔街改革和消费者保护法案（2009），H. R. 4173，111th Cong.（2009）.

⑫155 CONG. REC. H14，804（daily ed. Dec. 11，2009）.

⑬H. R. 4173 § § 4101－4103，4111.

⑭S. 3217，111th Cong.（2010）.

⑮同上。

⑯156 CONG. REC. S4078（daily ed. May 20，2010）.

⑰参见 H. R. REP. NO. 111 – 517（2010）（Conf. Rep.）

⑱参见 H. R. REP. NO. 111 – 517（2010）（Conf. Rep.）.

⑲同上。§ 1002（6），124 Stat. at 1956. 消费者金融产品或服务是“最初以提供给个人、家庭或者全家所用为目的”同上。§ 1002（5），124 Stat. at 1956. 重要的类型包括，借贷，租金，不动产服务，银行业务，支票兑现，金融数据，金融建议以及债务收集，在这些类型中也存在一定的例外。同上。§ 1002（15），124 Stat. at 1957 – 58.

⑳然而，商人和零售商如果明显地从事“提供消费者金融产品或服务”时，他们也是受保障者；其他的例外包括律师，受证券交易委员会规制的人员以及保险机构。同上。§ 1027（a）–（c），（e），（i），（m），124 Stat. at 1995 – 2003.

㉑同上。§ 1022（b）（4）（A），124 Stat. at 1981.

㉒同上。§ 1031（b），124 Stat. at 2006.

㉓同上。§ § 1024 – 1026，124 Stat. at 1987 – 95.

㉔同上。§ 1054（a），124 Stat. at 2028. 保护机构也可以用刑事程序判决或引用案件。同上。§ § 1053，1056，124 Stat. at 2025 – 28，2031. 救济包括民事惩罚——最高一天一百万美元——但是不包括惩罚性赔偿金。同上。§ 1055，124 Stat. at 2029 – 31.

㉕引导者是唯一被任命的受雇佣者。参见同上。§ 1011（b）（2），124 Stat. at 1964.

㉖同上。§ 1011（c），124 Stat. at 1964. 引导者只能因“无效率，忽视职责或者渎职”而被调离。同上。§ 1011（c）（3），124 Stat. at 1964.

㉗联邦储备系统可能不会“介入任何事务或者程序，”同上。§ 1012（c）（2）（A），124 Stat. at 1965，“从保护任命，制定或者调离任何官员或者受雇者，”同上 § 1012（c）（2）（B），124 Stat. at 1966，或者“合并或整合保护机构，或者任何它的功能或职责，”同上。§ 1012（c）（2）（C），124 Stat. at 1966；也见于 CURTIS W. COPELAND，CONG. RESEARCH SERV.，R41380，多德—弗兰克华尔街改革和消费者保护规则成为消费者金融保护机构的职责（2010）（论证消费者金融保护机构会作为一个独立机构运转）.

㉘多弗法案 § 1017（a），124 Stat. at 1975 – 76. 法定最高限额是 2011 年联邦

储备系统全部运行费用的10%，2012财政年度的11%，以及其后的12%。同上。§ 1017（a）（2）（A），124 Stat. at 1975. 总量是实质性的：2009年，美国联邦储备系统全部运行费用的10%是4980万美元。FED. RESERVE BD.，96TH ANNUAL REPORT 2009，联邦储备银行合并财务报表（2010）。参见网址：http：//federalreserve. gov/boarddocs/rptcongress/annual09/sec6/c3. htm.

㉙多弗法案 § 1022（b）（2）（B），124 Stat. at 1981.

㉚同上. § 1022（b）（2）（C），124 Stat. at 1981.

㉛同上。§ 1016（a），124 Stat. at 1974. 此法案至少提供了其他9份国会报告。参见同上 d. at tit. 10.

㉜相关委员会是指参议院的银行、住房、城市事务委员会以及众议院的金融服务委员会和能源和商务委员会。同上 § 1016（b），124 Stat. at 1974.

㉝成员包括财务部长（负责人），联邦储备系统的负责人，货币监督署的领导，消费者金融保护机构的引导者，证券交易委员会的领导者，联邦存款保险公司的领导者，商品期货交易委员会的领导者，联邦众议院金融机构的领导者，国家信用联盟管理委员会的领导者，以及保险专家作为独立的成员。同上。§ 111（b），124 Stat. at 1392－93.

㉞同上。§ 1023（a），124 Stat. at 1985.

㉟参见 Gersen，参见上述注释5，at 347—48（不仅独立机构受到“有理由”的条款受到限制，并且争论国会希望官僚机构能够从总统的控制中解脱出来以防止它受到未来的行政机会主义挥着特权机构的干涉；Elena Kagan，总统的政府，114 HARV. L. REV. 2245，2247（2001）.

㊱参见 FCC v. Fox Television Stations，Inc，129 S. Ct. 1800，1815（2009）（通行观点）（“从总统的监督权（和保护）中解脱出来，已经简单地被扩大的对国会指导的从属性所替代”）；Kagan，参见上述注释35，at 2271 n. 93（“作为实践性的事务，成功地将行政机构从总统的权限中摆脱出来……将会提高国会自身的权限……”）. 国会能够通过会见、监督权和预算案，实践它对独立机构的直接控制. 参见 Steven G. Calabresi & Saikrishna B. Prakash，总统执行法律的权力 104 YALE L. J. 541，583（1994）（“这种直接的政治控制必须与所谓的”独立“机构或者工作人员共存，因为缺少总统的控制、国会的监督和监察会成为机构工作人员唯一关心的事情”）. 参见 generally Jack M. Beermann，国会的政府，43 SAN DIEGO L. REV. 61（2006）.

㊲多弗法案 § 1017（a）（2）（C），124 Stat. at 1976；参见 Beermann，参见上

述注释 36，at 84（“在国会努力控制法的执行过程中，钱袋的力量体现为国会最强有力的武器之一”）；Steven A. Ramirez，*Depoliticizing Financial Regulation*，41 WM. & MARY L. REV. 503，517（2000）（注释“一个机构在考虑它的事实上的政治独立性时，其金融的重要性”）；Matthew C. Stephenson，机构对制定法的诠释，见于 公共选择和公法的调查手册，参见上述尾注 5，at 285，295（说明，除了推翻一些规定，也许机构“最重要的”影响法律解释的立法方法“就是监督权和一般审查权”）. 然而，该法案并未在前五年授予消费者金融保护机构以附加的监督权。多弗法案 § 1017（e），124 Stat. at 1979.

㊳Steven Ramirez 教授认为“问题在于唯一的规制机构却是自我建立的。” Ramirez，参见上述注释 37，at 525. 尽管独立的调查为一批心生的自我建立的机构正名了，比如农场信用机构、农场信用系统保险公司、联邦存款保险公司、联邦参议院金融机构、联邦保留系统、联邦监狱工业等等。国家信用联合机构，货币监督署，出版和印刷局以及简约办公室，这个名单是短的那个。出版印刷局和勤俭监督办公室，对独立建立的机构的调查（2011 年 5 月）（未公布的调查）（收录在哈佛法学院的文件中）. 总统也通过他或她对预算案建议的权力来影响监督决定权。参见 D. Roderick Kiewiet & Mathew D. McCubbins，总统对国会监督决策的影响 32 Am. J. Pol. Sci. 713，714 - 15（1988）.

㊴参见 Daniel P. Carpenter，在联邦规制过程中改编信号过程，阶层和预算控制，90 AM. POL. SCI. REV. 283（1996）（有些评论支持预算案的控制模式和信号模式，但是对信号系统存在争论）.

㊵“一般监督权限”是指听证，新闻发表以及其他监督委员会的法案。参见 Stephenson，参见上述注释 37，at 295.

㊶参见 Beermann，参见上述注释 36，at 125（考虑到（observing）国会的听证是有力的“给予国会对机构预算和实质性立法的监督权”）. 联邦保留系统的历史在独立机构不受监督的过程中为国会缺乏影响提供了额外的支持。参见 THOMAS HAVRILESKY，美国货币政策的压 158—87（2d ed. 1995）.

㊷参见 Rui J. P. de Figueiredo，Jr.，选举竞争、政治不确定性，以及政治隔离，96 AM. POL. SCI. REV. 321，322（2002）（“因为在立法过程中投票观点的多样性……新的法案很难通过……”）.

㊸参见 Lisa Schultz Bressman & Robert B. Thompson，机构独立的未来 63 VAND. L. REV. 599，610 - 11（2010）.

㊹Barkow，参见上述注释 4，at 37 - 38（quoting Marshall J. Breger & Gary

J. Edles，通过实践建立：联邦独立机构理论及其运行。52 ADMIN. L. REV. 1111，1113（2000））（省略内部引用）．

㊺比较：Lewis A. Kornhauser & Lawrence G. Sager，解除法院负担，96 YALE L. J. 82，98（1986）（论及“在提供准确性和更多数量的法官之间存在积极联系”）；Cass R. Sunstein et al.，联邦上诉法院意识形态上的投票权：初步调查 90 VA. L. REV. 301，352（2004）（论及由“相似想法的人”组成的团体倾向于改变相对的极端）．由多数人组成的委员会基于平衡党派利益的要求也会倾向于调和。

㊻比较 Kornhauser & Sager，参见上述注释 46，at 101；Matthew C. Stephenson，战略上的替代效应：文本可能性，程序正当性以及对机构立法解释的司法审查权，120 HARV. L. REV. 528，536（2006）（注释在一个行政机构和多数人组成的法庭中“复杂的内部动力学”）；Sunstein et al.，参见上述注释㊻，at 336（论及当意识形态不同的人出现在同一会议上时，（如何）“减少差异”）．

㊼参见多弗法案 § 1022（b）（2）（B）－（C），124 Stat. at 1981（只强调了咨询的要求）．然而，此种咨询要求可能会给保护机构在通过突出其他机构的反对意见以选择行动是强加更多的政治性花费，就像通过多数成员组成的委员会进行决策限制一样。

㊽同上。§ 1023（c）（3）（A），124 Stat. at 1985－86.

㊾但是参见 Barkow，参见上述注释 4，at 75（注释 很多议员“通过行政立法长久地支持他们从事的工业领域”，并且使得否决权称为一种真正的威胁。）．

㊿多弗法案 § 1023（a），，124 Stat. at 1985.

(51)银行，参议院，还有城市事务委员会发现“没有证据……（表明）对消费者保护的规制会将安全和稳定至于危险之中” S. REP. NO. 111 － 176，at 166（2010）．

(52)“上帝使团”的七个成员，包括农业和军队的部长，可能会对美国濒危动物法案的“无危险条款”授予豁免 16 U. S. C. § 1536（e）（2）－（3）（2006）．

(53)参见 EUGENE H. BUCK ET AL.，CONG. RESEARCH SERV.，IB10072，濒危五种：艰难的抉择 3（2003）（提到只使用了一个豁免）；Shannon Petersen，国会和珍惜物种：美国濒危动物法案的立法历程，29 ENVTL. L. 463，485－86（1999）（论及上帝使团并没有推翻 Tellico Dam 的决定，即使委员会是为这个目的而生的。）．然而，监督委员会人就会通过影响机构的行为而对其进行限制。

(54)比较 IRWIN L. MORRIS，国会，总统和联邦保留系统，19（2000）（描述了联邦保留系统作为“世界上最独立的中央银行”之一）．然而，即使联邦保留系统却并不是完全独立的。参见 generally HAVRILSEKY，参见上述注释 42（讨论行政和国会尝试去影响）.

(55)联邦保留系统的独立性也是依赖于对机构的政治性支持，参见 Ramirez，参见上述注释 37，at 518（论及机构独立性依赖于"传统的，双党派对机构的支持，它的声誉，以及支持独立的一致性有多高"）. 由于非政治性的货币政策的权衡需求而在政治上一致支持联邦保留系统的独立性。参见 Gyung-Ho Jeong et al.，政治合作和官僚机构的结构：联邦保留系统的政治性渊源 25 J. L. ECON. & ORG. 472，473（2008）（论及"美联储著名的独立性结构就是在不同团体之间政治妥协的结果"）. 然而，消费者金融保护机构的独立性是有所偏袒的；只有三个共和党人给会议报告投票了。参见 Final Vote Results for Roll Call 413，Office of the Clerk，U. S. HOUSE OF REPRESENTATIVES，http：//clerk. house. gcv/evs/2010/roll413. xml（last visited May 5，2011）；U. S. Senate Roll Call Votes 111th Congress – 2nd Session，U. S. SENATE：LEGISLATION AND RECORDS，http：//www. senate. gov/legislative/LIS/roll_ call_ lists/roll_ call_ vote_ cfm. cfm？congress = 111&session = 2&vote = 00208（last visited May 5，2011）.

(56)参见 Barkow，参见上述注释 4，at 67，71—72（认为消费者金融保护机构是在模仿消费品安全委员会，并且发现消费品安全委员会由于其预算而受到限制）；Barry R. Weingast & Mark J. Moran，官僚机构的决策还是国会的控制？联邦贸易委员会的政策规制，91 J. POL. ECON. 765，780（1983）（发现国会对联邦贸易委员会的控制）.

(57)比较 . Sierra Club v. Costle，657 F. 2d 298，400 n. 502（D. C. Cir. 1981）［"民主党的意识形态要求通过选举其他人的代表来实现对行政机构的限制"，引自 Seymour Scher，立法限制的几种情况，25 J. POL. 526，526（1963）（省略内部引用）］.

附录二

调查——消费者金融服务法以及消费者金融服务委员会：一个新的联邦管制机构

版权所有：2011 美国律师协会

Julie R. Caggiano，Jennifer L. Dozier，

Richard P. Hackett，Arthur B. Axelson

李敏译　万玲校译

介　绍

在 2010 年 6 月 21 日，巴拉克·奥巴马总签发法令标志着金融立法的改革，《多德·弗兰克华尔街改革和消费者保护法案》（简称《多德·弗兰克法案》）。[①]《多德. 弗兰克法案》的诞生是对 2008—2009 年金融危机的回应，[②]是近期对美国金融管制机制进行全面改革的努力中最重要的部分，它代表了对金融服务管制模式的典型转移。这份调查讨论了《多德·弗兰克法案》中新的消费者保护机构（第十章）和抵押改革（第十四章）。

第十章——消费者金融保护法案

《多德·弗兰克法案》中的第十项消费者金融保护法案（CFPA）[3]设立了消费者金融保护局（CFPB）并授权它执行现存的以及新的联邦消费者金融法令。[4]下面即将进行的讨论将回顾消费者金融保护局的产生，范围，管理，经费，权力以及活动。消费者金融保护局也从本质上改变了联邦管理机构和法院决定。一部州的消费者金融法律[5]是否适用于国家银行或联邦特许储蓄银行的标准和程序。那些新的规则将在这份年度调查中单独讨论。[6]

消费者金融保护局对于“涉及的人”有广泛的权力，[7]“涉及的人”包括提供“金融产品或服务”的人，[8]以及在某些特定情况下，指“服务提供者”[9]和“相关的人”。[10]对这些术语的解释包括了一系列复杂的金融活动及实施者以及某些行业市场和活动部分或者全部的豁免。另外，消费者金融保护法案第1027款列举了对某些特定金融服务提供者额外的全部或部分豁免，如下所述。

“一项金融产品或服务”包括消费信贷（延期归还、服务、获得、购买、卖出或者经纪）；[11]消费者出租；[12]房地产过户服务和不动产和动产估价[13]；存款和汇款；[14]储值（卖出，提供以及遇到异常时解决）；[15]支票（兑现、托收、担保）；[16]金融数据处理[17]；金融咨询服务，包括信贷咨询，债务管理和债务清偿；[18]消费者征信（收集、分析、维持或提供，存在例外）；[19]收账（如果与消费者金融产品有关）；[20]以及其他任何消费者金融保护局发行的法规中定义的金融产品或服务。[21]

要包括在内的话，金融产品或服务必须是要主要用做消费者个人、家庭使用，除了那些提供或与信贷相关的服务，结算服务。或者如果以下产品提供给消费者，消费者征信或者公司间收账也包含其中。[22]

除了上面提到的限制和排除情形，术语“金融产品或服务”清楚地包括了保险服务和电子渠道服务。[23]

提供任何前述的金融产品或服务会导致其成为受消费者金融保护局管辖的“涉及的人”。在一些情况下，对卖家或者与“涉及的人”有关的人也受其管辖。如果卖家提供了“实质服务”，包括参与设计，实施和维持一项金融产品或服务或者与其产品或服务有关的程序性处理，那么他们也作为“服务提供者”受其检查和执法。[24]

考虑到以上提及的消费者金融保护局管辖范围太广泛，一些与消费者互动或支持金融服务行业的公司或者专家获得了不同程度或范围的排除，集中在 CFPA 第 1027 部分。随着汽车商人的显著排除，[25]例外并不适用于根据列举的消费者法律下消费者金融保护局的立法权，或者联邦贸易委员会或者消费者金融保护局的执法权。[26]以下人员被排除在 CFPB 执行，检查，监督和立法权限之外：（i）不提供金融产品和服务的销售非金融产品和服务的商人、零售商、卖者、以及信用卡贩卖者：（a）直接给予消费者信用卡使其能够购买非金融产品和服务；（b）直接或通过与第三方签订协议，收取以上情形中提供的信用卡的债务；（c）销售或者转让如上所述的拖欠债务的或者有其他过错的债务；[28]（ii）得到许可的不动产经纪人；[29]（iii）生产房屋零售商或者标准房屋零售商；[30]（iv）会计师和税务代理人；[31]（v）律师；[32]（vi）受州保险监管机构监管的人；[33]（vii）职工受益和赔偿计划[34]（viii）受州安全委员会监管的人[35]（vx）受 SEC 和 CFTC 监管的人[36]；（x）受农业信贷署监管的人[37]；（xi）慈善募捐[38].

对 CFEB 权力范围的最终、关键的描述是“列举的消费者法”或者“ECLs”。[39]根据这些法律，CFEB 有排他的立法权力[40]和排他[41]或共享的[42]执法权力。”ECLs”本质上包括自 1968 年颁布的《贷款条件表示法案》以来的所有消费者金融保护法律[43]，值得注意的是，《社区再投资法》（“CRA”）[44]除外。

CFEB 的权力、责任和职能：管理，监督和执行

目的

CFEB 的主要目的是确保所有消费者有机会获得“公平、透明和竞争”的消费者金融产品和服务。[45]这个目标是通过颁布规章制度，服从监督和监管在其管辖范围内（如上所述）的实体，以及教育、市场分析、市场风险的评估，和执法实现的。

立法权

CFPB 被授权制定规则和增加为了实施和一步实现 ECLs 的目标和宗旨的指导。[46]CFPA 为 CFPB 提供了广泛而强大的权威，因为为了实施这些联邦法律它被授予了排他的立法权，并且它作为 ECLs 的排他解释者法院要服从它的解释。[47]

但是，CFPB 的立法权也并不是毫无限制的，立法权的行使必须与特定标准一致并且与特定机构合作。在制定条例时，消费者金融保护局必须考虑“潜在的收益和成本［和其他影响，］消费者和“涉及的人”，[48]包括由于监管潜在的减少获得的消费者消费金融产品或服务。[49]另外，消费者金融保护局在提出一项规则之前或者在对于审慎规则的一致性，市场和这些机构的系统性目标[50]做出评论的过程中必须咨询相应的审慎监管机构。[51]如果任何

这些其他机构对 CFPB 提出的规则提供了书面异议，消费者金融保护局必须增加对异议的描述，如果有任何与该异议相关的决议，必须提供该决议的基础。[52]

金融稳定监管委员会[53]的成员可以请求委员会，让其驳回所有或部分关于 *463 的规定，如果委员会认为 CFPB 的条款或规定将危及美国银行系统安全稳健或金融系统的稳定。[54]

在颁布法规时，消费者金融保护局也被授权“有条件或无条件豁免某类涉及的人，服务提供商，或消费者金融产品或服务，根据这个标题下的任何条款，或这个标题下任何争议的问题，因为 CFPB 为了实现这个标题的目的和宗旨，可以决定必要或恰当的（事项）。[55]

与其立法权有关的是，消费者金融保护局有着监控与在金融市场提供消费者产品和服务有关的风险的责任。[56]它被要求评估消费者的风险和成本，消费者对该产品风险的认识，有效的法律保护，各种消费产品的普及和增长率，和服务不周到的社区的比例失调的影响。[57]CFPB 的监控和数据采集受关于商业机密性和消费者的隐私的法律法规的限制。[58]

消费者金融保护局可以制定披露要求的规定，以确保任何消费者金融产品或服务的特点是“以允许消费者理解产品或服务的成本、收益和风险的方式充分、准确、有效地向消费者披露”。[59]关于披露规则的立法权，消费者金融保护局可能发行已经通过消费者测试的披露形式作为样例。[60]使用这样的样例形式为披露的实体创建了一个安全港。[61]

监管范围

消费者金融监管局被授予了非储蓄实体和资产超过 1000 万美元的储蓄金融机构的监管权。[62]非储蓄实体包括创始人、经纪人、不动产保护消费者借贷服务人，以及大的市场参与者，和通过提供消费者金融产品或服务正在参与或已经参与向消费者提供风险的行为的人。[63]它同样监管提供私人教育借贷和薪水借贷的任何个人。[64]

非储蓄实体

在监管非储蓄金融实体时，消费者金融保护局必须获得对其监管的报告并对其监管进行测试，以达到以下目的：（1）评估与联邦消费者权益保护法的要求的一致性（2）获得关于这些实体活动和相应系统或程序的信息（3）监测和评估消费者金融服务和产品对消费者和市场带来的风险[65]。消费者金融保护法还指导消费者金融保护局建立基于风险的监管项目，决定于：（1）实体的资产规模（2）实体参与的包括消费者金融产品和服务在内的交易量（3）通过提供这种金融产品或服务给消费者产生的风险（4）机构受州消费者保护局监管的程度（5）任何其他消费者金融保护局认为与判定涉及的人相关的因素[66]

为了减少监管负担，增加监管成效，消费者金融保护局被要求将他的监管活动与审慎银行监管机构和州银行监管机构的监管活动相协调；协调包括建立要求检查和被监管者提交相关报告的日程表。[67]另外，消费者金融保护局被要求最大程度地使用提交给州及联邦机构的报告，以及公开信息。[68]尽管如此，消费者金融保护局要求报告信息的权力并不限于向其他监管者提供的报告。[69]消费者金融保护局有权制定关于档案扣留，要求非储蓄金融实体及其负责人、职员、主管、注册、结合以及其他法律已经规定的要求的规定。[70]

大型储蓄金融机构

尽管消费者金融保护局被授予了对资产超过 1000 万美元的储

蓄金融机构的监管权，这些权力相比非储蓄金融机构受到了更多的限制，因为需要与审慎监管者和州银行金融监管机构进行更大的协调。[71]消费者金融保护局在与 ECLs 的要求的一致性以及消费者和市场风险评估方面被授予了对这些大型金融机构的排他监管权。[72]与此类似的，消费者金融监管局必须向这些机构的监管者，例如审慎监管者和联邦银行监管者咨询关于协调检查和报告要求的问题。[73]

消费者金融保护局需要与那些大的储蓄金融机构保持密切联系，以此来协调并指导这些金融机构的行为，并且要与其他监管这些金融机构的组织保持联系。[74]在发布最终的审查报告之前，消费者金融保护局必须考虑到其他机构的关注点和评论。[75]如果消费者金融保护局的监督决定和其他监管机构存在冲突，储蓄金融机构可以要求这些机构进行协调，并提出一份“对协同行动的共同声明”，在这种情况下，这两个机构必须在要求提出后 30 天内提供这份声明。[76]

较小的储蓄金融机构

尽管消费者金融保护局对资产在 1000 万美元以下的储蓄金融机构没有监管权和执法权，但它可以要求这些机构提供与它实施 ECLs 和评估监测对消费者和消费者金融市场的风险的职能有关的报告。[77]另外，消费者金融保护局可以包含一名在审慎管理机构对这些较小储蓄金融机构的实施的检查的基础上进行抽样调查的检查员，以判断是否遵守了 ECLs。[78]审慎管理机构必须与消费者金融保护局合作，和它共享检查信息和报告。[79]

执行

正如在前面更加详细讨论过的，[80]消费者金融保护局被授予了执行 ECLs 的权力。在某种程度上，联邦法律授权消费者金融保护局和另一个联邦机构有执法机构对 ECLs 有执法权，消费者金融保护局被授予了对非储蓄金融机构和大型储蓄金融机构的排他的执法权。[81]较小的储蓄机构的审慎管理者对这些机构是否遵守 ECLs 有排他的执法权。[82]

消费者金融保护局混杂的权力

在很多其他领域消费者金融保护局也被授予了权力。它有权研究或者禁止包含与消费者金融产品有关的仲裁条款。[83]消费者金融保护局也可以制定禁止“与消费者进行金融产品或服务的交易有关的不公平的、欺诈性的或者滥用（市场地位）的法案或行为”。[84]

经过与其他联邦监管机构的磋商，消费者金融保护局还可以确立对消费者对涉及人员的投诉或咨询提供及时回复的合理程序。[85]反过来，受消费者金融保护局监管和执行的涉及的人必须向消费者金融保护局对声称的投诉的询问提供及时的回应并且必须遵守消费者对在其掌控之内的信息的请求。[86]

注释：

①多德·弗兰克华尔街改革和消费者保护法案，Pub. L. No. 111 - 203，124 Stat. 1376（2010）（以下称多德·弗兰克法案）

②参见 Julie R. Caggiano，Therese G. Franzén & Jennifer L. Dozier，《州和联邦抵押贷款法律的发展：掠夺性贷款和超越》，65 Bus. Law. 583（2010）（2010 年度调查）

③《多德—弗兰克法案》，上见引用 1，第 5 章，§ § 1001 - 1100H，124 Stat. at 1955 - 2113.

④同上，§ 1022，124 Stat. at 1980（to be codified at 12 U. S. C. 5512）

⑤同上，§ 1044（a），124 Stat. at 2014 - 15（to be codified at 12 U. S. C. 25b）

（定义“州消费者金融法律”）

⑥参见 Ralph T. Wutscher & David L. Beam，《多德—弗兰克法案的新联邦主义》，66 Bus. Law. 519（2011）（2011 年度调查）；参见 Matthew Dyckman，Matthew S. Yoon & John P. Holahan，，《金融规制改革—〈多德·弗兰克法案〉击退了优先购买权》，64 Consumer Fin. L. Q. Rep. 129（2010）.

⑦《多德·弗兰克法案》，上见引用 1，§ 1002（6），124 Stat. at 1956（to be codified at 12 U. S. C. 5481（6））.

⑧同上，§ 1002（15）（A），124 Stat. at 1957 – 58［to be codified at 12 U. S. C. 5481（15）（A）］（定义“金融产品或服务”）

⑨*Id.* 1002（26），124 Stat. at 1962 – 63［to be codified at 12 U. S. C. 5481（26）］.

⑩*Id.* 1002（25），124 Stat. at 1962［to be codified at 12 U. S. C. 5481（25）］

⑪*Id.* 1002（15）（A）（i），124 Stat. at 1957 – 58［to be codified at 12 U. S. C. § 5481（15）（A）（i）］（定义排除了“单独扩大商业信贷到对人开始消费信贷交易”）.

⑫*Id.* 1002（15）（A）（ii），124 Stat. at 1958［to be codified at 12 U. S. C. § 5481（15）（A）（ii）］.

这包括与购买金融安排功能相当的对动产或不动产的延期或者代理租赁，如果（I）在一个非经营性租赁的基础上；（II）初始租期至少 90 天；（III）……［关于不动产］，在最初租赁开始的时候，交易的目的是导致该租赁房产的所有权被转移到承租人。

同上。

⑬*Id.* 1002（15）（A）（iii），124 Stat. at 1958［to be codified at 12 U. S. C. § 5481（15）（A）（iii）］.

⑭*Id.* 1002（15）（A）（iv），124 Stat. at 1958［to be codified at 12 U. S. C. § 5481（15）（A）（iv）］.

这部分包括“否则作为资金保管人或任何由消费者使用或代表其使用的金融工具。”同上“传递或交换资金”在 1002（29）这一部分概括性的作出了更明确的规定，124 Stat. at 1964［to be codified at 12 U. S. C. § 5481（29）］.

⑮*Id.* 1002（15）（A）（v），124 Stat. at 1958［to be codified at 12 U. S. C. § 5481（15）（A）（v）］.

这些例外适用于（i）“卖家不是与消费者订立存储价值产品合同的一方，［如果］另一人主要负责合同条款”；（ii）“为卖方的关于储值卡或装置的非金融货物和服务做广告。”同上，“储值”在多德弗兰克法案的1002（28）部分进一步定义，再次以一种非常大概的方式。同上§ 1002（28），124 Stat. at 1963 – 64［to be codified at 12 U. S. C. § 5481（28）］.

⑯*Id.* 1002（15）（A）（vi），124 Stat. at 1958［to be codified at 12 U. S. C. § 5481（15）（A）（vi）］.

⑰*Id.* 1002（15）（A）（vii），124 Stat. at 1958 – 59［to be codified at 12 U. S. C. § 5481（15）（A）（vii）］. 这个不包括零售交易数据捕获和“为了让其建立和维护网站所提供的访问主机服务器”的人。

⑱*Id.* 1002（15）（A）（viii），124 Stat. at 1959［to be codified at 12 U. S. C. § 5481（15）（A）（viii）］. 这个不包括证券交易委员会监管的人员或国家安全委员会管理的人。同上。

⑲*Id.* 1002（15）（A）（ix），124 Stat. at 1959 – 60［to be codified at 12 U. S. C. § 5481（15）（A）（ix）］. 对这些人也有例外：（i）使用只与消费者和这样的人的交易相关的信息；（ii）向隶属机构提供此类信息；或（iii）为非消费类金融产品和服务提供这样的信息，如就业、住宅租赁等。同上。

⑳*Id.* 1002（15）（A）（x），124 Stat. at 1960［to be codified at 12 U. S. C. § 5481（15）（A）（x）］. *Id.*

㉑多德·弗兰克法案，上见引用1，§ 1002（15）（A）（xi），124 Stat. at 1960［to be codified at 12 U. S. C. § 5481（15）（A）（xi）］. 消费者金融保护局必须明确这样的产品或服务是“（i）进入……逃避任何联邦消费者金融法律；或（II）允许银行或金融控股公司提供……和对消费者已经或可能有重大影响。”同上。以下活动被排除在这个“笼统”条款之外：（i）身份认证；（ii）欺诈或对身份盗窃的检测、预防和调查；（iii）文档检索和传递；（iv）公共信息记录、信息的检索；（v）反洗钱的产品或服务。同上。§ 1002（15）（B）（i），124 Stat. at 1960［to be codified at 12 U. S. C. § 5481（15）（B）］.

㉒*Id.* 1002（5）（B），124 Stat. at 1956［to be codified at 12 U. S. C. § 5481（5）（B）］.

㉓*Id.* 1002（15）（C），124 Stat. at 1960［to be codified at 12 U. S. C. § 5481（15）（C）］. 这些术语在多德·弗兰克法案的1002（3）部分被定义，124 Stat. at 1955［to be codified at 12 U. S. C. § 5481（3）］（“保险业”），and 1002（11），124 Stat. at 1956 – 57［to be codified at 12 U. S. C. § 5481（11）］（“电子渠道服务”）. 后者的目的是排除那些提供数据传输和存储，没有修改内容和不区分财务数据和其

他数据的情形（即，内容中立的数据系统）同上.1002（11）

㉔*Id.* 1002（26），124 Stat. at 1963 [to be codified at 12 U. S. C. § 5481（26）]．但是这个术语不包括（i）通常提供给企业或一个部长级性质的支持服务；（ii）消费者金融产品或服务的广告商。同上。

㉕*Id.* 1029，124 Stat. at 2004 – 05 [to be codified at 12 U. S. C. § 5519]．这部分把那些从事销售、维修、租赁汽车的人从消费者金融保护局的管辖权中排除。

㉖*Id.* 1027（a）（1），124 Stat. at 1995 [to be codified at 12 U. S. C. § 5517（a）（1）]．

㉗同上。

㉘*Id.* 1027（a）（2）（A），124 Stat. at 1995 [to be codified at 12 U. S. C. § 5517（a）（2）（A）]．如果有以下情形这些例外不适用：:（i）"分配，销售，或运输的人"非拖欠债务；（ii）"信贷大大超过非金融类商品或服务的市场价值"；或（iii）"定期延伸（这种）信贷和受信贷费支配"的人。同上 § 1027（a）（2）（B），124 Stat. at 1995 – 96 [to be codified at 12 U. S. C. § 5517（a）（2）（B）]．尽管有上述规定，排除并不适用于条款（iii）规定的人，除非这个人是从事"显著"提供消费者金融产品或服务。*Id.* 1027（a）（2）（C），124 Stat. at 1996 [to be codified at 12 U. S. C. § 5517（a）（2）（C）]．最后，尽管上面所说，满足小企业法第三节定义的小企业的门槛的商人，零售商，或卖方是排除在 CFPA 的范围内的，只要商人、零售商或卖方延展信贷只为了出售非金融产品和服务，并在自己的账户保留了信贷（除了出售或让与拖欠债务）。*Id.* 1027（a）（2）（D）（ii），124 Stat. at 1996 [to be codified at 12 U. S. C. § 5517（a）（2）（D）（ii）]．所有的例外条款适用于在列举的消费者法（如诚实信贷法）消费者金融保护局立法权和执法权。参见引用 26。

㉙多德·弗兰克法案，上见引用 *1*，§ 1027（b），124 Stat. at 1997 [to be codified at 12 U. S. C. § 5517（b）]．这受限于动产佣金和房地产合同中任一条款的协商（销售、购买、租赁、出租或交换）。同上。

㉚*Id.* 1027（c），124 Stat. at 1997 – 98 [to be codified at 12 U. S. C. § 5517（c）]．这类似于不动产经纪人的限制。

㉛*Id.* 1027（d），124 Stat. at 1998 – 99 [to be codified at 12 U. S. C. § 5517（d）]．仅限于"通常的"账户活动。同上。

㉜*Id.* 1027（e），124 Stat. at 1999 [to be codified at 12 U. S. C. § 5517（e）]（对于"提供，或提供部分，或偶然，执业，发生范围内的独家委托服务关系"的服务）

㉝*Id.* 1027（f），124 Stat. at 2000［to be codified at 12 U. S. C. § 5517（f）］．这排除了提供消费者金融产品或服务的人。同上。

㉞*Id.* 1027（g），124 Stat. at 2000 - 01［to be codified at 12 U. S. C. § 5517（g）］．这包括在 sections 220，223，401（a），403（a），403（b），408，408A，529，or 530 of the Internal Revenue Code，中规定的计划，或任何雇员福利或补偿计划，包括雇员退休收入保障法案第一章中管制的计划，或任何州提供的预付学费计划。同上。

㉟*Id.* 1027（h），124 Stat. at 2001 - 02［to be codified at 12 U. S. C. § 5517（h）］．这排除了提供消费者金融产品或服务的人。同上。

㊱*Id.* 1027（i），（j），124 Stat. at 2002［to be codified at 12 U. S. C. § 5517（i），（j）］．证券交易委员会和美国商品期货交易委员会被要求与消费者金融保护局就与消费者金融产品或服务竞争的服务或产品直接磋商和协调。

㊲. 1027（*l*），124 Stat. at 2002 - 03［to be codified at 12 U. S. C. § 5517（*l*）］. This excludes people who offer or provide consumer financial products or services. *Id.* 这排除了提供消费者金融产品或服务的人。同上。

㊳*Id.* 1027（*l*），124 Stat. at 2002 - 03［to be codified at 12 U. S. C. § 5517（*l*）］.

㊴“列举的消费者法”包括以下：《另类抵押贷款交易平价法》、《消费者租赁法案》、《电子资金划拨法》（除了 § 920，与联邦储备委员会有关）；《平等信贷机会法》；《公平信用结账法》；《公平信赖报告法案》［except § 615（a）and 628］；《业主保护法案》；《公平债务催收法案》；《联邦存款保险法》［只有 § 43（b）—43（f）］；《金融服务现代化法案》［只有 § § 502—509，除了 505 因为它适用于 501（b）］

㊵*Id.* 1022（b）（4），124 Stat. at 1981［to be codified at 12 U. S. C. § 5512（b）（4）］

㊶关于“大型”储蓄金融机构，消费者金融保护局对于列举的消费者金融法有排他的检查和执行权；对较小的机构，消费者金融保护局对于列举的消费者金融法有限制的检查权没有执行权。*Id.* § 1025，1026，124 Stat. at 1990 - 95，1993（to be codified at 12 U. S. C. § § 5515，5516）.

㊷对于非银行机构（除汽车经销商），消费者金融保护局有排他的立法权，，它也有检查、监督权，并对指定的非银行机构有许可权。*Id.* 1024，124 Stat. at 1987（to be codified at 12 U. S. C. § 5514）；参见引文 65—70 以及之后的正文。对于非银

行机构消费者金融保护局与美国联邦贸易委员会共享执行权。参见多德·弗兰克法案，引文1，§ 1024（c）（3），124 Stat. at 1989［to be codified at 12 U. S. C. § 5514（c）（3）］；参见引文81以及之后的正文

㊸诚实信贷法，Pub. L. No. 90－321，82 Stat. 146［codified as amended at 15 U. S. C. A. § § 1601－1667f（West 2009 & Supp. 2010）］（以下称TILA）.

㊹12 U. S. C. § § 2901－2908（2006）. 可以说，CRA不保护消费者个人而是提高了对整个的社会区域金融服务的获取。

㊺多弗法案，参见上述注释1，§ 1021（a），124 Stat. at 1979－80［被编纂于12U. S. C. § 5511（a）］. 消费者金融保护机构under ECLs，基于对消费者金融产品与服务负责的态度，实践它的授权，目的在于：The CFPB is authorized to exercise its authority for the purposes of ensuring that，with respect to consumer financial products and services：

（1）应当给予消费者及时的、可被理解的信息以作出理性的金融交易的决定；

（2）保护消费者不受不公平的、欺骗的或辱骂的交易以及歧视性对待；

（3）定期对已废止的、不必要的或者不合适地增加消费者负担的规章进行确认和废除以减少无根据的监管负担；

（4）联邦消费者金融法的施行不受个人作为储蓄机构的地位，以促进公平竞争；

（5）消费者金融产品和服务的市场透明高效地运转以促进进入与更新。

同上，§ 1021（b），124 Stat. at 1980［被编纂于12 U. S. C. § 5511（b）］.

㊻参见上述注释39 for a list of these ECLs.

㊼多弗法案，参见上述注释①，§ 1022（b）（4），124 Stat. at 1981［被编纂于12U. S. C. § 5512（b）（4）］.

㊽“受保障者”是指：“（1）致力于提供消费者金融产品或服务的人；（2）任何与上款中所描述的人有密切联系的人，如果此种联系行为是（1）中的人作为服务提供者的话；”同上。§ 1002（6），124 Stat. at 1956［被编纂于12U. S. C. § 5481（6）］.

㊾同上，§ 1022（b）（2）（A），124 Stat. at 1980－81［被编纂于12U. S. C. § 5512（b）（2）（A）］.

㊿审慎的规制者包括联邦储蓄保险公司、货币监督管理署、储蓄机构监理局、联邦保留委员会，以及国家信用联合管理机构。同上，§ 1002（24），124 Stat. at 1962［被编纂于12U. S. C. § 5481（24）］；也可以参见下文注释67以及相应的

文字。

(51)多弗法案，参见注释①，§ 1022（b）（2）（B），124 Stat. at 1981［被编纂于12U. S. C. § 5512（b）（2）（B）］.

(52)同上，§ 1022（b）（2）（C），124 Stat. at 1981［被编纂于12U. S. C. § 5512（b）（2）（C）］.

(53)金融稳定监督委员会由多弗法案 Title III 的规定创设，参见注释①，124 Stat. at 1520－70.

(54)同上，§ 1023，124 Stat. at 1985－86（被编纂于12 U. S. C. § 5513）.

(55)同上，§ 1022（b）（3），124 Stat. at 1981［被编纂于12 U. S. C. § 5512（b）（3）］. 联邦消费者金融保护机构决定对企业或者个人使用豁免时，应当考虑：

（1）受保障者的总的财产数量的级别；

（2）受保障者参与的包括消费者金融产品与服务在内的交易总量的级别；以及

（3）现存的适用于消费者金融产品与服务的法律条款以及此种条款对消费者给予的充分保护的程度。同上。

(56)同上，§ 1022（c），124 Stat. at 1981－83［被编纂于12 U. S. C. § 5512（c）］.

(57)同上。

(58)同上。

(59)同上，§ 1032（a），124 Stat. at 2006－07［被编纂于12 U. S. C. § 5532（a）］.

(60)同上，§ 1032（b），124 Stat. at 2007［被编纂于12 U. S. C. § 5532（b）］.

(61)同上，§ 1032（d），124 Stat. at 2007［被编纂于12 U. S. C. § 5532（d）］.

(62)同上，§ § 1024，1025，124 Stat. at 1987－93，1990（被编纂于12 U. S. C. § § 5514，5515）.

(63)同上，§ 1024（a）（1），124 Stat. at 1987［被编纂于12 U. S. C. § 5514（a）（1）］.

(64)同上。

(65)同上，§ 1024（b）（1），124 Stat. at 1987［被编纂于12 U. S. C. § 5514（b）（1）］.

(66)同上，§ 1024（b）（2），124 Stat. at 1987－88［被编纂于12 U. S. C. § 5514（b）（2）］.

(67)同上，§ 1024（b）（3），124 Stat. at 1988［被编纂于12 U. S. C. § 5514 (b)(3)];也可参见上文注释59.

68多弗法案,参见上述注释①,§ 1024(b)(4),124 Stat. at 1988 [被编纂于12 U. S. C. § 5514(b)(4)].

69同上,§ 1024(b)(7),124 Stat. at 1988 - 89 [被编纂于12 U. S. C. § 5514(b)(7)].

70同上,§ 1024(b)(7)(D),124 Stat. at 1989 [被编纂于 12 U. S. C. § 5514(b)(7)(D)].

71同上,§ 1025(b)(2),124 Stat. at 1990 [被编纂于 12 U. S. C. § 5515(b)(2)].

72同上,§ 1025(b)(1),124 Stat. at 1990 [被编纂于 12 U. S. C. § 5515(b)(1)].

73同上,§ 1025(e)(1),124 Stat. at 1991 - 92 [被编纂于12 U. S. C. § 5515(e)(1)].

74同上。

75同上。

76同上,§ 1025(e)(3),124 Stat. at 1992 [被编纂于 12 U. S. C. § 5515(e)(3)]. 如果机构不能同意或者没有其他机构的同意就采取措施,储蓄委员会可能会呼吁建立一个政府平台,由保护机构和另一机构的代表组成,他们两人都不能卷入产生冲突的监察决定中,并且还有一个通过选举产生的、来自其他银行规制机构、轮流任职的代表。同上,§ 1025(e)(4),124 Stat. at 1992 [被编纂于 12 U. S. C. § 5515(e)(4)].

77同上,§ 1026(b),124 Stat. at 1993 - 94 [被编纂于 12 U. S. C. § 5516(b)].

78同上,§ 1026(c),124 Stat. at 1994 [被编纂于 12 U. S. C. § 5516(c)].

79同上,§ 1026(d),124 Stat. at 1994 [被编纂于 12 U. S. C. § 5516(d)].

80参见上述注释 39—44 a 以及相应文字;也可以参见 John L. Ropiequet, Christopher S. Najeva & L. Jean Noonan,公平借贷的发展:执法走到前台。66 Bus. Law. 447(2011)(在今年的年度报告中).

81多弗法案,参见上述注释①,§ § 1024(c),1025(c),124 Stat. at 1989, 1991 [被编纂于12 U. S. C. § § 5514(c),5515(c)]. 联邦贸易委员会保留了一些对非银行机构的执行授权,而消费者金融保护机构必须与贸易委员会协调达成一个强制执行的规则。同上,§ 1024(c)(3),124 Stat. at 1989 [被编纂于 12

U. S. C. § 5515 (c) (3)]; *see also* 参见上述注释 42.

㉜多弗法案，参见上述注释①，§ 1026 (c)，124 Stat. at 1994 [被编纂于 12 U. S. C. § 5516 (c)].

㉝同上，§ 1028 (a)，124 Stat. at 2003 - 04 [被编纂于 12 U. S. C. § 5518 (a)]; 也可参见 Alan S. Kaplinsky，Mark J. Levin & Martin C. Bryce，Jr.，仲裁的发展：最终最高法院介入了吗? 66 Bus. Law. 529，537 - 38 (2011) (in this *Annual Survey*).

㉞多弗法案，参见上述注释①，§ 1031 (b)，124 Stat. at 2005 - 06 [被编纂于 12 U. S. C. § 5531 (b)].

㉟同上，§ 1034 (a)，124 Stat. at 2008 [被编纂于 12 U. S. C. § 5534 (a)].

㊱同上，§ 1034 (b)，(c)，124 Stat. at 2009 [被编纂于 12 U. S. C. § 5534 (b)，(c)]. 对于此种要求的回应通过商业秘密和消费者私人要求进行限制。

附录三

《多德·弗兰克法案》与《消费者保护法》之联邦法律优于州法

银行法杂志

2011 年 1 月

居里译　万玲校译

本文作者讨论了 2010 年的《消费者保护法案》是如何调整联邦法律究竟在何种程度上优先于州金融消费者法律及其对银行的潜在影响的。

7 月 21 日，奥巴马总统签署了《多德·弗兰克华尔街改革和消费者保护法案》（以下简称《多德·弗兰克法案》）。[①]这一具有深远意义的立法，旨在解决一切金融领域的问题：从贷款的做法、金融衍生品交易，也许是最有争议的方面是创建一个给消费者提供金融产品和服务的新的监管机构。消费者金融保护局（以下简称“局”），是由《金融消费者保护法案》设立的属于联邦储备系统内的一个独立单位，2010 年（以下简称《CFPA》或《法案》）。[②]有不同程度的监督和执法责任。[③]此外，主席团立法权限管理，实施和执行联邦消费者金融法律，《美国联邦贸易委员会法》除外。[④]

CFPA 的若干规定，调整了联邦消费者金融法在何种程度上优先于州消费者金融法：首先，通常只有在州法与联邦法律不一致时优先适用联邦法律。其次，州法对国民银行和联邦储蓄协会优先适用的条件是只有当它们妨碍或显著影响了由联邦法律授予银行或储蓄机构的权力的行使。然而，这些银行和储蓄机构的附属公司及联属公司必须遵守州法，尽管它可能与《国民银行法》和《房主信贷法》的规定有潜在的冲突。最后，虽然各州有权执行 CFPA 的规定，但却是被限制执行条款中关于国民银行和联邦储蓄协会的冲突性规定。

《多德·弗兰克法案》的消费者保护条款通常只有与州法规定不一致时才优先适用

除非与《多德·弗兰克法案》有“不一致”规定，CFPA 中涵盖的企业仍然遵守州法的相关规定。[⑤]但是，如果州法为消费者提供的保障比《多德·弗兰克法案》所提供的更大，则其不视为“不一致”。这个体制强烈建议，联邦法律将为所涵盖的企业提供最低水平的消费者金融保护，也许还有相应最低程度的规制。换句话说，每个州都有权为自己管辖范围内的消费者提供更大的保护以及对企业更大的规制。该机构（消费者金融保护局）有权自行判断和决定州法是否不符合《多德·弗兰克法案》或对利害关系人的非无端诉讼请求作出回应。[⑥]

该法案还包括一个程序，即如果多数州制定了一项决议，赞成修改或设立一个消费者保护法规定时，消费者金融保护局要对提出的新规发布公告。[⑦]消费者金融保护局将必须考虑：（1）所提出的新规是否能对消费者权益提供更好的保护；（2）对消费者的利益的重视是否胜过成本的增加，以及（3）联邦银行机构的意见建议是否表明该规定会保障银行业务的稳健安全运营。消费者金融保护局还必须在最终颁布规章时讨论载入在《联邦日志》中的其他因素。如果决定不颁布规章，则必须在《联邦日志》上解释其决定，并通知国会。

这些规定在消费者金融保护局看来似乎授权了该机构在州法不足以为消费者提供保护时享有优先权。然而，这个通常的优先权不是特别广泛。首先，该法案明确了这个权限不影响任何“已列举的消费者权益保护法”中的优先权规定的适用。[8]第二，虽然该法案对这个问题不置可否，法庭应该能够审查和撤销消费者金融保护局的某些不具备资格的决定。[9]最后，该法案为国民银行和联邦储蓄协会编订了一个独立的优先权标准。

巴尼特标准下的国家银行、联邦储蓄协会和优先权

该法案为国民银行和联邦储蓄协会编订了一个独立的优先权标准，使“州消费者金融法”优先适用。设立“州消费者金融法”标准的目的是避免直接或间接歧视国民银行并直接或具体地规制关于消费者的金融贸易或金融账户相关惯例、内容或条款的州法。[10]因此，为了符合作为一个“州消费金融法律”的标准，该法律必须：（1）不歧视国家银行；（2）专门调整金融交易或账户的方式、内容、条款；（3）所调整金融交易的方式、内容和条款须是关于消费者的。凡是不符合这些标准的消费者金融法规就不在新颁的优先权的适用范围内。

国民银行在“州消费者金融法”下的优先权

“州消费者金融法”优先适用的条件如巴特尼银行诉尼尔森案[11]中所述：“若州消费者金融法妨碍了国民银行的权力行使或与之存在重大冲突，则依照法律所规定的优先权标准行使”[12]。按本条款的立法目的解释，“国民银行”所指包括一切按照联邦法律设立的银行以及联邦政府各部门依《1978 年国际银行法》设立的银行。

该法案所使用的表达用语与巴尼特银行案有密切联系并且拟采取的巴尼特优先权标准。[13]在巴尼特，法院裁决制定一条联邦法令，授权小城镇内的国民银行作为保险代理人优先适用佛罗里达州的法律，禁止银行出售大多数种类的保险。[14]除了明确的优先权和一定范围内的优先权之外，[15]法院指出，联邦法律可能在下述情况下优先适用，即州法与联邦法规存在“不可调和的矛盾”。[16]这种情况通常见于不可能同时符合两部不同法律规定之时，或是在州法成为“国会执行目的的障碍”时。[17]

法院解释说，州法很可能会成为联邦法规的立法目的的障碍，因为州法禁止银行进行合法授权的活动——销售保险。[18]只要联邦法律赋予国家银行的“权力”时，这种联邦法律授权一般会优先于州法而得以适用。[19]法院通常推定国会并不想让州法损害国民银行行使其被合法授予的权力。[20]这一推定并没有阻止各州监管国民银行，只要其做法不妨碍国民银行的权力行使或与之存在重大冲突。”[21]然而，因为巴尼特案中适用的州法的规定与国民银行的合法权限存在明显冲突，并且因为没有任何迹象表明，联邦法令的目的是要顺从州法的意旨，于是联邦法律优先于州法而得到适用。[22]

请注意，上述引用该法的部分中涉及的只是国民银行。该条款表明，《联邦立案银行法》和《联邦储备法》第24条（编纂于12USC §371）不适用联邦法优于州法原则或影响到国民银行的分支机构申请适用州法。[23]这一规定有效地推翻了最高法院关于沃特斯诉瓦乔维亚银行案的判决[24]。在沃特斯一案中，法院重申，各州可以自行规制国民银行，“只要这样做并没有妨碍国民银行的权力行使或与之存在重大冲突。[25]并且法院确认，根据《美国法典》第十二编“银行与金融”中的第371条规定，在通货监理局（OCC）的规制下，国民银行可以从事按揭贷款，并且该条款在与联邦法律规定不一致时的适用优先于州法的相关规定。[26]国民银行避免受各州政府机构的严重干扰是其开展“金融业务”的条件，必须保证其业务是由银行本身进行的，或者由OCC分配到许可营运的分支机构。[27]虽然通货监理局试图使自己的监管优先于州法，法院没有按照通货监理局的意思作出判决。[28]相反，法院认为，由于国民银行有权通过分支机构从事房地产贷款……这种权力不能被过分削弱或被州法所阻碍。”[29]

该法案委婉地否决了法院的判决。沃特斯案是处理关于按揭贷款的权力，由《美国法典》第十二编“银行与金融”中的第371条规定授予国民银行的一项权力。法院认为，因为州法不得干涉国民银行按揭贷款的权力，并且国民银行可能会通过分支机构来行使自己的权力，各州不得干预国民银行的分支机构按揭贷款。然而，该法案指出，《美国法典》第十二编“银行与金融”中的第371条规定不优先于适用联邦法律而适用州法，除非该类分支机构也属于国民银行。[30]因此，国民银行的分行不再有机会在房地产贷款方面优先适用州法而非联邦法律。虽然这个结论使得分行被置于“监视竞争对手的监督制度下，法院指出，必须符合银行的金融业务情况，[31]这是唯一合理的解释。《联邦立案银行法》下的其他所有权力都要如此一分为二；州法可以（或很可能）对于国民银行优先适用，但对其分支机构来说，只有其中属于国民银行的分行可得以适用。

关于“优先适用”决定的作出和审查程序

除了为国民银行编订一个独立的优先适用标准外，该法案将此项权力赋予了一个不同的规制主体：通货监理局。回想一下，消费者金融保护局一般是负责决定州消费金融法律是否优先适用的。当它涉及到国民银行时，却被该法案授权降格为一个监督者的角色。相反，它授权法院，以确定州消费金融法是否对国民银行予以优先适用并且允许通货监理局在下列情形有逐案独立决定权[32]：此限制禁止通货监理局作出一般性的“优先适用”决定，通过要求该机构对以下事项独立作出决定：(1) 特定州消费者金融法以及 (2) 某一优先适用的州法是否“实质等同”于另一州的法律规定。如果通货监理局须决定一个州的消费金融法是否实质等同于在另一个国家的法律，通货监理局必须咨询消费者金融保护局，并考虑采取其观点。通货监理局作出优先适用决定的权限是不可转授的。

这些规定的引进是关于通货监理局（或法院）必须分别确定对每个州的法律是否予以优先适用。同时也必须决定该优先适用的州法律是否实质上等同于其他州的州法，但必须与州消费者金融保护局协商。这些决定必须至少每季度进行发布和更新。[33]此外，通货监理局必须在发布决定后至少 5 年内再次审查每个联邦法律优先于州消费金融法的情况。这种审查，必须通过公告和公众评议，以及由通货监理局决定继续、撤销或修改每次审查的进行，并必须在《联邦日志》上进行总结和报告。该中心还必须向国会提交一份报告，给出其决定继续、撤销或修改每个决定的原因。这种公开发布旨在使之更容易追溯联邦法律之于州法的优先适用情况。

该法案列举了法院在审查通货监理局在《联邦立案银行法》或《联邦储备法》第24条的指导下作出的关于优先适用的决定时应考虑的因素。[34]负责审查的法院必须评估：

(1) 确定是否合法有效（基于通货监理局对该问题的连贯考虑）；

(2) 通货监理局的推定是否有效；

(3) 决定是否与其他有效的决定是一致的；

(4) 法院认定其他任何相关的和有说服力的因素。

然而，该法案还表明，这项审查标准并不影响由法院对其负责的通货监理局在解释联邦法律时适用《联邦立案银行法》或《联邦储备法》第24条以外的其他法律规定。因此，许多关于"优先适用"决定的司法审查标准可能降低到雪佛龙公司案的标准。[35]

最后，该法案还包含一项"不追溯条款"，即对于国民银行、联邦储蓄协会及其分支机构的某些"优先适用"决定不予追溯。[36]该法禁止州消费者金融保护局法规影响到通货监理局或储蓄机构监理局（OTS）局长的规章或法律诠释。这种例外决定仅限于涉及对于2010年7月21日或之前订立的合同申请适用州法。此外，只有在通货监理局和储蓄机构监理局的监管下，国民银行、联邦储蓄机构以及其下属机构获此例外资格。虽然这种明确的例外决定可能带来一定的稳定性，注意，它仅涉及州消费者金融保护局的规定，它并不妨碍通货监理局的撤销决定和削弱国民银行和联邦储蓄机构的优先权。

关于收取利息的州法无优先权

《多德·弗兰克法案》新添了一项条文，“国民银行法”，其中明确，它并不会影响《美国法典》第十二编“银行与金融”中的第85条所赋予的权力的行使，关于“由国民银行在各州，地方或区的银行所在地按照州法规定的利率收取利息。”㊲正如最高法院所作的解释，赋予国民银行的权力是他们可以在各自成立的所在地按法律授权收取相应利率的利息——优先于所有其他州和联邦法律而得到适用。㊳《多德·弗兰克法案》的此项修改与出口结构无关。

《州消费者金融保护法》关于联邦储蓄协会的优先适用

该法对《房主信贷法》作出了修订，以使州法在联邦储蓄协会的优先适用符合国民银行的优先权标准。

由法庭或储蓄机构监理局或任何权益继受人所做的优先权决定，“应按照法律和法律标准适用于国民银行”。㊴该法案于2011年7月至2012年1月向储蓄机构监理局让渡了规则制定和对联邦储蓄机构实施监督的权能，并取缔了联邦储蓄机构监理局。㊵届时，通货监理局将有权同时就国民银行和联邦储蓄协会依照巴特尼案所确立的法律标准来作出优先权决定。这些实体机构的标准表明根据《房主信贷法》，州法不会对联邦储蓄银行的分行或代理处优先适用。这也表明，对联邦储蓄协会作出的优先权决定是依照同一出版物、同样的司法审查条款认定为国民银行的。

各州对《联邦消费者保护法》的实施

CFPA明确规定了各州据以实施的规定和规章。作为一般规则，一个州总检察长或相同权重的人可在任何州法院或地方法院内提起民事诉讼，为了强制执行该法案和州消费者金融保护局法规，并保障该法案或其他联邦法提供的救济措施。[41]国家必须在被告有管辖权的法院提起诉讼。此外，州监管机构可能对根据该州的法律注册、特许、成立或被授权做生意的实体提起诉讼或行政诉讼来强制执行法律规定，或以此保障救济措施的实行。尽管有此项授权，该法案规定，它不影响任何涉及到一个州执行此类法律规定所需权限的“列举的消费者保护法”。

然而，州总检察长是被禁止对国民银行或联邦储蓄协会执行公司法的规定。[42]如果一个州法院或州内联邦地方法院对一个国民银行或联邦储蓄机构有管辖权，该州总检察长就可以在任意一家法院对银行或金融机构提起诉讼，但只是为了执行一项法案的规定或确保联邦法下的救济措施的执行。

在依照法案或保护局规章对被担保人提起诉讼或进行强制执行之前，州总检察长或监管机构必须提供通告和对保护局提出的起诉状副本。[43]如果实际上未进行事先通知，州必须“在提起诉讼或启动诉讼程序后立即”提出通告。一旦通知已发出，该保护局可以：（1）作为一个当事人；（2）转而选择适当的联邦地区法院并且可以选择作为一方当事人介入；（3）若在诉讼中是一方当事人，不论是否选择介入，都可对任何命令或判决请求复审。保护局需要根据相关法规，对于这些请求提供指导。[44]

虽然该法既增强和削弱了州以违反联邦法律提起诉讼的能力，但它并不限制各州仅根据州法提起诉讼的权利。[45]也许是为了证明这一点，它明确指出，该法没有规定限制或影响州保险机构或监管机构的权力行使诸如制定规则、提起诉讼，并根据国家法律采取任何其他行动。

国民银行，联邦储蓄协会与监督权

该法案主要编纂了最高法院对于国民银行和联邦储蓄协会关于监督权的定义。在科莫诉结算所协会中[46]，法院否定了通货监理局对《联邦立案银行法》中的“监督权”的定义。该法案中的一条规定将国民银行从未被联邦法律授权的监督权主体中排除了出去。[47]通货监理局通过了一项条例，规定只有通货监理局可以行使监督权并且对“监督权”作出了定义，包括审查、检验、监管、监督和执法。[48]法院认为，这个定义是不可接受的，因为“监督权”包括行政监督和监管而非执法。[49]因此，通货监理局只能发布禁止各州进行检验、审查和其他监督活动的法规。[50]

CFPA 通过对《联邦立案银行法》增加新的表达方式保留了这一计划，禁止法案中任何有关“监督权”的条款被解释为限制州对国民银行提起强制执行的诉讼的权利。[51]修订后的条款还指出，通货监理局根据《联邦立案银行法》或《联邦贸易委员会法》第 5 条申请，并不禁止依据州法或联邦法律提出的私人诉讼。《房主信贷法》也作出了类似修订，以使这些监督权条款可以参照国民银行及其分行适用于联邦储蓄协会及其分支机构。修改后的法规应防止通货监理局断然优先适用州法对国民银行、联邦储蓄协会及其分支机构判决的诉讼。然而，回想一下，这些变化并不影响其他联邦法律优先于州法而申请强制执行，包括CFPA条款禁止州对国民银行和联邦储蓄机构提出申请强制执行判决的诉讼。[52]

结论

目前我们还不清楚这些规定将如何影响国民银行和联邦储蓄机构面临的监管环境。银行和储蓄机构受到更多州法监督吗？这取决于通货监理局对优先适用州法的热情以及法院驳回或批准通货监理局决定的意愿。银行和储蓄机构是否会积累更多的分支机构？这取决于他们如何平衡一系列合法独立的附属公司及联属公司的利益与使之符合不同的州监督体系的所增加的负担。他们将要面对更多的州一级的吗？也许吧，但逐渐增加的各州对国民银行提起的诉讼很可能是在没有法案出台时对科莫案的效法。州立银行有转换为国民银行的机制吗？再次，它取决于在何种程度上通货监理局行使其优先权决定的权能，以及银行所在地，银行是否有分行或分支机构，以及由联邦法律规定而得的负担是否与由州法所负的负担相当。

在 2011 年 7 月 21 日生效前，可能不会看出这些修改的全面影响。一旦各州开始启动申请强制执行判决的诉讼，保护局与通货监理局开始优先适用州法，这些变化的整体效果将变得明显。与此同时，银行、储蓄机构和其他受影响实体应开始密切关注 CFPA 可能会如何改变他们的监管要求。

注释：

①公法第111到203号，124法案第1376条（2010年）。

②CFPA第十章，包括了第1001—1100款。

③参见《多德·弗兰克法案》第1024条26款（由消费者金融保护局监管的企业），第1027条（不受消费者金融保护局监管的企业）

④《多德·弗兰克法案》第1022条第23款、第1031条、第1061条。

⑤《多德·弗兰克法案》第1041条（a）款。

⑥该法案并没有补充“非无端诉讼的申诉”的构成要件，或哪些主体行使这种权力的目的是“利益相关”。可推知，受到多个义务竞合条款的约束的州和个人即是“利益相关”的。但直到保护局行使法规制定权以落实法令之前，这些条款的适用性仍不清楚。

⑦《多德·弗兰克法案》第1041条（c）款。

⑧除了在CFPA中特别说明术语外，“列举的消费者保护法”具体包括1976年的《消费者租借法》、《电子资金转移法》、《平等信贷机会法》、《公平信用结账法》、《公平信用报告法》，1998年的《房主保护法》、《公平债务催收业务法》、《美国联邦存款保险法》的分条款，《格爱姆—里赤—布里利法案》，1975年的《住房抵押贷款披露法》、《居者有其屋和权益保护法》，1994年的《家庭财产所有权及其平等保护法》，1974年的《房地产结算程序法》，2008年国家外汇管理局的《按揭许可法真相贷款法》、《诚实借贷法》，2009年的《综合拨款法案》的第626款，《州际土地出售完全公开法》、《多德·弗兰克法案》第1002条第12款。

⑨该法案授予保护局法规制定权，管理、实施和执行联邦消费者金融法。《多德·弗兰克法案》第1022条。法院可质疑并推翻若保护局的规则对联邦消费者金融法的解释是不合理的。目前尚不清楚，若法院同样尊重保护局的优先权审查的情况会如何？见下面注释㉟。如果是这样的话，保护局可优先适用更多的州法，而法院单独审查联邦和各州的法律是否抵触。

⑩《多德·弗兰克法案》第1044条（a）款。这一分款是《联邦立案银行法》中新增的一款。对此术语的定义是模糊的，通货监理局（OCC）有权为此类术语提供合理解释。见“斯麦利诉花旗银行，（南达科他州）”国民银行，《美国最高法院判例汇编》，1996年第517号主题，735，738.（重申通货监理局的结论可作为金融法解释来遵从）。

⑪《美国最高法院判例汇编》，1995年第517号主题，第25号。

⑫《多德·弗兰克法案》第1044条（a）款。

⑭巴特尼案，同注释㉘

⑮法定优先权通常发生在联邦法律直接规定优先适用的情况，而具体优先权行使通常可以推断为国会打算以联邦法律优先适用于州法规定的领域内。转接巴特尼案，同注释㉛

⑯同上（省略引文）。

⑰同上（省略引文）。

⑱同上。

⑲同注释㉜。

⑳同注释㉝。

㉑同上。

㉒同注释㊲—㊳。

㉓《联邦立案银行法》新增一项单独的规定，明确了非国民银行及分支机构适用州消费者金融法律等同于任何其他企业适用州法。《多德·弗兰克法案》第1044条（a）款。

㉔《美国最高法院判例汇编》2007年第550号主题，第1部分。

㉕《美国最高法院判例汇编》第550号主题，沃特斯案，同注释⑫

㉖同上，见注释⑫、⑬。

㉗同上，见注释⑱、⑲。

㉘同上，见注释⑳、㉑（引自2006年《联邦条例法典》第十二章第7条4006）。

㉙《美国最高法院判例汇编》第550号主题，沃特斯案，同注释⑫

㉚《多德·弗兰克法案》第1044条（a）款，第1045条（《联邦立案银行法》未规定国民银行的分支机构及代理，除非是国民银行，否则不得优先适用州法）。

㉛《美国最高法院判例汇编》第550号主题，沃特斯案，同注释⑫

㉜《多德·弗兰克法案》第1044条（a）款。

㉝同上。

㉞同上。

㉟参见纽约央行，国民银行协会诉变额年金保险公司，《联邦最高法院判例汇编》第513主题，第251，257号（1995年）（引自1984年雪佛龙美国公司诉自然资源保护委员会案）（请注意如果一项立法有模糊或默许的部分，则机构的组成在允许的范围内，其判决的权重将得到“控制”）但又见沃特斯案（因为行政机关并

非是用来保护州的利益的，“当一个机构声称其可决定联邦法律优先适用的范围，则尊重各州的自主权，呼吁的并不是雪佛龙公司案的诉求”)。

㊱《多德·弗兰克法案》第1043条。

㊲《多德·弗兰克法案》第1044条（a）款。

㊳《美国最高法院判例汇编》第439号主题，1978年明尼阿波利斯的马凯特国民银行诉奥马哈服务公司案。

㊴《多德·弗兰克法案》第1046条。

㊵《多德·弗兰克法案》第311条第12款（尽管通货监理局在法案颁行一年后得到了授权，财政部长仍然可以将此期限延展六个月）。商务部技术情报局在法案颁行后90天内被废止。《多德·弗兰克法案》第313条。

㊶《多德·弗兰克法案》第1042条（a）款。

㊷同上。

㊸《多德·弗兰克法案》第1042条（b）款（该法案将“规制对象”定义为提供消费者金融产品和服务的法人及其开展同类业务的分支机构）《多德—弗兰克法案》第1002条（6）款。

㊹《多德·弗兰克法案》第1042条（c）款。

㊺《多德·弗兰克法案》第1042条（d）款。

㊻《联邦最高法院判例汇编》第129号主题，第2710号（2009年）。

㊼《美国联邦法典》第十二章第484条（a）款。

㊽《联邦条例法典》第十二章第7条第4000（2009年）。

㊾《联邦最高法院判例汇编》第129号主题，第2721号，科莫案。

㊿同上。

51《多德·弗兰克法案》第1047条（a）款，该修订条款引用了科莫案的判决。

52参见《多德·弗兰克法案》第1042条。

附录四

国会扩大对举报涉嫌违反证券法行为的激励机制

哈佛法律评论第124期，2011.5

张晓娜译　万玲校译

2010年7月21日，奥巴马总统签署美国金融监管改革法案，[①]成为“自大萧条以来规模最大的改革”。[②]为应对2008年金融危机，[③]《多德·弗兰克华尔街改革和消费者保护法案》[④]（简称多德·弗兰克法案）的新规则条例几乎遍及金融业的“每个角落”，[⑤]涉及提供信用卡[⑥]、对冲基金[⑦]、抵押贷款[⑧]等领域。达2319页[⑨]之多的该部法案中的第922条[⑩]曾经是模棱两可的条款，而现已迅速成为有关金融改革议程的最前线的法律争论焦点。[⑪]2002年《萨班斯—奥克斯利法案》[⑫]（SOX法案）颁布8年后，《多德·弗兰克法案》是有关保护公司举报人的“第一部全国范围内的综合法规”[⑬]，其第922条通过以下几点显著扩大了对告密者的奖励措施：（1）要求美国证券交易委员会（SEC）对向证交会提供违反证券法的不法行为相关有用信息的人员给予高额奖金；[⑭]（2）同时对提供此类信息的人员加强保护。[⑮]第922条没有起到加强保护整个董事会的现实作用，而是实际上创建了一个两层保护系统，直接向美国证券交易委员会（SEC）揭发的告密者会受到更为强大的保护，而相对而言直接报告给公司的举报人将受到较弱的保护。这个双层结构阻止了内部报告，因此可能会破坏内部合规和报告系统，妨碍有效运作的证券监管体系。[16]

尽管《多德·弗兰克草案》在获得众议院和参议院通过的进展中出现了强烈的行业游说和党派斗争，[17]告密者条款却很少受到关注。[18]该草案由众议员巴尼·弗兰克在2009年12月2日提交到了美国众议院，9天后众议院通过了该草案。[19]尽管参议院用自己的版本代替了草案中的告密者条款，其中大幅修改表述并加入了最低赏金的规定，偏离了众议院的核心条款，尤其是对保护告密者条款的基本设计，但大部分算是基本完好的。[20]当2010年5月20日参议院通过该草案修正案时，[21]第922条实际上可以被称为最终版本，除了少数的轻微措辞变化，参议院并没有改变其本质意思。[22]

《多德·弗兰克法案》的第922条对美国1943年证券交易法[23]（交易法）第21F条“举报人奖励和保护”条款加以补充修订。[24]第21F条规则将举报人定义为“向证券交易委员会（SEC）提供涉嫌违反证券法律的不法行为信息[25]以能够使委员会采取相关司法或行政行动，并产生超过100万美元罚款的任何个人或群体”。此外，SEC把成功执法所取罚款总额的10%—30%，拨作给予主动向SEC提供原始信息的举报人的奖励。[26]为保护举报人，新法案的21F（h）（1）（A）条款禁止雇主以解雇、降职、停职、威胁、骚扰或任何其他方式差别对待举报人，因为举报人所做的以下行为均属“合法行为”：（1）向SEC提供相关信息；（2）协助SEC对此信息的调查或其他活动；（3）在证券相关法律法规下“被要求或保护的信息披露行为”。[27]为实施此项禁令，证券交易法的21F（h）（1）（B）新条款创设了举报人的个人诉讼权利以指控违反禁止报复规定的行为。[28]

《多德·弗兰克法案》中的这个曾经模糊的条款可能会成为最具影响力的条款。也许由于起草的错误或是故意设计，国会制订的第922条款使得该报复保护条款只适用于外部举报企业信息的人员，而那些内部举报信息的人员不受保护或仅仅受到SOX法案（萨班斯法案）的微弱保护。如果潜在的举报人将涉嫌违反证券法的信息直接报告给SEC，而不是公司，则将受到更加强有力的保护。这项新的禁止报复规定阻止了内部报告，从而逐渐破坏内部合规和报告系统，虽然内部报告系统曾经处于SOX法案改革核心地位的，并仍在今天的早期监察以及预防欺诈或其他违反证券法行为方面继续发挥着重要作用。

首先尤为重要的是，第922条款的内容揭示了国会限制其对外部信息举报人员的保护。证券交易法新的第21F（h）（1）条款中的禁止报复行为的规定仅仅适用于"举报人（告密者）"。[29]如前所述，有关"举报人（告密者）"的界定范围在新21F（a）（6）条款中被缩小了，仅仅指那些"向证券交易委员会提供有关违反证券交易规则行为信息的人员，这些约束性规则是由委员会以规则或规定的方式加以确定的。"[30]这一定义明确指出，在第21F条款下，仅仅进行内部报告的人员尚不能成为一名合格的"举报人"，并且不受禁止报复的保护规则的保护。[31]

为弄清《多德·弗兰克法案》的报复保护规则究竟是以怎样的严格标准破坏国会和证券交易委员会的内部合规体系的，对SOX法案（《萨班斯法案》）中类似规定的简要讨论很有必要。SOX法案，类似于多德·弗兰克法案，是为应对经济危机，在美国安然、世通、环球电讯和泰科等一系列的经济丑闻爆发后颁布的。[32]通过SOX法案，国会采取了"依靠内部监控、报告和相应解决措施的新监管措施”,[33]并实施了一系列财务和公司治理改革。[34]为鼓励雇员提供公司不当行为的信息,[35]SOX 法案要求申报公司建立内部信息披露系统,员工可以采取匿名举报的方式举报,[36]并创立禁止报复的规则以保护因告密而招致潜在的不良就业后果的员工。[37]SOX 法案的 806 条款保护那些向联邦监管或执法机构、国会成员或委员会、监管当局的人员等提供信息的雇员,只要举报人存在“合理的相信”其所举报的行为违反了所列举的刑事法规[38]、SEC 的规则或规章或者任何与股东欺诈有关的联邦法规即可。[39]

或许为了回应对 SOX 法案中保护力度较弱问题的众多批评论断,[40]国会在《多德·弗兰克法案》中大大地加强了对举报人的保护力度,虽然仅仅是对那些符合要求的外部举报人员进行保护。而与 SOX 法案不同的是,《多德·弗兰克法案》保护的是提供可能违反任何证券法律(包括 SOX 法案中所列的所有法律)的信息的人员,并不限制保护那些在“合理相信”违法行为发生下提供信息的人员。[41]此外,《多德·弗兰克法案》创设了一个新的直接个人诉讼权,举报人可以直接向地方法院提起诉讼,无需先行向劳工部请求行政救济。[42]《多德·弗兰克法案》赋予受到不法报复的雇员更多的时间去提起诉讼,举报人在不法行为发生后六年内可提起诉求,或在不法行为发生后十年内得知该不法行为后三年内可提起诉求。[43]而 SOX 法案要求雇员在违法行为发生或得知违法行为发生后的 180 天内提起诉求。[44]当涉及到直接救济,虽然 SOX 法案和《多德·弗兰克法案》的报复保护规则允许举报人得到合理的律师费用和相关费用以及等效资历的复职。在《多德·弗兰克法案》第 922 条款下获益的举报人将获得以前两倍的支付利息,而在 SOX 法案下仅能获得补偿性支付利息。[45]

由于这些新规定,《多德·弗兰克法案》创建了一个两层保护系统，潜在的举报人因选择内部报告还是外部举报而受到不同程度的保护。更具体来讲，对于不受 SOX 法案约束的信息和雇主而言，雇员若采用外部举报将受到《多德·弗兰克法案》保护，若采用内部报告则不受法案保护；对于受 SOX 法案约束（同时也受第 922 条款约束）的信息和雇主而言，雇员通过外部举报将受到《多德·弗兰克法案》的保护，而内部报告则仅受到 SOX 法案的微弱保护。担心受到报复的举报人由此受到充分的激励作用而向美国证交会直接报告信息，或者至少同时向证交会和公司报告以避免随时失去充分的保护。因为“合规性和完整性的文化”对维护有效的内部合规程序至关重要。[46]并且“这些程序的要素……期待员工内部报告不当行为。”[47]而这个对外部举报的激励机制可能会消解为维护健康的内部合规体系所做的努力。[48]

不幸的是，对内部报告的潜在规避可能会带来巨大成本，甚至可能破坏第 922 条款的非常目标——促进对违反证券法律行为的高效和有效侦查。正如 Terry Dworkin 教授和 Elletta Callahan 教授争论中提到：“如果……举报行为的主要目标是减少违法行为而不是起诉违法者，解决问题的效率具有重要意义，内部报告应该优先于外部举报。”[49]毕竟美国证交会资源有限，外部举报可能导致“嘈杂信号的泛滥，即大量质量不一的举报信息——导致委员会将承担处理和验证这些信息的成本。”[50]相比之下，内部报告允许公司在早期检测和调查不当行为；[51]快速评估被举报的不法行为性质；[52]以及时有效的方式或“至少减轻损害”的基础上纠正潜在的不当行为；[53]修订内部控制和程序来解决可能的系统性问题；[54]尤其在遇到虚假或夸大的举报信息时，避免外部举报之后带来的负面公共形象和高社会代价的调查；[55]“防止对工作环境的消极影响和防止举报人只能必须选择外部举报的的情况”，[56]并应在必要或适当的情况下向美国证交会进行自我披露。[57]的确，调查显示打击职业欺诈的最有效手段是公司内部的一个匿名报告系统，[58]甚至连美国证交会自身都承认“内部合规和报告系统是揭露公司不当行为信息的必要来源”。[59]“如果这些程序没有利用运作，证券监管系统将会降低效率。”[60]

因此，“为了确保全面、有效的公司内部合规和报告系统，监管机构要求继续培养健康有责的企业文化。”[61]国会应该修改《多德·弗兰克法案》或SOX法案以使得这两部法案对潜在的举报人提供同等的保护，不管他们选择内部报告还是外部举报。[62]虽然这样的修正案可能不会是针对《多德·弗兰克法案》的第一个修正案，[63]但是将必然会成为《多德·弗兰克法案》和美国证交会履行“投资者保护使命”[64]中最重要的环节之一。

注释：

①参见 Bill Summary & Status - 111th Congress（2009 - 2010） - H. R. 4173，THOMAS，http：//thomas. loc. gov/cgi-bin/bdquery/z？d111：HR04173：@ @ C @ CL&summ2 = m&#major% actions（2011 年 3 月 26 日最新）.

②奥巴马总统于2009年6月17日公布的《21世纪的金融监管改革方案》，见于 http：//www. whitehouse. gov/the-press-office/remarks-president-regulatory-reform.

③Times Topics：“金融监管改革”，《纽约时报》，http：//topics. nytimes. com/topics/reference/timestopics/subjects/c/credit_ crisis/financial_ regulatory_ reform/index. html（2010 年 11 月 4 日最新）

④参见 Pub. L. No. 111 - 203，124 Stat. 1376（2010）（to be codified in scattered sections of the U. S. Code）.

⑤参见 Damian Paletta & Aaron Lucchetti，Law Remakes U. S. Financial Landscape（《法律重塑美国的金融景观》），Wall St. J.，July 16，2010，at A1.

⑥参见 Dodd-Frank Act §1075，124 Stat. at 2068 - 74（to be codified at 15 U. S. C. §1693o - 2）.

⑦参见 id. §§401 - 416，124 Stat. at 1570 - 80（to be codified at 15 U. S. C. §80b - 1 to 80b - 18c）.

⑧参见 id. §§1400 - 1498，124 Stat. at 2136 - 2212（to be codified in scattered sections of 12，15，and 42 U. S. C. ）.

⑨Myron Scholes，Foreword to Regulating Wall Street：The Dodd-Frank Act and the New Architecture of Global Finance，(《调整华尔街，前言：多德·弗兰克法案与全球金融新构架》）at xi，xii（Viral V. Acharya et al. eds.，2011）.

⑩Dodd-Frank Act §922，124 Stat. at 1841 – 49（to be codified at 15 U. S. C. §78u – 6）.

⑪参见，Bruce Carton，Pitfalls Emerge in Dodd-Frank Bounty Provision（《多德·弗兰克法案赏金条款的陷阱》)，Compliance Wk.，Oct. 2010，at 22，22；Richard Levick，A Whole New Ballgame：Dodd-Frank's Whistleblower Provisions（《前所未有：多德·弗兰克法案的告密者规定》)，Forbes（Nov. 2，2010，1：53 PM），http：//blogs. forbes. com/richardlevick/2010/11/02/a-whole-new-ballgame-dodd-frank% E2% C80% 99s-whistleblower-provisions.

⑫Pub. L. No. 107 – 204，116 Stat. 745（codified in scattered sections of the U. S. Code）.

⑬参见 Robert G. Vaughn，America's First Comprehensive Statute Protecting Corporate Whistleblowers，57 Admin. L. Rev. 1，4（2005）；以及 Mary L. Schapiro，Chairman，SEC，Remarks at the Open Meeting of the SEC（Nov. 3，2010），见于 http：//www. sec. gov/news/openmeetings/2010/110310openmeeting. shtml.

⑭参见 Dodd-Frank Act §922（a），124 Stat. at 1841-42.

⑮参见 id. at 1845 – 46.

⑯商业和法律团体以及美国证券交易委员会已经认识到该法案中有关向证交会提供信息获得大额奖励金的规定具有破坏公司内部合规程序的可能。参见 Proposed Rules for Implementing the Whistleblower Provisions of Section 21F of the Securities Exchange Act of 1934，75 Fed. Reg. 70，488，70，488（proposed Nov. 17，2010）[下文中称试行规则]；Letter from the Ass'n of Corporate Counsel to Elizabeth M. Murphy，Sec'y，SEC 1 – 2（Dec. 15，2010），见于 http：//www. sec. gov/comments/s7 – 33 – 10/s73310 – 126. pdf；Letter from Bus. Roundtable to Elizabeth M. Murphy，Sec'y，SEC 2（Dec. 17，2010），见于 http：//www. sec. gov/comments/s7 – 33 – 10/s73310 – 142. pdf.

⑰参见 Times Topics：Financial Regulatory Reform，supra note 3. 最后，白宫在仅有三名共和党人支持的情况下通过该法案。同样，在参议院，该法案的通过获得仅三名共和党人和除一名民主党人外的全部民主党人的支持。这名唯一的民主党反对

者是来自威斯康辛州的参议员拉斯·费恩格德，其持反对票的原因是他认为该议案仍不足以监管华尔街。

⑱参见 Carton，supra note 11，at 22（将第 922 条款描述成“鲜为人知的沉睡条款”）；Levick，supra note 11（将第 922 条款描述成“存在激烈争议的模糊条款”）.

⑲参见 Bill Summary & Status – 111th Congress（2009 – 2010）– H. R. 4173，supra note 1.

⑳对比 H. R. 4173，111th Cong. § 922.（2010 年 5 月 10 日由参议院通过）和 H. R. 4173，111th Cong. § 7203（2009 年 12 月 11 日由白宫通过）。参议院维持对向美国证券交易委员会提供信息或协助调查的人员提供反报复的保护，并对进行其他信息披露的举报人加强保护。参见 H. R. 4173，111th Cong. § 922.（2010 年 5 月 10 日由参议院通过）。在该议案的报告中，参议院下属银行、住房和城市事务委员会解释道，增加最低赏金是“模仿国税局成功的告密者程序……这个程序规定了相似的最低和最高奖金水平……委员会认为告密者程序的关键点在于最低奖金……”。S. Rep. No. 111 – 176，at 111（2010）.

㉑参见 Bill Summary & Status – 111th Congress（2009 – 2010）– H. R. 4173，supra note 1.

㉒对比 H. R. 4173，111th Cong. § 922（as passed by Senate，May 20，2010）和 Dodd-Frank Act § 922，124 Stat. at 1841 – 49.

㉓15 U. S. C. § § 78a – 78pp（2006 & Supp. I 2009）.

㉔Dodd-Frank Act § 922（a），124 Stat. at 1841.

㉕Id. at 1842.

㉖Id. at 1841 – 42.

㉗Id. at 1845 – 46.

㉘Id. at 1846.

㉙参见 id. at 1845. 新条款 21F（h）（1）（A）——“禁止报复规则”——规定“禁止雇主（报复）雇员……因为举报人提供信息、协助调查或披露内幕等行为属合法行为。Id. at 1845 – 46（emphasis added）.

㉚Id. at 1842（emphasis added）.

㉛可能有人争辩道，新条款 21F（h）（1）（A）（iii）对“萨班斯法案所要求和保护的信息披露”的禁止报复规定”，id. at 1846，表现出了掩盖内部举报的意图。但是，21F 条款规定了“举报人”的准确定义，参见 id. at 1841（“此条款中的

定义是指提供……"），事实上其保护的主题也是针对"举报人"，而反报复条款只适用于内部举报的人员的解释是对法规明确性用语的不恰当解释。参见 Conn. Nat'l Bank v. Germain，503 U. S. 249，253－54（1992）［"法院必须通过推定来揣测立法机关通过法律条文表现出来的意思和初衷"（省略引用）］；Chevron U. S. A. Inc. v. Natural Res. Def. Council，Inc.，467 U. S. 837，843－44（1984）.

㉜参见 James D. Cox et al.，Securities Regulation 10（6th ed. 2009）；Vaughn，supra note 13，at 2.

㉝Orly Lobel，Lawyering Loyalties：Speech Rights and Duties within Twenty-First-Century New Governance，77 Fordham L. Rev. 1245，1251（2009）.

㉞参见 Andrew L. Sandler et al.，Consumer Financial Services §7. 02［1］（2010）.

㉟至少以告密者条款为目的，申报公司是指"按证券交易法案第 12 条规定进行证券注册登记"，"或者提交证券交易法案第 15（d）条所要求的文件报告"，或者是"全国认可的统计评级组织（符合证券交易法第 3（a）条给出的定义）" 18 U. S. C. §1514A（a）（2006），amended by Dodd-Frank Act，§§922（b）－（c），929A，124 Stat. at 1848，1852. 未申报公司不受 SOX 法案管制。

㊱参见 15 U. S. C. §78j－1（m）（4）（B）（2006）.

㊲参见 Richard E. Moberly，Unfulfilled Expectations：An Empirical Analysis of Why Sarbanes-Oxley Whistleblowers Rarely Win，49 Wm. & Mary L. Rev. 65，75（2007）；以及 15 U. S. C. §78j－1（m）（4）（B）；18 U. S. C. §1514A（2006）.

㊳所列举的刑事法规包括邮件欺诈，18 U. S. C. §1341，电信欺诈，id. §1343，银行欺诈，id. §1344，证券欺诈，id. §1348. 参见 id. §1514A（a）（1）.

㊴Id. §1514A（a）（1）.

㊵参加，例如，Terry Morehead Dworkin，SOX and Whistleblowing，105 Mich. L. Rev. 1757，1764（2007）（"SOX 法案……给人一种受保护错觉，事实上并没有真正意义的机会或保护补救措施来实现它。"）；Moberly，supra note 37，at 74（"SOX 法案未能够实现据称很强的反报复保护的伟大期待。"）；Valerie Watnick，Whistleblower Protections Under the Sarbanes-Oxley Act，12 Fordham J. Corp. & Fin. L. 831，834（2007）（"法案被实施以来，SOX 法案的举报人规则未能保护和鼓励公司的举报人。"）。一项针对 SOX 法案颁布后三年内的所有诉讼的研究表明，按最初预期，员工仅有 3.6% 的诉讼成功率。Moberly，supra note 37，at 67.

㊶Dodd-Frank Act §922（a），124 Stat. at 1841－42，1845.

㊷参见 id. at 1846. 举报人向 SOX 法案主张受到报复的前提必须首先向劳工部

提起请求，只有劳工部在180天后未作出决议的情况下才可以向地区法院起诉。18 U. S. C. §1514A（b）（1）.

㊸参见 Dodd-Frank Act §922（a），124 Stat. at 1846.

㊹18 U. S. C. §1514A（b）（2）（D），amended by Dodd-Frank Act §922（c）（1）（A）（i），124 Stat. at 1848.

㊺参见 id. §1514A（c）；Dodd-Frank Act §922（a），124 Stat. at 1846.

㊻Letter from Bus. Roundtable to Elizabeth M. Murphy，supra note 16，at 2.

㊼Letter from the Ass'n of Corporate Counsel to Elizabeth M. Murphy，supra note 16，at 3.

㊽参见 Proposed Rules，supra note 16，at 70，516（“激励机制针对的是向委员会提交潜在违规内幕信息的公司员工而不是合规人员或通过合规程序……可以破坏公司内部合规程序的有效性”）

㊾Terry Morehead Dworkin & Elletta Sangrey Callahan，Internal Whistleblowing：Protecting the Interests of the Employee，the Organization，and Society，29 Am. Bus. L. J. 267，306（1991）；see also id. at 299 n. 167（“绝大多数的研究者认可内部报告是应对组织中不法行为的最有效手段”）. Dworkin and Callahan 也争论提到“当内部/外部问题成为社会心理的普遍研究内容时，尤其当从组织的需求和行为的角度出发，毫无疑问内部报告比外部举报更为恰当。”Id. at 299.

㊿Proposed Rules，supra note 16，at 70，516.

(51)Letter from the Ass'n of Corporate Counsel to Elizabeth M. Murphy，supra note 16，at 2；Letter from Bus. Roundtable to Elizabeth M. Murphy，supra note 16，at 6.

(52)参见 Proposed Rules，supra note 16，at 70，516（“举报人可能会理解错误证券交易法律规定，而内部合规人员更清楚地了解哪些行为是违反证券交易法律的……我们相信，允许职员首先内部报告提供了一种某些错误案件在送达至证交会之前就得以解决的机制。

(53)参见 Kevin Rubinstein，Internal Whistleblowing and Sarbanes-Oxley Section 806：Balancing the Interests of Employee and Employer，52 N. Y. L. Sch. L. Rev. 637，650（2007－2008）.

(54)Letter from Bus. Roundtable to Elizabeth M. Murphy，supra note 16，at 6.

(55)参见 Terry Morehead Dworkin & Janet P. Near，Whistleblowing Statutes：Are They Working?，25 Am. Bus. L. J. 241，242－43（1987）.

(56)参见 Id. at 242；Lobel，supra note 33，at 1250（“内部举报对个人和组织造成

的消极后果比选择外部举报要小得多。")。

(57)参见 Letter from the Ass'n of Corporate Counsel to Elizabeth M. Murphy, supra note 16, at 4.

(58)参见 Ass'n of Certified Fraud Exam'rs, 2008 Report to the Nation on Occupation Fraud & Abuse 18 (2008);参见 Lobel, supra note 33, at 1250("研究结果表明,内部保护至关重要……职工更倾向于选择内部举报系统。")

(59)Proposed Rules, supra note 16, at 70, 496.

(60)参见 Id. at 70, 500; id. at 70, 496("如果公司具有有效的识别、纠正以及公司管理人员或员工自我报告公司违法行为的相关程序,将有利于美国联邦证券法律的遵守")。当然,孤立的内部举报机制是不充分的,因为必然存在内部举报被封锁或徒劳无功的情况。即使公司内部举报运行的不错,但与鼓励内部举报以减少欺诈及其他证券交易违法行为的政策性目标是相反的。

(61)Letter from the Ass'n of Corporate Counsel to Elizabeth M. Murphy, supra note 16, at 1.

(62)推动外部举报的激励机制来源于禁止报复条款,即使等价保护与 SOX 法案、多德·弗兰克法案相似也是不存在关系的。只要对内部报告和外部举报采取相同保护,就不存在针对外部举报禁止报复的激励机制了。

(63)参见 Act of Oct. 5, 2010, Pub. L. No. 111 - 257, 124 Stat. 2646(废除多德·弗兰克法案中的违反《信息自由法案》有关公共信息披露要求的相关规定;Act of Dec. 29, 2010, Pub. L. No. 111 - 343, 124 Stat. 3609(纠正多德·弗兰克法案起草时的一个错误并确美国联邦存款保险公司保对律师信托账户的持续完整保护。

(64)Proposed Rules, supra note 16, at 70, 500.

参考文献

一、中文参考文献

1. 专著

1. 列宁全集（第9卷）［M］. 北京：人民出版社，1959.

2. 罗豪才. 行政法学［M］. 北京：北京大学出版社，1996.

3. 王名扬. 英国行政法［M］. 北京：中国政法大学出版社，1987.

4. 王名扬. 法国行政法［M］. 北京：中国政法大学出版社，1989.

5. 王名扬. 美国行政法［M］. 北京：中国法制出版社，1996.

6. 应松年，薛刚凌著. 行政组织法研究［M］. 北京：法律出版社，2002.

7. 胡建森. 比较行政法——20国行政法评述［M］. 法律出版社，1998.

8. 杨海坤，章志远. 中国行政法基本理论研究［M］. 北京大学出版社，2004.

9. 姜明安. 行政程序研究［M］. 北京：北京大学出版社. 2006.

10. 董茂云，朱淑娣，潘伟杰，刘志刚．行政法学［M］．上海：上海人民出版社，2005.

11. 王学辉．行政程序法精要［M］．北京：群众出版社．2001.

12. 许崇德．各国地方制度［M］．北京：中国检察出版社．1993.

13. 黄学贤．中国行政程序法的理论与实践：专题研究述评［M］．北京：中国政法大学出版社，2007.

14. 朱淑娣．国际经济行政法［M］．上海：学林出版社，2008.

15. 杨海坤．中国行政程序法典化——从比较法角度研究［M］．北京：法律出版社，1999.

16. 应松年．行政法学新论［M］．北京：中国法制出版社，1998.

17. 叶必丰，周佑勇．行政规范研究［M］．北京：法律出版社，2002.

19. 陈文君．金融消费者保护监管研究［M］．上海：上海财经大学出版社，2011.

20. 李扬，胡滨主编．金融危机背景下的全球金融监管改革［M］．北京：社会科学文献出版社，2011.

21. 于绪刚．交易所非互助化及其对自律的影响［M］．北京大学出版社，2001.

22. 城仲模．行政法之一般法律原则［M］．台北：台湾三民书局，1997.

23. 张文显．法学基本范畴研究［M］．北京：中国政法大学出版社，1993.

24. 应飞虎．信息、权利与交易安全——消费者保护研究

[M]．北京：北京大学出版社，2008.

25. 郭锋．全球化时代的金融监管与证券法治［M］．北京：知识产权出版社，2010.

26. 翁岳生．行政法［M］．北京：中国法制出版社，2002.

27. 程燎原．从法制到法治［M］．北京：法律出版社，1999.

28. 文建东．公共选择学派［M］．武汉：武汉出版社，1996.

29. 谢伏瞻．金融监管与金融改革［M］．北京：中国发展出版社，2002.

30. 梅慎实．现代公司机关权力构造论［M］．北京：中国政法大学出版社，2000.

31. 熊继宁．系统法学导论［M］．北京：知识产权出版社，2006.

32. 周志忍．当代国外行政改革比较研究［M］．北京：国家行政学院出版社，1999.

33. 郭丹．金融服务法——研究金融消费者保护的视角［M］．北京：法律出版社，2011.

34. 何颖．金融消费者权益保护制度论［M］．北京：北京大学出版社，2011

35. 马英娟．政府监管机构研究［M］．北京：北京大学出版社，2007.

36. 张为华．美国消费者保护法［M］．北京：中国法制出版社，2005.

37. ［德］哈贝马斯．在事实与规范之间［M］．童世骏译，三联书店，2003.

38. ［德］马克斯·韦伯．论经济与社会中的法律［M］．张乃根译，中国大百科全书出版社，1998.

39. ［美］博登海默．法理学——法律哲学与法律方法［M］．邓正来译，北京：中国政法大学出版社，2004.

40. ［英］韦德．行政法［M］．徐炳译，北京：中国大百科全书出版社，1997.

41. ［美］伯那德．施瓦茨．行政法［M］．北京：群众出版社，1986.

42. ［英］卢克斯．个人主义［M］．阎克文译，南京：江苏人民出版社，2001.

43. ［美］克鲁斯克等．公共政策词典［M］．唐理斌等译，上海：上海远东出版社，1992.

44. ［英］哈耶克．经济、科学与政治［M］．冯克利译，南京：江苏人民出版社，2000.

45. ［美］波斯纳．法律的经济分析［M］．蒋兆康译，北京：中国大百科全书出版社，1997.

46. ［日］铃木深雪．消费生活论一消费者政策［M］．张倩，高重迎译．北京：中国社会科学出版社，2004.

47. ［英］哈耶克．个人主义与经济秩序［M］．邓正来译，北京：北京经济学院出版社，1989：17.

48. ［美］迈克尔．R. 所罗门．消费者行为［M］．北京：经济科学出版社，2003.

49. ［日］金泽良雄．经济法概论［M］．满达人译，中国法治出版社，2005.

50. ［美］昂格尔．现代社会中的法律［M］．北京：中国政法大学出版社，1994.

51. ［美］希尔斯曼．美国是如何治理的［M］．曹大鹏译，北京：商务印书馆，1990.

52. 古德诺．政治与行政［M］．王元译，北京：华夏出版社，1987.

53. ［法］莫里斯·奥里乌著，行政法与公法精要［M］．龚觅等译，春风文艺出版社，1999.

54. ［德］鲁道夫·冯·耶林．为权利而斗争［M］．北京：中国法制出版社，2005.

55. ［英］霍华德·戴维斯，大卫·格林．全球金融监管［M］．北京：中国金融出版社，2009.

56. ［英］A. W 布拉德利：宪法与行政法［M］．程洁译，北京：商务印书馆，2008.

57. ［美］查尔斯．德伯．公司帝国：公司对政府和个人权利的威胁［M］，闫正茂译，北京：中信出版社，2004.

2. 连续出版物

58. 梁慧星．中国的消费者政策和消费者立法［J］．法学，2000（5）．

59. 王利明．关于消费者的概念［J］．中国工商管理研究，2003（3）．

60. 王利明．消费者的概念及消费者权益保护法的调整范围［J］．政治与法律，2002（2）．

61. 季卫东．程序比较论［J］．比较法研究，1993（1）．

62. 廖凡．金融消费者的概念和范围：一个比较法的视角［J］．环球法律评论，2012（4）．

63. 钱玉文，刘永宝．消费者概念的法律解析——兼论我国《消法》第2条的修改［J］．西南政法大学学报，2011（4）．

64. 钱玉文．消费者概念的法律再界定［J］．法学杂志，2006（1）．

65. 谢晓尧．消费者：人的法律形塑与制度价值［J］．中国法学，2003（3）．

66. 罗培新．美国金融监管的法律与政策困局之反思［J］．中国法学，2009（3）．

67. 孔令学．论公私权视角下的金融消费者权利保护与限制——从〈反洗钱法〉颁行说起［J］．济南金融，2007（4）．

68. 王运慧、我国金融消费者的合法权益及其法律保护［J］．金融与法，2011（11）

69. 魏琼，赖元超．论我国金融消费者的概念及其特权［J］．金融理论与实践，2011（07）．

70. 陆玉凤．从新公共管理走向新公共服务［J］．东南大学学报，2007（9）．

71. 王为民．后金融危机时代公共行政发展方向——基于新公共服务理论的分析［J］．江西科技师范学院学报，2010（4）．

72. 丁煌．政府的职责："服务"而非"掌舵"［J］．中国人民大学学报，2004（6）．

73. 廖申白．正义论对古典自由主义的修正［J］．中国社会科学，2003（05）．

74. 邓博．国际金融危机背景下扩张的行政权及其程序规制［J]，云南民族大学学报（哲学社会科学版），2011（6）．

75. 李洪雷．德国行政法学中行政主体概念的探讨［J］．行政法学研究，2000（1）．

76. 郎佩娟，陈明．行政主体理论的现状、缺陷及其重构［J］．天津行政学院学报，2006（2）．

77. 西奈·多伊奇，钟瑞华．消费者权利是人权吗？［J］．公法研究，2005（01）．

78. 施继元，陈文君．美国金融消费者保护立法的突破和妥协［J］．金融与经济，2010（9）．

79. 涂永前，美国2009年《个人消费者金融保护署法案》及其对我国金融监管法制的启示［J］．法律科学，2010（3）．

80. 谭砚．经济金融领域行政“软法”的法律责任问题研究［J］．区域金融研究，2010（6）．

81. 约瑟夫J. 诺顿．全球金融改革视角下的单一监管者模式：对英国FSA经验的评判性重估［J］．廖凡译，北大法律评论，2006（6）第7卷第2辑．

82. 中国金融业“公平对待消费者”课题组．英国金融消费者保护与教育实践及对我国的启示［J］．中国金融，2012（12）．

83. 邢会强．处理金融消费纠纷的新思路［J］．现代法学，2009（9）．

84. 崔志瑞．基于真实处罚案例角度的英国金融消费者权益保护启示［J］．金融发展评论，2012（5）．

85. 周良．论英国金融消费者保护机制对我国的借鉴与启示［J］．上海金融，2008（1）．

86. 人民银行西安分行课题组．美国金融消费者保护的经验教训［J］．金融研究，2010（1）．

87. 于春敏．消费者保护乃金融监管首要基础价值——美国金融消费者保护困局之反思［J］．财经科学，2010（6）．

88. 王波．美国金融消费者专门保护之学理辨正及其启示［J］．求索，2012（3）．

89. 冯博．美国金融消费者保护机构的独立性及对中国的启示［J］，河南大学学报，2012（7）．

90. 江时学．论英国的金融监管［J］．欧洲研究，2009（6）．

91. 安德鲁·贝利. 危机后的英国金融监管改革［J］. 中国金融，2010（18）.

92. 马险峰. 英国金融监管模式［J］，银行家，2004（5）.

93. 周良. 论英国金融消费者保护机制对我国的借鉴与启示［J］. 上海金融，2008（1）.

94. 管斌. 论消费者权利的人权维度——兼评《中华人民共和国消费者权益保护法》的相关规定［J］. 法商研究，2008（9）.

95. 廖凡，张怡. 英国金融监管体制改革的最新发展及其启示［J］. 金融监管研究，2012（2）.

96. 余少祥. 什么是公共利益——西方法哲学中公共利益概念解析［J］. 江淮论坛，2010（4）.

97. 吴弘，徐振. 金融消费者保护的法理探析［J］. 东方法学，2009（10）.

98. 徐慧娟. 浅述英国金融巡视员制度与消费者权益保护——兼论对我国金融监管的借鉴［J］. 金融论坛，2005（1）.

99. 石佑启. 论公共行政之发展与行政主体多元化［J］. 法学评论，2003（4）.

100. 刘玫. 推广普及金融教育提高公众金融素质［J］. 金融经济（理论版），2010（6）.

101. 郭丹. 论金融消费者信息权益的保护［J］. 学习与探索，2009（4）.

102. 刘迎霜. 我国金融消费者权益保护路径探析——兼论对美国金融监管改革中金融消费者保护的借鉴［J］. 现代法学，2011（3）.

103. 江帆. 经济法实质正义及其实现机制［J］. 环球法律评论，2007（11）.

104. 谭砚．经济金融领域行政“软法”的法律责任问题研究［J］．区域金融研究，2010（6）．

105. 万玲．金融隐私权保护公权干预制度探析［J］．行政与法，2012（12）．

106. 万玲．系统法学视域下的金融消费者法律保护——以结构要素分析中美制度［J］．行政与法，2011（12）．

3. **学位论文**

107. 李红锦．论金融消费者权益的法律保护［D］．西南政法大学．2011（09）．

108. 刘靖华．我国行政主体理论的嬗变与构建［D］．安徽大学．2003（10）．

109. 闵香．行政主体研究［D］．苏州大学．2006（04）．

110. 王霁霞．公务法人制度研究［D］．中国政法大学．2003（05）．

111. 常铮．金融消费者知情权的法律保护［D］．华中师范大学，2012（04）．

二、英文参考文献

112. A Carlsberg，（1992）37，New York Law School Law Rev，285.

113. Brandy Dennis and Alberto Cuadra，Reinventing financial regulation，the Washington Post，2010－5－21.

114. Daniel Lamb，A Specter is Haunting the Financial Industry—The Specter of the Global Financial Crisis：A Comment on the Imminent Expansion of Consumer Financial Protection in the United States，United Kingdom，and the European Union，Journal of the Na-

tional Association of Administrative Law Judiciary 213, 216—217 (2011).

115. Peter Cartwright, Consumer Protection in Financial Services, Kluwer Law International, 1999.

116. Robert W. Hamilton, Cases and Materials on Corporations, Weast Publishing Co., 1986: 523.

117. Peter Cartwright. Banks, Consumers and Regulation [M]. Oregon: Hart Publishing, 2004: 4.

118. Cf. Sierra Club v. Costle, 657F. 2d298, 400n. 502 (D. C. Cir. 1981).

119. Walter Merricks, "The Financial Ombudsman Service: not just an alternative to court", Journal of Financial Regulation and Compliance, (2007) Vol. 15 Iss: 2.

120. Financial Ombudsman Service [EB/OL] http: //www. financial-ombudsman. org. uk/PUBLICATIONS/ombudsman-news/1/1. pdf 2012 – 09 – 04.

121. Sharon Gilad. Juggling Conflicting Demands: The Case of the UK Financial Ombudsman Service [EB/OL] http: //jpart. oxfordjournals. org/content/19/3/661. short2010 – 07 – 23.

122. Viral Acharya. Regulating Wall Street: the Dodd-Frank Act and the new architecture of global finance. interview by VOX recorded in London on 13 October 2010.

123. Dodd-Frank Act of 2010, Pub. L. No. 111 – 203.

124. David A. Skeel Jr. The New Financial Deal: Understanding the Dodd-Frank Act and its (Unintended) Consequences [EB/OL]. http: //lsr. nellco. org/cgi/viewcontent Oct. 10th 2010.

125. Financial Service Act 2010. [EB/OL] http: //www. leg-

islation. gov. uk/ukpga/2010/28/contents 2010 - 10 - 09.

126. Financial Services and Markets Act 2000. [EB/OL] http: //www. legislation. gov. uk/ukpga/2000/8/contents.